21世纪高等理工科重点课程辅导教材

线性代数学习指导与MATLAB编程实践

邵建峰 刘 彬 主编

化学工业出版社
·北京·

线性代数是大学数学教育中的重要基础课程。本书是为了给学生在学习线性代数的过程中提供适当的学习指导而编写的。

本书从第一章到第七章主要是关于行列式、矩阵的概念与运算，n 维向量空间，线性方程组解的结构与求解方法，矩阵的特征值与特征向量，矩阵的对角化，二次型及其标准化，线性空间与线性变换等课程内容的学习指导。在前六章各章中给出了用 MATLAB 编程方法去解决线性代数课程中的各种计算问题的例子。

本书可作为大学理工科与经济、管理等学科线性代数课程的学习指导书，也可作为工程技术人员的自学参考用书。

图书在版编目（CIP）数据

线性代数学习指导与 MATLAB 编程实践/邵建峰，刘彬主编. —北京：化学工业出版社，2017.8（2024.7重印）

21 世纪高等理工科重点课程辅导教材

ISBN 978-7-122-30417-9

Ⅰ.①线… Ⅱ.①邵…②刘… Ⅲ.①线性代数-高等学校-教学参考资料②MATLAB 软件-应用-线性代数-高等学校-教学参考资料 Ⅳ.①O151.2②TP317

中国版本图书馆 CIP 数据核字（2017）第 191839 号

责任编辑：唐旭华 郝英华　　文字编辑：尉迟梦迪

责任校对：宋 玮　　装帧设计：张 辉

出版发行：化学工业出版社（北京市东城区青年湖南街 13 号 邮政编码 100011）

印　　装：大厂聚鑫印刷有限责任公司

710mm×1000mm 1/16 印张 12¾ 字数 241 千字 2024 年 7 月北京第 1 版第 8 次印刷

购书咨询：010-64518888　　售后服务：010-64518899

网　　址：http://www.cip.com.cn

凡购买本书，如有缺损质量问题，本社销售中心负责调换。

定　　价：28.00 元

前　言

线性代数是大学数学教育中的一门主要基础课程，是用数学知识解决实际问题的一个强有力工具。在工科与经济管理等学科线性代数课程的教学过程中，由于学时不多，学生对课程中一些重要的基本概念与理论难以深入理解，对有关的基本方法往往难以熟练地掌握。本书就是着眼于这两个方面，同时考虑到在线性代数课程的学习过程中，如何将课程学习与MATLAB软件的使用，以及用编程方法解决实际问题结合起来，从线性代数课程教学的实际需要出发编写而成。

在本书各章的编写中，我们首先将线性代数各章的基本概念、理论与基本方法等教学内容做了简要的概述。在此基础上，通过不同层次、不同题型的例题来深化对这些概念与方法的理解。每章的例题包括基本题（45％左右）、综合题（30％左右）、提高题（15％左右）、编程题（10％左右）。基本题、综合题是面向课堂教学要求的复习题，提高题主要指像研究生入学考试这样水平层次的题；在例题求解中，我们注重对典型方法进行适当的归类，对较难的题，在解题前后则作比较详细的分析。

为了增强学生应用数学知识与数学软件的能力，在前面的六章中，每章安排了两道左右的编程例题。本指导书通过编程解题，是希望把数学实验的思想引入到数学基础课程教学中，逐步培养学生应用数学知识、结合计算机方法和使用已有的软件来解决实际问题的能力。通过编程实践，相信学生能在MATLAB编程方面打下初步的基础，对用数学软件求解线性代数等学科与工程领域中的实际问题产生更加浓厚的兴趣。

在书后的附录部分，安排了两份完整的练习与测试试题，并给出了详细的解答。

需要本书各章中源程序的读者可以联系：shaojianf@163.com。

本书是在原有同名教材与指导书的基础上，重新编写而成。邵建峰、刘彬、丁建东、王成、朱耀亮、石岿然、殷翔等参加了原版教材或指导书的编写。这次由邵建峰、刘彬对教材与指导书又做了系统和仔细的增删修改与审定工作。本次指导书的修改工作主要包括：对原版书中例题解题过程的细化与订正，力求能使读者理解起来更清晰；每章中适当增加了MATLAB编程应用的例子，并且与教材各章的应用举例相配合；从最近几年的考研试卷线性代数考题中选取题目，增加了指导书中的一些例子，同时删除了原指导书中理论性过强、解题难度过大的一些例题。

由于时间仓促和编者水平所限，书中若有不妥或错漏之处，还望使用本书的读者批评指正。

编　者

2017 年 7 月

目　　录

第一章　行　列　式

第一节　内容提要

1. n 阶行列式的归纳式定义

定义 1　由 $n\times n$ 个数 $a_{ij}(i,j=1,2,\cdots,n)$ 组成的具有 n 行 n 列的式子

$$D=\begin{vmatrix} a_{11} & a_{12} & \cdots & a_{1n} \\ a_{21} & a_{22} & \cdots & a_{2n} \\ \cdots & \cdots & \cdots & \cdots \\ a_{n1} & a_{n2} & \cdots & a_{nn} \end{vmatrix}=|a_{ij}|_{n\times n}$$

叫作 n 阶行列式，并且规定其值为：

(1) 当 $n=1$ 时，$D=|a_{11}|=a_{11}$；

(2) 当 $n\geqslant 2$ 时，$D=a_{11}A_{11}+a_{12}A_{12}+\cdots+a_{1n}A_{1n}=\sum_{j=1}^{n}a_{1j}A_{1j}$　　(1.1)

其中
$$A_{1j}=(-1)^{1+j}M_{1j}$$

$$M_{1j}=\begin{vmatrix} a_{21} & \cdots & a_{2j-1} & a_{2j+1} & \cdots & a_{2n} \\ a_{31} & \cdots & a_{3j-1} & a_{3j+1} & \cdots & a_{3n} \\ \cdots & \cdots & \cdots & \cdots & \cdots & \cdots \\ a_{n1} & \cdots & a_{nj-1} & a_{nj+1} & \cdots & a_{nn} \end{vmatrix}$$

并称 M_{1j} 为行列式 D 的元素 a_{1j} 的余子式，A_{1j} 为行列式 D 的元素 a_{1j} 的代数余子式。

定理 1　n 阶行列式 D 等于它的任一行（列）元素与它们所对应的代数余子式乘积之和，即

$$D=\sum_{k=1}^{n}a_{ik}A_{ik}=a_{i1}A_{i1}+a_{i2}A_{i2}+\cdots+a_{in}A_{in},\ \forall i=1,2,\cdots,n$$

或
$$D=\sum_{k=1}^{n}a_{kj}A_{kj}=a_{1j}A_{1j}+a_{2j}A_{2j}+\cdots+a_{nj}A_{nj},\ \forall j=1,2,\cdots,n$$

这个性质也称之为**行列式的拉普拉斯展开**。

2. n 阶行列式的性质

设 n 阶行列式

$$D=\begin{vmatrix} a_{11} & a_{12} & \cdots & a_{1n} \\ a_{21} & a_{22} & \cdots & a_{2n} \\ \cdots & \cdots & \cdots & \cdots \\ a_{n1} & a_{n2} & \cdots & a_{nn} \end{vmatrix}$$

把 D 中的行与列互换，所得到的行列式记为 D'（或 D^{T}），即

$$D'=\begin{vmatrix} a_{11} & a_{21} & \cdots & a_{n1} \\ a_{12} & a_{22} & \cdots & a_{n2} \\ \cdots & \cdots & \cdots & \cdots \\ a_{1n} & a_{2n} & \cdots & a_{nn} \end{vmatrix}$$

称行列式 D'为行列式 D 的**转置行列式**。

性质 1 行列式与它的转置行列式相等。

性质 1 说明，行列式中行和列的地位是对称的，行列式关于行成立的性质对于列也同样成立。反之亦然。

性质 2 互换行列式中两行（列），行列式变号。

推论 1 如果行列式中有两行（列）元素对应相等，则此行列式为零。

性质 3 行列式中的某一行（列）中所有的元素都乘以同一数 k，等于用数 k 乘此行列式，即

$$\begin{vmatrix} a_{11} & a_{12} & \cdots & a_{1n} \\ \cdots & \cdots & \cdots & \cdots \\ ka_{i1} & ka_{i2} & \cdots & ka_{in} \\ \cdots & \cdots & \cdots & \cdots \\ a_{n1} & a_{n2} & \cdots & a_{nn} \end{vmatrix}=k\cdot\begin{vmatrix} a_{11} & a_{12} & \cdots & a_{1n} \\ \cdots & \cdots & \cdots & \cdots \\ a_{i1} & a_{i2} & \cdots & a_{in} \\ \cdots & \cdots & \cdots & \cdots \\ a_{n1} & a_{n2} & \cdots & a_{nn} \end{vmatrix}$$

推论 2 行列式中某一行（列）中所有元素的公因数，可以提取到行列式符号的前面。

推论 3 如果行列式中某行（列）的元素全为零，则此行列式为零。

推论 4 如果一个行列式的两行（列）元素对应成比例，则此行列式为零。

性质 4 如果行列式中某行（列）的各元素都是两数之和，则这个行列式等于两个行列式之和。即

$$\begin{vmatrix} a_{11} & a_{12} & \cdots & a_{1n} \\ \cdots & \cdots & \cdots & \cdots \\ b_1+c_1 & b_2+c_2 & \cdots & b_n+c_n \\ \cdots & \cdots & \cdots & \cdots \\ a_{n1} & a_{n2} & \cdots & a_{nn} \end{vmatrix}=\begin{vmatrix} a_{11} & a_{12} & \cdots & a_{1n} \\ \cdots & \cdots & \cdots & \cdots \\ b_1 & b_2 & \cdots & b_n \\ \cdots & \cdots & \cdots & \cdots \\ a_{n1} & a_{n2} & \cdots & a_{nn} \end{vmatrix}+\begin{vmatrix} a_{11} & a_{12} & \cdots & a_{1n} \\ \cdots & \cdots & \cdots & \cdots \\ c_1 & c_2 & \cdots & c_n \\ \cdots & \cdots & \cdots & \cdots \\ a_{n1} & a_{n2} & \cdots & a_{nn} \end{vmatrix}$$

性质 5 把行列式的某一行(列)的元素的 $k(k\in \mathrm{R})$倍加到另一行(列)上去，

行列式的值不变。即

$$\begin{vmatrix} \cdots\cdots & \cdots\cdots & \cdots\cdots & \cdots\cdots \\ a_{i1}+ka_{j1} & a_{i2}+ka_{j2} & \cdots & a_{in}+ka_{jn} \\ \cdots\cdots & \cdots\cdots & \cdots\cdots & \cdots\cdots \\ a_{j1} & a_{j2} & \cdots & a_{jn} \\ \cdots\cdots & \cdots\cdots & \cdots\cdots & \cdots\cdots \end{vmatrix} \begin{matrix} \\ i\text{行} \\ \\ j\text{行} \\ \\ \end{matrix} = \begin{vmatrix} \cdots\cdots & \cdots\cdots & \cdots\cdots & \cdots\cdots \\ a_{i1} & a_{i2} & \cdots & a_{in} \\ \cdots\cdots & \cdots\cdots & \cdots\cdots & \cdots\cdots \\ a_{j1} & a_{j2} & \cdots & a_{jn} \\ \cdots\cdots & \cdots\cdots & \cdots\cdots & \cdots\cdots \end{vmatrix}$$

这一性质是在计算行列式时，将行列式中元素化归为零的依据。

性质 6　行列式 D 的某一行（列）的元素与另一行（列）对应元素的代数余子式乘积之和等于零，即

$$\sum_{k=1}^{n} a_{ik}A_{jk} = a_{i1}A_{j1} + a_{i2}A_{j2} + \cdots + a_{in}A_{jn} = 0, \quad \forall i \neq j$$

或

$$\sum_{k=1}^{n} a_{ki}A_{kj} = a_{1i}A_{1j} + a_{2i}A_{2j} + \cdots + a_{ni}A_{nj} = 0, \quad \forall i \neq j$$

定理 1 与性质 6 的结论可以合并为统一的一个式子：

$$\sum_{k=1}^{n} a_{ik}A_{jk} = \delta_{ij}D \tag{1.2}$$

其中

$$\delta_{ij} = \begin{cases} 1, & i=j \\ 0, & i \neq j \end{cases}$$

对行列式的列来说也有同样的性质成立。上述结论非常重要，它是证明许多其他命题的基础。

另外，像上（下）三角行列式等特殊行列式的值

$$D_n = \begin{vmatrix} a_{11} & a_{12} & \cdots & a_{1n} \\ 0 & a_{22} & \cdots & a_{2n} \\ \cdots & \cdots & \cdots & \cdots \\ 0 & 0 & \cdots & a_{nn} \end{vmatrix} = a_{11}a_{22}\cdots a_{nn}$$

及

$$D_n = \begin{vmatrix} 0 & 0 & \cdots & 0 & a_{1n} \\ 0 & 0 & \cdots & a_{2(n-1)} & a_{2n} \\ \cdots & \cdots & \cdots & \cdots & \cdots \\ 0 & a_{(n-1)2} & \cdots & a_{(n-1)(n-1)} & a_{(n-1)n} \\ a_{n1} & a_{n2} & \cdots & a_{n(n-1)} & a_{nn} \end{vmatrix}$$

$$= (-1)^{\frac{n(n-1)}{2}} a_{1n}a_{2(n-1)}\cdots a_{n1}$$

在行列式计算时也常常用到。

3. 克莱姆(Cramer)法则

对有 n 个未知量 n 个方程的线性方程组：

$$\begin{cases} a_{11}x_1+a_{12}x_2+\cdots+a_{1n}x_n=b_1 \\ a_{21}x_1+a_{22}x_2+\cdots+a_{2n}x_n=b_2 \\ \cdots\cdots\cdots\cdots\cdots\cdots \\ a_{n1}x_1+a_{n2}x_2+\cdots+a_{nn}x_n=b_n \end{cases} \tag{1.3}$$

称之为 **n 元线性方程组**。若右端的常数 $b_1,b_2,\cdots,b_n$ 不全为零，则称式(1.3)为**非齐次线性方程组**；而当 $b_1,b_2,\cdots,b_n$ 全为零，则称其为**齐次线性方程组**。记

$$D=\begin{vmatrix} a_{11} & a_{12} & \cdots & a_{1n} \\ a_{21} & a_{22} & \cdots & a_{2n} \\ \cdots & \cdots & \cdots & \cdots \\ a_{n1} & a_{n2} & \cdots & a_{nn} \end{vmatrix}$$

称为**线性方程组的系数行列式**，又记

$$D_j=\begin{vmatrix} a_{11} & \cdots & b_1 & \cdots & a_{1n} \\ a_{21} & \cdots & b_2 & \cdots & a_{2n} \\ \cdots & \cdots & \cdots & \cdots & \cdots \\ a_{n1} & \cdots & b_n & \cdots & a_{nn} \end{vmatrix},\ j=1,2,\cdots,n$$

D_j 是用方程右端的常数项 $b_1,b_2,\cdots,b_n$ 来替换系数行列式 D 中的第 j 列的元素而得到的行列式。

定理 2(克莱姆法则)　如果前述线性方程组(1.3)的系数行列式 $D\neq0$，则方程组有唯一解

$$x_1=\frac{D_1}{D},\ x_2=\frac{D_2}{D},\ \cdots,\ x_n=\frac{D_n}{D}$$

如果前述线性方程组(1.3) 为齐次线性方程组，而且其系数行列式 $D\neq0$，则方程组有唯一零解；**克莱姆法则的另一个推广性结论是**：对应于式(1.3) 的齐次线性方程组有非零解的充要条件是，该齐次线性方程组的系数行列式 $D=0$。对此将在第四章中作进一步的讨论。

第二节　典 型 例 题

行列式计算是本章要解决的主要问题之一。行列式最常用的计算方法有以下几种：

- 按行列式的定义或定理 1（按照任意一行（列）展开）的结论，直接展开计算；
- 用行列式的性质 5，将行列式化为特殊形式（上三角；某行仅有一个非零

元素）的行列式来计算；

- 用行列式的性质 4（分解性质），将行列式拆分开来计算；
- 利用递推关系计算；
- 用“加边”或“升阶”法计算；
- 用归纳法计算或证明。

下面逐个展开讨论，介绍各类行列式的计算方法。

1. 按行列式的定义或定理 1 的结论展开计算

【例 1】 计算 4 阶行列式

$$D=\begin{vmatrix} a & 0 & 0 & b \\ 0 & a & b & 0 \\ 0 & c & d & 0 \\ c & 0 & 0 & d \end{vmatrix}$$

解法一　将该行列式按定义展开

$$D=a\cdot(-1)^{1+1}\cdot\begin{vmatrix} a & b & 0 \\ c & d & 0 \\ 0 & 0 & d \end{vmatrix}+b\cdot(-1)^{1+4}\cdot\begin{vmatrix} 0 & a & b \\ 0 & c & d \\ c & 0 & 0 \end{vmatrix}$$

再把两个三阶行列式分别按第三行展开，得

$$D=ad\cdot(-1)^{3+3}\cdot\begin{vmatrix} a & b \\ c & d \end{vmatrix}-bc\cdot(-1)^{3+1}\cdot\begin{vmatrix} a & b \\ c & d \end{vmatrix}=(ad-bc)^2$$

本题利用行列式的性质 2 来计算也是可以的。

解法二

$$D\xlongequal[r_3\leftrightarrow r_2]{r_4\leftrightarrow r_3}(-1)^2\begin{vmatrix} a & 0 & 0 & b \\ c & 0 & 0 & d \\ 0 & a & b & 0 \\ 0 & c & d & 0 \end{vmatrix}\xlongequal[c_3\leftrightarrow c_2]{c_4\leftrightarrow c_3}(-1)^2\begin{vmatrix} a & b & 0 & 0 \\ c & d & 0 & 0 \\ 0 & 0 & a & b \\ 0 & 0 & c & d \end{vmatrix}$$

这样得到的是一个**分块对角行列式**，由分块对角矩阵的性质（参见教材第二章矩阵），有

$$D=\begin{vmatrix} a & b \\ c & d \end{vmatrix}\cdot\begin{vmatrix} a & b \\ c & d \end{vmatrix}=(ad-bc)^2$$

【例 2】 计算 n 阶行列式

$$D=\begin{vmatrix} \alpha & \beta & 0 & \cdots & 0 & 0 \\ 0 & \alpha & \beta & \cdots & 0 & 0 \\ 0 & 0 & \alpha & \cdots & 0 & 0 \\ \cdots & \cdots & \cdots & \cdots & \cdots & \cdots \\ 0 & 0 & 0 & \cdots & \alpha & \beta \\ \beta & 0 & 0 & \cdots & 0 & \alpha \end{vmatrix}$$

解 行列式的第一列仅有的两个非零元素，它们的余子式均为上（下）三角行列式，所以将这个行列式按第一列展开，有

$$D=\alpha\cdot\begin{vmatrix}\alpha & \beta & \cdots & 0 & 0\\ 0 & \alpha & \cdots & 0 & 0\\ \cdots & \cdots & \cdots & \cdots & \cdots\\ 0 & 0 & \cdots & \alpha & \beta\\ 0 & 0 & \cdots & 0 & \alpha\end{vmatrix}+\beta\cdot(-1)^{n+1}\cdot\begin{vmatrix}\beta & 0 & \cdots & 0 & 0\\ \alpha & \beta & \cdots & 0 & 0\\ 0 & \alpha & \cdots & 0 & 0\\ \cdots & \cdots & \cdots & \cdots & \cdots\\ 0 & 0 & \cdots & \alpha & \beta\end{vmatrix}$$

$$=\alpha^n+(-1)^{n+1}\beta^n$$

当然，将行列式按最后一行展开，效果是一样的。

【例 3】 求 x 的 4 次多项式函数 $f(x)=\begin{vmatrix}x & x & 1 & 0\\ 1 & x & 2 & 3\\ 2 & 3 & x & 2\\ 1 & 1 & 2 & x\end{vmatrix}$ 中 x^3 的系数。

解 若将函数 $f(x)$ 的定义式中的 4 阶行列式按行列式定义展开，则第一行第一个元素 x 的代数余子式 $\begin{vmatrix}x & 2 & 3\\ 3 & x & 2\\ 1 & 2 & x\end{vmatrix}$ 是 x 的三次式，而且这个代数余子式的展开式中没有 x 的二次项；行列式第一行第二个元素 x 的代数余子式 $(-1)^{1+2}\begin{vmatrix}1 & 2 & 3\\ 2 & x & 2\\ 1 & 2 & x\end{vmatrix}$ 是 x 的二次式，x^2 项的系数为 -1；又行列式第一行的其他两个元素（是常数）的代数余子式中显然均不含 x^3 项，所以由行列式定义可知，$f(x)$ 的展开式中 x^3 项的系数为 -1。

【例 4】 设行列式

$$A=\begin{vmatrix}1 & -5 & 2 & 3\\ 1 & 1 & 1 & 2\\ 1 & 4 & -2 & 6\\ 21 & 31 & 51 & 11\end{vmatrix}$$

求 $A_{41}+A_{42}+A_{43}+A_{44}$

解法一 如果直接计算 4 个 3 阶的代数余子式，计算量比较大。现在利用行列式性质 6，用它的第二行元素乘第四行元素的代数余子式，应有

$$A_{41}+A_{42}+A_{43}+2A_{44}=0$$

于是

$$A_{41}+A_{42}+A_{43}+A_{44}=-A_{44}=-(-1)^{4+4}\begin{vmatrix}1 & -5 & 2\\ 1 & 1 & 1\\ 1 & 4 & -2\end{vmatrix}$$

$$\xlongequal[r_3+(-1)r_2]{r_1+(-1)r_2}-\begin{vmatrix}0&-6&1\\1&1&1\\0&3&-3\end{vmatrix}$$

$$=-(-1)^{2+1}\begin{vmatrix}-6&1\\3&-3\end{vmatrix}=15$$

解法二　先作一个新的行列式

$$B=\begin{vmatrix}1&-5&2&3\\1&1&1&2\\1&4&-2&6\\1&1&1&1\end{vmatrix}$$

与原行列式相比，只是将其第四行元素换为要计算式子 $A_{41}+A_{42}+A_{43}+A_{44}$ 的系数。因为改变行列式的第四行元素并不影响该行元素的代数余子式，于是按照行列式的展开性质，若将行列式 B 按照最后一行展开，则有

$$A_{41}+A_{42}+A_{43}+A_{44}=B$$

$$\xlongequal[i=2,3,4]{r_i+(-1)r_1}\begin{vmatrix}1&-5&2&3\\0&6&-1&-1\\0&9&-4&3\\0&6&-1&-2\end{vmatrix}=\begin{vmatrix}6&-1&-1\\9&-4&3\\6&-1&-2\end{vmatrix}$$

$$\xlongequal{r_3+(-1)r_1}\begin{vmatrix}6&-1&-1\\9&-4&3\\0&0&-1\end{vmatrix}=-\begin{vmatrix}6&-1\\9&-4\end{vmatrix}=15$$

2. 用行列式的性质 5，将行列式化为特殊形式来计算

【例 5】　计算 4 阶行列式

$$D=\begin{vmatrix}4&-3&1&2\\-3&1&-1&0\\5&-1&0&3\\1&-1&2&1\end{vmatrix}$$

解　对低阶的数字行列式，通常利用行列式的性质 5，将它化为上三角形式。

$$D\xlongequal{c_1\leftrightarrow c_3}-\begin{vmatrix}1&-3&4&2\\-1&1&-3&0\\0&-1&5&3\\2&-1&1&1\end{vmatrix}\xlongequal[r_4+(-2)r_1]{r_2+r_1}-\begin{vmatrix}1&-3&4&2\\0&-2&1&2\\0&-1&5&3\\0&5&-7&-3\end{vmatrix}$$

$$\xlongequal{r_2\leftrightarrow r_3}\begin{vmatrix}1&-3&4&2\\0&-1&5&3\\0&-2&1&2\\0&5&-7&-3\end{vmatrix}\xlongequal[r_4+5r_2]{r_3+(-2)r_2}\begin{vmatrix}1&-3&4&2\\0&-1&5&3\\0&0&-9&-4\\0&0&18&12\end{vmatrix}$$

$$\xlongequal{r_4+2r_3}\begin{vmatrix}1 & -3 & 4 & 2\\0 & -1 & 5 & 3\\0 & 0 & -9 & -4\\0 & 0 & 0 & 4\end{vmatrix}=1\times(-1)\times(-9)\times 4=36$$

【例 6】 计算 n （$n\geqslant 2$） 阶行列式

$$D=\begin{vmatrix}0 & 1 & 1 & \cdots & 1\\1 & 0 & x & \cdots & x\\1 & x & 0 & \cdots & x\\ \multicolumn{5}{c}{\cdots\cdots\cdots\cdots\cdots\cdots}\\1 & x & x & \cdots & 0\end{vmatrix}$$

解 将第一行元素的 $-x$ 倍加到从第二行到第 n 行的每一行上去

$$D=\begin{vmatrix}0 & 1 & 1 & \cdots & 1\\1 & -x & 0 & \cdots & 0\\1 & 0 & -x & \cdots & 0\\ \multicolumn{5}{c}{\cdots\cdots\cdots\cdots\cdots\cdots\cdots\cdots}\\1 & 0 & 0 & \cdots & -x\end{vmatrix}$$

这个行列式通常称为**爪型行列式**。当 $x=0$ 时，$D=0$；而当 $x\neq 0$ 时，再将上述行列式从第二列到第 n 列每一列的 $\frac{1}{x}$ 倍都加到第一列上去，有

$$D=\begin{vmatrix}\frac{n-1}{x} & 1 & 1 & \cdots & 1\\0 & -x & 0 & \cdots & 0\\0 & 0 & -x & \cdots & 0\\ \multicolumn{5}{c}{\cdots\cdots\cdots\cdots\cdots\cdots\cdots\cdots\cdots}\\0 & 0 & 0 & \cdots & -x\end{vmatrix}$$

$$=\frac{n-1}{x}\cdot(-x)^{n-1}=(-1)^{n-1}(n-1)x^{n-2}$$

【例 7】 计算 n （ $n\geqslant 2$） 阶行列式

$$D_n=\begin{vmatrix}1 & 2 & 3 & 4 & \cdots & n\\1 & 1 & 2 & 3 & \cdots & n-1\\1 & x & 1 & 2 & \cdots & n-2\\1 & x & x & 1 & \cdots & n-3\\ \multicolumn{6}{c}{\cdots\cdots\cdots\cdots\cdots\cdots\cdots\cdots}\\1 & x & x & x & \cdots & 1\end{vmatrix}$$

解 从 D_n 的第二行开始，每行的 -1 倍加到前一行，得

$$D_n=\begin{vmatrix}0 & 1 & 1 & \cdots & 1 & 1\\ 0 & 1-x & 1 & \cdots & 1 & 1\\ 0 & 0 & 1-x & \cdots & 1 & 1\\ \cdots & \cdots & \cdots & \cdots & \cdots & \cdots\\ 0 & 0 & 0 & \cdots & 1-x & 1\\ 1 & x & x & \cdots & x & 1\end{vmatrix}$$

按第一列展开

$$D_n=(-1)^{n+1}\begin{vmatrix}1 & 1 & 1 & \cdots & 1 & 1\\ 1-x & 1 & 1 & \cdots & 1 & 1\\ 0 & 1-x & 1 & \cdots & 1 & 1\\ \cdots & \cdots & \cdots & \cdots & \cdots & \cdots\\ 0 & 0 & 0 & \cdots & 1-x & 1\end{vmatrix}$$

对上面的行列式，从第二行开始，再将其以后每行的-1倍加到前一行，得

$$D_n=(-1)^{n+1}\begin{vmatrix}x & 0 & 0 & \cdots & 0 & 0\\ 1-x & x & 0 & \cdots & 0 & 0\\ 0 & 1-x & x & \cdots & 0 & 0\\ \cdots & \cdots & \cdots & \cdots & \cdots & \cdots\\ 0 & 0 & 0 & \cdots & x & 0\\ 0 & 0 & 0 & \cdots & 1-x & 1\end{vmatrix}$$

$$=(-1)^{n+1}x^{n-2}$$

3. 用行列式的性质 4，将行列式拆分开来计算

【例 8】 计算 n 阶行列式

$$D=\begin{vmatrix}x & a & a & \cdots & a & a\\ -a & x & a & \cdots & a & a\\ \cdots & \cdots & \cdots & \cdots & \cdots & \cdots\\ -a & -a & -a & \cdots & x & a\\ -a & -a & -a & \cdots & -a & x\end{vmatrix}\quad (a\neq 0)$$

解 先将行列式的最后一列变形

$$D_n=\begin{vmatrix}x & a & a & \cdots & a & a+0\\ -a & x & a & \cdots & a & a+0\\ \cdots & \cdots & \cdots & \cdots & \cdots & \cdots\\ -a & -a & -a & \cdots & x & a+0\\ -a & -a & -a & \cdots & -a & a+(x-a)\end{vmatrix}$$

由行列式性质 4，依照最后一列行列式可拆分为

$$D_n=\begin{vmatrix} x & a & a & \cdots & a & a \\ -a & x & a & \cdots & a & a \\ \cdots & \cdots & \cdots & \cdots & \cdots & \cdots \\ -a & -a & -a & \cdots & x & a \\ -a & -a & -a & \cdots & -a & a \end{vmatrix}+\begin{vmatrix} x & a & a & \cdots & a & 0 \\ -a & x & a & \cdots & a & 0 \\ \cdots & \cdots & \cdots & \cdots & \cdots & \cdots \\ -a & -a & -a & \cdots & x & 0 \\ -a & -a & -a & \cdots & -a & x-a \end{vmatrix}$$

对上式右端第一个行列式，将其最后一列的 1 倍加到前面所有各列上去，行列式化为上三角形式

$$\begin{vmatrix} x+a & 2a & 2a & \cdots & 2a & a \\ 0 & x+a & 2a & \cdots & 2a & a \\ \cdots & \cdots & \cdots & \cdots & \cdots & \cdots \\ 0 & 0 & 0 & \cdots & x+a & a \\ 0 & 0 & 0 & \cdots & 0 & a \end{vmatrix}$$

其值为 $a(x+a)^{n-1}$。

而对上式右端第二个行列式，可将其按最后一列展开。总之有

$$D_n=a(x+a)^{n-1}+(x-a)\cdot D_{n-1} \tag{1.4}$$

再将原行列式最后一行作一种对称的变形

$$D_n=\begin{vmatrix} x & a & a & \cdots & a & a \\ -a & x & a & \cdots & a & a \\ \cdots & \cdots & \cdots & \cdots & \cdots & \cdots \\ -a & -a & -a & \cdots & x & a \\ -a+0 & -a+0 & -a+0 & \cdots & -a+0 & -a+(x+a) \end{vmatrix}$$

依照最后一行将行列式拆分，类似地可得到

$$D_n=-a(x-a)^{n-1}+(x+a)\cdot D_{n-1} \tag{1.5}$$

从式(1.4)、式(1.5) 两式中不难解得

$$D_n=\frac{(x+a)^n+(x-a)^n}{2}$$

4. 利用递推关系计算

【例 9】 计算 n 阶行列式

$$D_n=\begin{vmatrix} x & -1 & 0 & \cdots & 0 & 0 \\ 0 & x & -1 & \cdots & 0 & 0 \\ \cdots & \cdots & \cdots & \cdots & \cdots & \cdots \\ 0 & 0 & 0 & \cdots & x & -1 \\ a_n & a_{n-1} & a_{n-2} & \cdots & a_2 & a_1+a_0\cdot x \end{vmatrix}$$

解 将它按第一列展开，得

$$D_n = x \cdot \begin{vmatrix} x & -1 & 0 & \cdots & 0 & 0 \\ 0 & x & -1 & \cdots & 0 & 0 \\ \cdots & \cdots & \cdots & \cdots & \cdots & \cdots \\ 0 & 0 & 0 & \cdots & x & -1 \\ a_{n-1} & a_{n-2} & a_{n-3} & \cdots & a_2 & a_1 + a_0 \cdot x \end{vmatrix} +$$

$$(-1)^{n+1} a_n \cdot \begin{vmatrix} -1 & 0 & 0 & \cdots & 0 & 0 \\ x & -1 & 0 & \cdots & 0 & 0 \\ \cdots & \cdots & \cdots & \cdots & \cdots & \cdots \\ 0 & 0 & 0 & \cdots & -1 & 0 \\ 0 & 0 & 0 & \cdots & x & -1 \end{vmatrix}$$

$$= x \cdot D_{n-1} + (-1)^{n+1} a_n \cdot (-1)^{n-1}$$

$$= x \cdot D_{n-1} + a_n$$

注意到这个递推式对任意 $n \geqslant 2$ 均成立，所以

$$\begin{aligned} D_n &= x \cdot (x \cdot D_{n-2} + a_{n-1}) + a_n \\ &= x^2 \cdot D_{n-2} + a_{n-1} \cdot x + a_n \\ &\cdots \\ &= x^{n-1} \cdot D_1 + a_2 \cdot x^{n-2} + \cdots + a_{n-2} \cdot x^2 + a_{n-1} \cdot x + a_n \\ &= x^{n-1} \cdot (a_1 + a_0 \cdot x) + a_2 \cdot x^{n-2} + \cdots + a_{n-2} \cdot x^2 + a_{n-1} \cdot x + a_n \\ &= a_0 \cdot x^n + a_1 \cdot x^{n-1} + a_2 \cdot x^{n-2} + \cdots + a_{n-2} \cdot x^2 + a_{n-1} \cdot x + a_n \end{aligned}$$

【例 10】 计算 n 阶行列式

$$D_n = \begin{vmatrix} 1-a & a & 0 & \cdots & 0 & 0 \\ -1 & 1-a & a & \cdots & 0 & 0 \\ 0 & -1 & 1-a & \cdots & 0 & 0 \\ \cdots & \cdots & \cdots & \cdots & \cdots & \cdots \\ 0 & 0 & 0 & \cdots & 1-a & a \\ 0 & 0 & 0 & \cdots & -1 & 1-a \end{vmatrix}$$

解 此行列式元素的排列结构有显明的特点，所以通常将这种类型的行列式称为**三对角行列式**。现将它按第一列来展开，就得到下面的递推关系

$$D_n = (1-a) \cdot D_{n-1} + (-1)^{2+1}(-1) \begin{vmatrix} a & 0 & 0 & \cdots & 0 & 0 \\ -1 & 1-a & a & \cdots & 0 & 0 \\ 0 & -1 & 1-a & \cdots & 0 & 0 \\ \cdots & \cdots & \cdots & \cdots & \cdots & \cdots \\ 0 & 0 & 0 & \cdots & 1-a & a \\ 0 & 0 & 0 & \cdots & -1 & 1-a \end{vmatrix}$$

$$= (1-a) \cdot D_{n-1} + a \cdot D_{n-2} \qquad (1.6)$$

又

$$D_1=1-a,\ D_2=\begin{vmatrix}1-a & a\\ -1 & 1-a\end{vmatrix}=(1-a)^2+a=a^2-a+1 \tag{1.7}$$

由式(1.6) 和式(1.7)，有

$$\begin{aligned}D_n-D_{n-1}&=(-a)\cdot(D_{n-1}-D_{n-2})\\&=(-a)^2\cdot(D_{n-2}-D_{n-3})\\&\cdots\\&=(-a)^{n-2}\cdot(D_2-D_1)\\&=(-a)^{n-2}\cdot a^2=(-a)^n\end{aligned}$$

所以

$$\begin{aligned}D_n&=D_{n-1}+(-a)^n\\&=D_{n-2}+(-a)^{n-1}+(-a)^n\\&\cdots\\&=(-a)^n+(-a)^{n-1}+\cdots+(-a)^2+(-a)+1\end{aligned}$$

【例 11】 计算 n 阶行列式

$$D_n=\begin{vmatrix}\alpha+\beta & \alpha\beta & 0 & \cdots & 0 & 0\\ 1 & \alpha+\beta & \alpha\beta & \cdots & 0 & 0\\ 0 & 1 & \alpha+\beta & \cdots & 0 & 0\\ \cdots & \cdots & \cdots & \cdots & \cdots & \cdots\\ 0 & 0 & 0 & \cdots & \alpha+\beta & \alpha\beta\\ 0 & 0 & 0 & \cdots & 1 & \alpha+\beta\end{vmatrix}\quad(\alpha\neq\beta)$$

解 用行列式性质 4，依照最后一行将 D_n 拆分

$$D_n=\begin{vmatrix}\alpha+\beta & \alpha\beta & 0 & \cdots & 0 & 0\\ 1 & \alpha+\beta & \alpha\beta & \cdots & 0 & 0\\ 0 & 1 & \alpha+\beta & \cdots & 0 & 0\\ \cdots & \cdots & \cdots & \cdots & \cdots & \cdots\\ 0 & 0 & 0 & \cdots & \alpha+\beta & \alpha\beta\\ 0 & 0 & 0 & \cdots & 1 & \alpha\end{vmatrix}+\begin{vmatrix}\alpha+\beta & \alpha\beta & 0 & \cdots & 0 & 0\\ 1 & \alpha+\beta & \alpha\beta & \cdots & 0 & 0\\ 0 & 1 & \alpha+\beta & \cdots & 0 & 0\\ \cdots & \cdots & \cdots & \cdots & \cdots & \cdots\\ 0 & 0 & 0 & \cdots & \alpha+\beta & \alpha\beta\\ 0 & 0 & 0 & \cdots & 0 & \beta\end{vmatrix}$$

对上式右端第一项，先将其最后一行的 $-\beta$ 倍加到它的上一行上去，并把它按最后一列展开，即

$$\begin{vmatrix}\alpha+\beta & \alpha\beta & 0 & \cdots & 0 & 0\\ 1 & \alpha+\beta & \alpha\beta & \cdots & 0 & 0\\ 0 & 1 & \alpha+\beta & \cdots & 0 & 0\\ \cdots & \cdots & \cdots & \cdots & \cdots & \cdots\\ 0 & 0 & 0 & \cdots & \alpha+\beta & \alpha\beta\\ 0 & 0 & 0 & \cdots & 1 & \alpha\end{vmatrix}=\begin{vmatrix}\alpha+\beta & \alpha\beta & 0 & \cdots & 0 & 0\\ 1 & \alpha+\beta & \alpha\beta & \cdots & 0 & 0\\ 0 & 1 & \alpha+\beta & \cdots & 0 & 0\\ \cdots & \cdots & \cdots & \cdots & \cdots & \cdots\\ 0 & 0 & 0 & \cdots & \alpha & 0\\ 0 & 0 & 0 & \cdots & 1 & \alpha\end{vmatrix}$$

$$=\alpha\cdot\begin{vmatrix}\alpha+\beta & \alpha\beta & 0 & \cdots & 0\\ 1 & \alpha+\beta & \alpha\beta & \cdots & 0\\ 0 & 1 & \alpha+\beta & \cdots & 0\\ \cdots & \cdots & \cdots & \cdots & \cdots\\ 0 & 0 & 0 & \cdots & \alpha\end{vmatrix}$$

注意到上面按最后一列展开后得到的行列式呈现同样的形式（只是阶数低一阶）。重复这个过程，直至得到其值为 α^n。

而对上面 D_n 展开式右端的第二项，再将其按最后一行展开，就有

$$\begin{vmatrix}\alpha+\beta & \alpha\beta & 0 & \cdots & 0 & 0\\ 1 & \alpha+\beta & \alpha\beta & \cdots & 0 & 0\\ 0 & 1 & \alpha+\beta & \cdots & 0 & 0\\ \cdots & \cdots & \cdots & \cdots & \cdots & \cdots\\ 0 & 0 & 0 & \cdots & \alpha+\beta & \alpha\beta\\ 0 & 0 & 0 & \cdots & 0 & \beta\end{vmatrix}=\beta\cdot\begin{vmatrix}\alpha+\beta & \alpha\beta & 0 & \cdots & 0\\ 1 & \alpha+\beta & \alpha\beta & \cdots & 0\\ 0 & 1 & \alpha+\beta & \cdots & 0\\ \cdots & \cdots & \cdots & \cdots & \cdots\\ 0 & 0 & 0 & \cdots & \alpha+\beta\end{vmatrix}$$

$$=\beta\cdot D_{n-1}$$

总之

$$D_n=\alpha^n+\beta\cdot D_{n-1} \tag{1.8}$$

注意到在原行列式 D_n 中，α 与 β 是完全对称出现的，所以又有

$$D_n=\beta^n+\alpha\cdot D_{n-1} \tag{1.9}$$

从式(1.8)、式(1.9) 很容易解得

$$D_n=\frac{\alpha^{n+1}-\beta^{n+1}}{\alpha-\beta}\quad(\alpha\neq\beta)$$

5. 用“加边”或“升阶”法计算

【例 12】 计算 n 阶行列式

$$D=\begin{vmatrix}a_1+m & a_2 & a_3 & \cdots & a_n\\ a_1 & a_2+m & a_3 & \cdots & a_n\\ a_1 & a_2 & a_3+m & \cdots & a_n\\ \cdots & \cdots & \cdots & \cdots & \cdots\\ a_1 & a_2 & a_3 & \cdots & a_n+m\end{vmatrix}$$

解 将 D 增加 1 行 1 列，得

$$D=\begin{vmatrix}1 & a_1 & a_2 & \cdots & a_n\\ 0 & a_1+m & a_2 & \cdots & a_n\\ 0 & a_1 & a_2+m & \cdots & a_n\\ \cdots & \cdots & \cdots & \cdots & \cdots\\ 0 & a_1 & a_2 & \cdots & a_n+m\end{vmatrix}$$

用所增加的第一行的 -1 倍加到其他各行，有

$$D=\begin{vmatrix} 1 & a_1 & a_2 & \cdots & a_n \\ -1 & m & 0 & \cdots & 0 \\ -1 & 0 & m & \cdots & 0 \\ \cdots & \cdots & \cdots & \cdots & \cdots \\ -1 & 0 & 0 & \cdots & m \end{vmatrix}$$

这就化成了**爪型行列式**。当 $m=0$ 时，显然 $D=0$；而当 $m\neq0$ 时，再将上述行列式从第二列到第 n 列每一列的 $\frac{1}{m}$ 倍都加到第一列上去，就有

$$D=\begin{vmatrix} 1+\frac{1}{m}\sum_{i=1}^{n}a_i & a_1 & a_2 & \cdots & a_n \\ 0 & m & 0 & \cdots & 0 \\ 0 & 0 & m & \cdots & 0 \\ \cdots & \cdots & \cdots & \cdots & \cdots \\ 0 & 0 & 0 & \cdots & m \end{vmatrix}$$

$$=\left(1+\frac{1}{m}\sum_{i=1}^{n}a_i\right)\cdot m^n$$

【例 13】 计算下列行列式

$$A=\begin{vmatrix} 1 & 1 & 1 & 1 \\ a & b & c & d \\ a^2 & b^2 & c^2 & d^2 \\ a^4 & b^4 & c^4 & d^4 \end{vmatrix}$$

解 这个行列式与范德蒙行列式形式相似但并不相同。为此同样将 A 增加 1 行 1 列，构成新的行列式

$$D=\begin{vmatrix} 1 & 1 & 1 & 1 & 1 \\ a & b & c & d & x \\ a^2 & b^2 & c^2 & d^2 & x^2 \\ a^3 & b^3 & c^3 & d^3 & x^3 \\ a^4 & b^4 & c^4 & d^4 & x^4 \end{vmatrix}$$

D 就是一个“完整的”范德蒙（Vandermonde）行列式，它的值是 x 的 4 次多项式，即

$$D=\{(b-a)(c-a)(d-a)(c-b)(d-b)(d-c)\}\times\{(x-a)(x-b)(x-c)(x-d)\}$$
$$\triangleq M\times(x-a)(x-b)(x-c)(x-d)$$

将上述多项式展开，其中 x 的 3 次项的系数是 $-(a+b+c+d)\cdot M$。

若再将行列式 D 依照其最后一列，按行列式定义展开，则 x^3 项的系数为 $(-1)^{4+5}\cdot A$。两种不同计算方法其结果应该是一致的，即

$$(-1)^{4+5}\cdot A=-(a+b+c+d)\cdot M$$

于是所求行列式的值

$$A=(a+b+c+d)\cdot M$$

其中 $$M=(b-a)(c-a)(d-a)(c-b)(d-b)(d-c)$$

6. 用归纳法计算或证明

【例 14】 证明

$$D_n=\begin{vmatrix} 2\cos\theta & 1 & 0 & \cdots & 0 & 0 \\ 1 & 2\cos\theta & 1 & \cdots & 0 & 0 \\ 0 & 1 & 2\cos\theta & \cdots & 0 & 0 \\ \cdots & \cdots & \cdots & \cdots & \cdots & \cdots \\ 0 & 0 & 0 & \cdots & 2\cos\theta & 1 \\ 0 & 0 & 0 & \cdots & 1 & 2\cos\theta \end{vmatrix}=\frac{\sin(n+1)\theta}{\sin\theta}$$

证 用数学归纳法。

① 当阶数 $n=1$ 时，结论显然成立；

② 假设当行列式阶数不超过 n 时结论成立，则对 $n+1$ 阶的行列式，将其按第一列展开，易得

$$D_{n+1}=2\cos\theta\cdot D_n-D_{n-1}=2\cos\theta\cdot\frac{\sin(n+1)\theta}{\sin\theta}-\frac{\sin n\theta}{\sin\theta}$$

$$=\frac{[\sin(n+2)\theta+\sin n\theta]-\sin n\theta}{\sin\theta}=\frac{\sin(n+2)\theta}{\sin\theta}$$

即对 $n+1$ 阶的行列式，结论也成立。

综上，命题得证。

第三节 编 程 应 用

在线性代数教材里，介绍了工程软件 MATLAB 的功能与作用。如果能够将线性代数的学习与相关的软件使用结合起来，那么很多问题的求解将变得非常简便。

【例 15】 用 MATLAB 符号运算的方法计算例 13 中的行列式

$$A=\begin{vmatrix} 1 & 1 & 1 & 1 \\ a & b & c & d \\ a^2 & b^2 & c^2 & d^2 \\ a^4 & b^4 & c^4 & d^4 \end{vmatrix}$$

解 编程（prog15）如下：

```
% 用符号运算计算行列式的值
clear all
```

```
syms a b c d                               % 符号变量说明
A= [1 1 1 1; a b c d; a^2 b^2 c^2 d^2; a^4 b^4 c^4 d^4];        % 矩阵输入
disp ('行列式的值行为:')
d1=det (A)                                 % 计算行列式的值
disp ('简化表达式是:')
d2=simple (d1)                    % 简化表达式 d1，也可以用 pretty 等
```

程序执行结果是:

```
A =
    [1,     1,     1,     1]
    [a,     b,     c,     d]
    [a^2,   b^2,   c^2,   d^2]
    [a^4,   b^4,   c^4,   d^4]
行列式的值行为:
d1=
    b*c^2*d^4-b*d^2*c^4-b^2*c*d^4+b^2*d*c^4+b^4*c*d^2-
    b^4*d*c^2-a*c^2*d^4+a*d^2*c^4+a*b^2*d^4-a*b^2*c^4-a
    *b^4*d^2+a*b^4*c^2+a^2*c*d^4-a^2*d*c^4-a^2*b*d^4+a^
    2*b*c^4+a^2*b^4*d-a^2*b^4*c-a^4*c*d^2+a^4*d*c^2+a^4
    *b*d^2-a^4*b*c^2-a^4*b^2*d+a^4*b^2*c
简化表达式是:
d2=
    -(d-c)(b-c)(b-d)(-c+a)(a-d)(a-b)(a+d+c+b)
```

这与例 13 中的结果是一致的。

【例 16】 编程求解满足 Cramer 法则条件的方程组

$$\begin{cases} x_1 & & -x_3+ & x_4 & =1 \\ 2x-x_2 & & +4x_3+ & 8x_4 & =0 \\ 3x_1 & & +2x_3+ & x_4 & =-1 \\ 4x_1+x_2 & & +6x_3+ & 3x_4 & =0 \end{cases}$$

解法一 程序（prog161）如下。

```
% 求解满足 Cramer 法则条件的方程组
A=[1 0 -1 1; 2 -1 4 8; 3 0 2 1; 4 1 6 3]  % 输入系数矩阵
b=[1 0 -1 0]                              % 输入常数列向量
[m,n]=size(A);
b=b(:);  k=size (b,1);
```

```
if m~=n|m~=k                          % 检查输入正确性
  disp ('您输入的系数矩阵或常数列向量有错误!')
  return
else
  disp ('系数行列式的值为:')
  D=det(A)                            % 计算并输出系数行列式的值
if D = = 0
  disp('输入的系数行列式不满足 Cramer 法则的条件!')
else
  for j =1:n B=A; B(:,j)=b; Dj(j) = det(B); end
                                      % 求用常数列替换后的行列式的值
  disp ('用常数列 b 替换系数行列式中的第 j 列所得到的行列式的值分别为:')
      Dj
disp ('原方程组 AX=b 有唯一解,解是:')
    X=Dj./D                           % 输出原方程组的(唯一)解
  end
end
```

程序执行的结果是：

```
A=
    1    0   -1   1
    2   -1    4   8
    3    0    2   1
    4    1    6   3
b=
   1   0   -1   0
```

系数行列式的值为：

D=-57

用常数列 b 替换系数行列式中的第 j 列所得到的行列式的值分别为：

Dj=9　-126　32　-34

原方程组 AX=b 有唯一解，解是：

X=-0.1579　2.2105　-0.5614　0.5965

解法二　本题也可以借助与 MATLAB 中的符号运算函数 Linsolve 来求解。编程（prog162）如下：

```
% 用 Linsolve 函数命令求解线性方程组
clear all
```

```
disp('输入的系数矩阵或常数列向量为:')
A=[1 0 -1 1; 2 -1 4 8; 3 0 2 1; 4 1 6 3]     % 输入系数矩阵
b=[1 0 -1 0]                                 % 输入常数列向量
b=b(:);
x=Linsolve(A,b)'          % 调用 Linsolve 函数命令,并以分数形式输出
x=vpa(x,8)                                   % 以 8 位实数形式输出
```

程序执行的结果是：

```
输入的系数矩阵和常数列向量为:
A=
   1    0   -1  1
   2   -1    4  8
   3    0    2  1
   4    1    6  3
b=
   1  0  -1  0
原方程组的解是:
x=
   [-3/19, 42/19, -32/57, 34/57]
x=
   [-.15789474, 2.2105263, -.56140351, .59649123]
```

调用 Linsolve 函数时，如果系数矩阵或常数列向量中含有字母符号，只要在输入前对字母符号用 syms 作出说明即可。当然我们也看到，如果用 sym 对系数矩阵 **A** 作出说明，则调用 Linsolve 函数求解方程组，得到的解 x 就是以分数的形式表示，而不是以最常用的小数形式输出。

另外本题也可以借助于 MATLAB 中的方程组求解函数 A \ b 来求解，对此函数命令，在第四章线性方程组一章中我们将对其作用作进一步介绍。

【例 17】 求三次多项式

$$f(x)=a_0x^3+a_1x^2+a_2x+a_3$$

使得 $f(-1)=0$，$f(1)=4$，$f(2)=3$，$f(3)=16$，并作出其图形。

解 由题意，所求多项式系数满足方程组

$$\begin{cases}a_0(-1)^3+a_1(-1)^2+a_2(-1)+a_3=0\\ a_0\cdot 1^3+a_1\cdot 1^2+a_2\cdot 1+a_3=4\\ a_0\cdot 2^3+a_1\cdot 2^2+a_2\cdot 2+a_3=3\\ a_0\cdot 3^3+a_1\cdot 3^2+a_2\cdot 3+a_3=16\end{cases}$$

该方程组的未知量为 a_0，a_1，a_2，a_3，而其系数行列式

$$\begin{vmatrix} -1 & 1 & -1 & 1 \\ 1 & 1 & 1 & 1 \\ 8 & 4 & 2 & 1 \\ 27 & 9 & 3 & 1 \end{vmatrix}$$

是范德蒙（Vandermonde）行列式，它的值不等于零，所以从理论上说可以按照 Cramer 法则求得方程组的解，但是求解的工作量不小。而直接调用 MATLAB 中已有的“曲线拟合”函数命令 polyfit，自然是十分方便。

现用编程计算方法求解。程序（prog17）如下：

```
% 求多项式拟合曲线并作图。即求系数 p=[a0 a1 a2 a3]使多项式
% f(x)=a0x^3+a1x^2+a2x+a3
% 满足:f(xi)=yi,其中 xi,yi 为已知值,i = 1,2,…,n,n+1
clear all
disp('输入拟合点的坐标为:')
X=[-1 1 2 3 ]                          % 输入拟合点的横坐标
Y=[0 4 3 16 ]                          % 输入拟合点的纵坐标
X=X(:);   m= size (X,1);
Y=Y(:);   n= size (Y,1);
if m~= n                               % 检查输入正确性
  disp ('您输入的拟合点坐标有错误!')
  return
else
  disp ('拟合多项式系数为:')
  P=polyfit (X,Y,n-1)                  % 计算并输出拟合多项式系数
  x=min(X)-1:0.1:max(X)+1;             % 确定 x 轴上的作图范围与步长
  y=polyval (P,x);                     % 计算拟合多项式在 x 处的函数值
  plot (X,Y,'o',x,y)                   % 描点与作图
end
```

程序执行结果是：

```
disp('输入拟合点的坐标为:')
    X=-1   1   2   3
    Y=0   4   3   16
拟合多项式系数为:
  P=2.0000   -5.0000   -0.0000   7.0000
```

拟合多项式曲线是(图 1.1)：

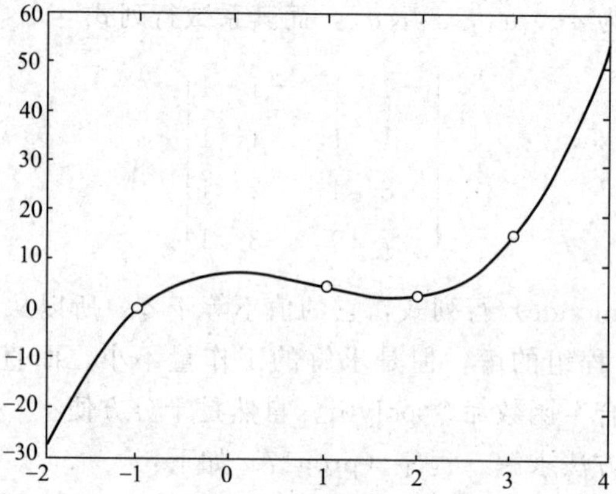

图 1.1　多项式曲线拟合

【例 18】 问实系数 a 为何值时，下列多项式方程有重根

$$x^3-2x+a=0$$

解　该多项式方程中带有参数 a，我们不可能通过解方程的方法去实现。教材中介绍了多项式的**西尔威斯特（Sylvester）结式**判别方法。若记 $n=3$ 次多项式

$$f(x)=x^3+0\cdot x^2-2x+a(=0)$$

则其导数（注意为了形式对齐，我们特意补写了导数中的 3 次项）

$$f'(x)=0\cdot x^3+3x^2+0\cdot x-2\ (=0)$$

于是多项式 $f(x)$的西尔威斯特结式是如下的 $2n=6$ 阶行列式

$$S=\begin{vmatrix} 1 & 0 & -2 & a & 0 & 0 \\ 0 & 3 & 0 & -2 & 0 & 0 \\ 0 & 1 & 0 & -2 & a & 0 \\ 0 & 0 & 3 & 0 & -2 & 0 \\ 0 & 0 & 1 & 0 & -2 & a \\ 0 & 0 & 0 & 3 & 0 & -2 \end{vmatrix}$$

多项式方程有重根的充要条件是其西尔威斯特结式等于零。编程 prog18 如下。

有两种方法。第一种方法是调用 MATLAB 中的符号计算引擎：

% 求多项式的结式，并判断参数 a 取何值时，相应的多项式方程何时有重根

```
% 多项式方程 x^3-2*x +a=0
disp('调用 MuPAD symbolic engine:')
s=symengine;                                % 调用 MuPAD symbolic engine
syms a x
p=x^3-2*x +a;
result=feval(s,'polylib::discrim',p,x)      % 求结式
a=solve(result)                             % 求结式行列式等于零这一方程的根
pretty(a)
```

第二种方法是通过自编程序构成并计算西尔威斯特结式行列式：

```
disp ('自编程序:')
syms a                                      % p=x^3 - 2*x +a;
result=det([1 0 -2 a 0 0; 0 3 0 -2 0 0; 0 1 0 -2 a 0; 0 0 3 0 -2 0;0 0 1 0
-2 a; 0 0 0 3 0 -2])                        % 求结式
disp('当参数 a 取下列值时,相应的多项式方程有重根:')
a=solve(D)                                  % 求结式的根
```

两种方法得到的结果是一致的。都得到结式行列式的值为

$$\text{result}=32-27a^2$$

即当参数 a 取值为$\pm\frac{4\sqrt{6}}{9}$时，该多项式方程有重根。

我们还可以问，该多项式方程何时有虚根，何时只有实根，甚至何时仅有正实根的问题。对此可以参见本章的习题 12 及其解答。

第四节 习　题

1. 填充题

① $\begin{vmatrix} 0 & 0 & 1 & 2 \\ 0 & 0 & 3 & 4 \\ 5 & 6 & 0 & 0 \\ 7 & 8 & 0 & 0 \end{vmatrix}=$__________。 ② $\begin{vmatrix} 1 & 1 & 1 & 1 \\ 2 & 3 & 4 & 5 \\ 1 & 4 & 9 & 16 \\ 1 & 8 & 27 & 64 \end{vmatrix}=$__________。

③ $\begin{vmatrix} 0 & a & b & c & d \\ -a & 0 & a & b & c \\ -b & -a & 0 & a & b \\ -c & -b & -a & 0 & a \\ -d & -c & -b & -a & 0 \end{vmatrix}=$__________。

④ 设 $\boldsymbol{A}$ 是 3 阶方阵，$\boldsymbol{B}$ 是 4 阶方阵，且 $|\boldsymbol{A}|=1$，$|\boldsymbol{B}|=2$，则

$||\boldsymbol{B}|\boldsymbol{A}|=$________。

⑤ 设$\boldsymbol{A}=(\boldsymbol{A}_1\quad \boldsymbol{A}_2\quad \boldsymbol{A}_3)$是按列分块的3阶方阵，$|\boldsymbol{A}|=-2$,则$|\boldsymbol{A}_3-2\boldsymbol{A}_1 3\boldsymbol{A}_2\boldsymbol{A}_1|=$__________。

2. 选择题

① 4阶行列式

$$D=\begin{vmatrix} a_1 & 0 & 0 & b_4 \\ 0 & a_2 & b_3 & 0 \\ 0 & b_2 & a_3 & 0 \\ b_1 & 0 & 0 & a_4 \end{vmatrix}$$

的值等于（　　）。

(A) $a_1a_2a_3a_4-b_1b_2b_3b_4$　　(B) $a_1a_2a_3a_4-b_1b_2b_3b_4$

(C) $(a_1a_4-b_1b_4)\cdot(a_2a_3-b_2b_3)$　　(D) $(a_1a_2-b_1b_2)\cdot(a_3a_4-b_3b_4)$

② 设行列式函数

$$f(x)=\begin{vmatrix} x-2 & x-1 & x-2 & x-3 \\ 2x-2 & 2x-1 & 2x-2 & 2x-3 \\ 3x-3 & 3x-2 & 4x-5 & 3x-5 \\ 4x & 4x-3 & 5x-7 & 4x-3 \end{vmatrix}$$

则方程$f(x)=0$的根的个数为(　　)。

(A) 1　　(B) 2　　(C) 3　　(D) 4

③ 设4阶矩阵$\boldsymbol{A}=(\alpha,r_2,r_3,r_4)$，$\boldsymbol{B}=(\beta,r_2,r_3,r_4)$，且$|\boldsymbol{A}|=4$，$|\boldsymbol{B}|=1$，则$|\boldsymbol{A}+\boldsymbol{B}|=$(　　)。

(A) 5　　(B) 4　　(C) 50　　(D) 40

④ 设$\boldsymbol{A}=(\boldsymbol{A}_1\ \boldsymbol{A}_2\ \boldsymbol{A}_3)$是3阶方阵，则$|\boldsymbol{A}|=$(　　)。

(A) $|\boldsymbol{A}_3\boldsymbol{A}_2\boldsymbol{A}_1|$　　(B) $|-\boldsymbol{A}_1-\boldsymbol{A}_2-\boldsymbol{A}_3|$

(C) $|\boldsymbol{A}_1+\boldsymbol{A}_2\boldsymbol{A}_2+\boldsymbol{A}_3\boldsymbol{A}_3+\boldsymbol{A}_1|$　　(D) $|\boldsymbol{A}_1\boldsymbol{A}_1+\boldsymbol{A}_2\boldsymbol{A}_1+\boldsymbol{A}_2+\boldsymbol{A}_3|$

3. 计算4阶行列式

$$\begin{vmatrix} 3 & 2 & -1 & 4 \\ 2 & -3 & 5 & 1 \\ 1 & 0 & -2 & 3 \\ 5 & 4 & 1 & 2 \end{vmatrix}$$

4. 计算$2n$阶行列式

$$D=\begin{vmatrix} a & & & & & & & b \\ & a & & & & & b & \\ & & \ddots & & & \iddots & & \\ & & & a & b & & & \\ & & & b & a & & & \\ & & \iddots & & & \ddots & & \\ & b & & & & & a & \\ b & & & & & & & a \end{vmatrix}$$

5. 计算 n 阶行列式

$$D_n=\begin{vmatrix} 1 & 2 & 3 & \cdots & n-1 & n \\ 2 & 3 & 4 & \cdots & n & 1 \\ 3 & 4 & 5 & \cdots & 1 & 2 \\ \cdots & \cdots & \cdots & \cdots & \cdots & \cdots \\ n-1 & n & 1 & \cdots & n-3 & n-2 \\ n & 1 & 2 & \cdots & n-2 & n-1 \end{vmatrix}$$

6. 计算 4 阶行列式

$$\begin{vmatrix} 1 & 2 & 1 & 3 \\ 1 & 2 & 3-x^2 & 3 \\ 4 & 3 & 1 & 6 \\ 4 & 3 & 1 & 8-x^2 \end{vmatrix}$$

7. 计算 n 阶行列式

$$D_n=\begin{vmatrix} 2x & x^2 & 0 & \cdots & 0 & 0 \\ 1 & 2x & x^2 & \cdots & 0 & 0 \\ 0 & 1 & 2x & \cdots & 0 & 0 \\ \cdots & \cdots & \cdots & \cdots & \cdots & \cdots \\ 0 & 0 & 0 & \cdots & 2x & x^2 \\ 0 & 0 & 0 & \cdots & 1 & 2x \end{vmatrix}$$

8. 解方程

$$\begin{vmatrix} 1 & 1 & 1 & \cdots & 1 \\ 1 & 1-x & 1 & \cdots & 1 \\ 1 & 1 & 2-x & \cdots & 1 \\ \cdots & \cdots & \cdots & \cdots & \cdots \\ 1 & 1 & 1 & \cdots & (n-1)-x \end{vmatrix}=0$$

9. 计算 n 阶行列式

$$\begin{vmatrix} x & a & \cdots & a \\ a & x & \cdots & a \\ \cdots & \cdots & \cdots & \cdots \\ a & a & \cdots & x \end{vmatrix}$$

10. 分别用手工方法与 MATLAB 编程计算

$$\begin{vmatrix} a & b & c & d \\ b & a & d & c \\ c & d & a & b \\ d & c & b & a \end{vmatrix}$$

11. 设

$$A=\begin{vmatrix} 2 & -3 & 1 & 3 \\ 1 & 0 & 5 & 2 \\ 1 & 2 & -1 & 4 \\ 10 & 16 & 24 & 9 \end{vmatrix}$$

求 $A_{41}+2A_{42}+3A_{43}+4A_{44}$。

12. 已知多项式方程 $x^3-2x+a=0$，当实系数 a 为何值时，方程有重根，只有实根，或者有虚根？

习题答案与解法提示

1. 填充题

① 4。② 12。提示：将第一行的 -1 倍加到第二行，行列式变成范德蒙行列式。③ 0。提示：每行提取 -1，并用行列式性质 1。④ 8。⑤ 6。

2. 选择题

① (C)。② (B)。提示：先把将第一列的 -1 倍加到第 2、3、4 列，再把第 2 行的 -1 倍加到第 1 行，然后展开。③ (D)。参见第二章矩阵。④ (D)。

3. -74。

4. $(a^2-b^2)^n$。提示：把第 $2n-i+1$ 列的 1 倍加到第 i 列 $(i=1,2,\cdots,n)$，并从前 n 列每列提取 $(a+b)$，接着再把第 i 行 $(i=1,2,\cdots,n)$ 的 -1 倍加到第 $2n-i+1$ 行即得。

5. 解：把行列式各行的元素统统加到第一行上去，并从第一行提取出$\frac{n(n+1)}{2}$。

$$D_n=\frac{n(n+1)}{2}\cdot\begin{vmatrix}1 & 1 & 1 & \cdots & 1 & 1\\ 2 & 3 & 4 & \cdots & n & 1\\ 3 & 4 & 5 & \cdots & 1 & 2\\ \cdots & \cdots & \cdots & \cdots & \cdots & \cdots\\ n-1 & n & 1 & \cdots & n-3 & n-2\\ n & 1 & 2 & \cdots & n-2 & n-1\end{vmatrix}$$

从第 n 列起，将第 $i-1$ 列的 -1 倍加到第 i 列（$i=n,n-1,\cdots,2$），得

$$D_n=\frac{n(n+1)}{2}\cdot\begin{vmatrix}1 & 0 & 0 & \cdots & 0 & 0\\ 2 & 1 & 1 & \cdots & 1 & 1-n\\ 3 & 1 & 1 & \cdots & 1-n & 1\\ \cdots & \cdots & \cdots & \cdots & \cdots & \cdots\\ n-1 & 1 & 1-n & \cdots & 1 & 1\\ n & 1-n & 1 & \cdots & 1 & 1\end{vmatrix}$$

按第一行展开，有

$$D_n=\frac{n(n+1)}{2}\cdot\begin{vmatrix}1 & 1 & \cdots & 1 & 1-n\\ 1 & 1 & \cdots & 1-n & 1\\ \cdots & \cdots & \cdots & \cdots & \cdots\\ 1 & 1-n & \cdots & 1 & 1\\ 1-n & 1 & \cdots & 1 & 1\end{vmatrix}$$

再把上述 $n-1$ 阶行列式的各行加到第一行，然后把第一行的 1 倍加到其余各行，得

$$D_n=\frac{n(n+1)}{2}\cdot\begin{vmatrix}-1 & -1 & \cdots & -1 & -1\\ 0 & 0 & \cdots & -n & 0\\ \cdots & \cdots & \cdots & \cdots & \cdots\\ 0 & -n & \cdots & 0 & 0\\ -n & 0 & \cdots & 0 & 0\end{vmatrix}$$

$$=(-1)^{\frac{(n-1)(n-2)}{2}}\cdot(-1)^{n-1}\cdot\frac{(n+1)\cdot n}{2}\cdot n^{n-2}$$

$$=(-1)^{\frac{(n-1)n}{2}}\cdot\frac{(n+1)\cdot n^{n-1}}{2}$$

6. $5(x^2-2)^2$。提示：将第三列的元素 $3-x^2$ 变形为 $1+(2-x^2)$，并将行列式依照第三列拆分开来计算。

7. 解：将行列式按第一列展开

$$D_n=2x\cdot D_{n-1}-x^2\cdot D_{n-2}$$

即

$$D_n-x\cdot D_{n-1}=x(D_{n-1}-x\cdot D_{n-2})$$

注意到上面的这个递推式对任意 $n\geqslant 3$ 均成立，所以反复使用，就有

$$\begin{aligned}D_n-x\cdot D_{n-1}&=x(D_{n-1}-x\cdot D_{n-2})\\&=x^2(D_{n-2}-x\cdot D_{n-3})\\&\cdots\\&=x^{n-2}(D_2-x\cdot D_1)\\&=x^{n-2}(3x^2-x\cdot 2x)=x^n\end{aligned}$$

从而

$$\begin{aligned}D_n&=x\cdot D_{n-1}+x^n=x\cdot(x\cdot D_{n-2}+x^{n-1})+x^n\\&=x^2\cdot D_{n-2}+2x^n\\&\cdots\\&=x^{n-1}\cdot D_1+(n-1)\cdot x^n=x^{n-1}\cdot 2x+(n-1)\cdot x^n\\&=(n+1)\cdot x^n\end{aligned}$$

8. 方程的根为 $0,1,2,\cdots,n-2$。

9. $[x+(n-1)a](x-a)^{n-1}$。解法提示：

解法一　将各行加到第一行，提取公因子并把它化为上三角形式；

解法二　将第一行的 -1 倍加到其余所有行上去，把它化为爪型行列式；

解法三　用“加边”法，把它化为爪型行列式；

解法四　类似于例 8，利用 $x=a+(x-a)$ 的变形，由“拆分”得到递推关系，并推出最终结论。

10. $(a+b+c+d)\cdot(a+b-c-d)\cdot(a-b+c-d)\cdot(a-b-c+d)$。

11. -16。

12. 参见例 18 可知，该多项式 $f(x)$ 的 6 阶西尔威斯特结式为

$$S=\begin{vmatrix}1&0&-2&a&0&0\\0&3&0&-2&0&0\\0&1&0&-2&a&0\\0&0&3&0&-2&0\\0&0&1&0&-2&a\\0&0&0&3&0&-2\end{vmatrix}$$

其偶数阶主子式（即 2 阶、4 阶和 6 阶主子式）分别是

$$S_2=\begin{vmatrix}1 & 0\\0 & 3\end{vmatrix}=3,\ S_4=\begin{vmatrix}1 & 0 & -2 & a\\0 & 3 & 0 & -2\\0 & 1 & 0 & -2\\0 & 0 & 3 & 0\end{vmatrix}=12,\ S_6=S=32-27a^2$$

于是多项式的变号数组为

$$F=(S_2,S_4,S_6)=(3,12,32-27a^2)$$

当 $S_6=S=32-27a^2=0$，即 $|a|=\frac{4\sqrt{6}}{9}$ 时，结式 $S_6=S=0$，此时方程有实重根，并且因为 $S_4=12\neq0$，另外一个必然是不同的实根；

当 $S_6=S=32-27a^2>0$，即 $|a|<\frac{4\sqrt{6}}{9}$ 时，数组向量 F 的变号数 $v=0$，此时方程没有虚根，只有三个不同实根；

而当 $S_6=S=32-27a^2<0$，即 $|a|>\frac{4\sqrt{6}}{9}$ 时，数组向量 F 的变号数 $v=1$，此时方程有 1 对共轭虚根，还有 $n-2v=1$ 个实根。

第二章 矩 阵

第一节 内容提要

1. 矩阵的定义

定义1 由 $m\times n$ 个数排成的 m 行 n 列的矩形数表

$$\begin{pmatrix} a_{11} & a_{12} & \cdots & a_{1n} \\ a_{21} & a_{22} & \cdots & a_{2n} \\ \cdots & \cdots & \cdots & \cdots \\ a_{m1} & a_{m2} & \cdots & a_{mn} \end{pmatrix}$$

称为一个 $\boldsymbol{m\times n}$ **矩阵**，其中 $a_{i,j}$ （$i=1,2,\cdots,m$；$j=1,2,\cdots,n$）表示矩阵中第 i 行第 j 列位置上的数，称为**矩阵的元素**。元素为实数的矩阵称为**实矩阵**，元素为复数的矩阵则称为**复矩阵**。通常用大写英文字母 $\boldsymbol{A},\boldsymbol{B}$ 等表示矩阵，即矩阵可简记作

$$\boldsymbol{A}=(a_{ij})_{m\times n} \quad 或 \quad \boldsymbol{A}=[a_{ij}]_{m\times n}$$

2. 矩阵的线性运算

矩阵的**加法**：设矩阵 $\boldsymbol{A},\boldsymbol{B}$ 是两个同规模矩阵，即 $\boldsymbol{A}=(a_{ij})_{m\times n}$，$\boldsymbol{B}=(b_{ij})_{m\times n}$，则

$$\boldsymbol{A}+\boldsymbol{B}=(a_{ij}+b_{ij})_{m\times n};$$

矩阵的**数乘**：设矩阵 $\boldsymbol{A}=(a_{ij})_{m\times n}$，$k$ 为常数，则 $k\boldsymbol{A}=(ka_{ij})_{m\times n}$；

矩阵的线性运算满足：

（1）$\boldsymbol{A}+\boldsymbol{B}=\boldsymbol{B}+\boldsymbol{A}$；　　（2）$(\boldsymbol{A}+\boldsymbol{B})+\boldsymbol{C}=\boldsymbol{A}+(\boldsymbol{B}+\boldsymbol{C})$；

（3）$k(\boldsymbol{A}+\boldsymbol{B})=k\boldsymbol{A}+k\boldsymbol{B}$；　　（4）$k\boldsymbol{A}=\boldsymbol{O}$，当且仅当 $k=0$ 或 $\boldsymbol{A}=\boldsymbol{O}$；

（5）$\boldsymbol{A}-\boldsymbol{B}=\boldsymbol{A}+(-1)\boldsymbol{B}=\boldsymbol{A}+(-\boldsymbol{B})$，这里 $-\boldsymbol{B}$ 表示 $\boldsymbol{B}$ 的负矩阵。

3. 矩阵的乘法

设 $\boldsymbol{A}=(a_{ij})_{m\times s}$ 是 $m\times s$ 矩阵，$\boldsymbol{B}=(b_{ij})_{s\times n}$ 是 $s\times n$ 矩阵，那么规定矩阵 $\boldsymbol{A}$ 与 $\boldsymbol{B}$ 的乘积 $\boldsymbol{AB}$ 是一个 $m\times n$ 矩阵 $\boldsymbol{C}=(c_{ij})_{m\times n}$，其中

$$c_{ij}=a_{i1}b_{1j}+a_{i2}b_{2j}+\cdots+a_{is}b_{sj}=\sum_{k=1}^{s}a_{ik}b_{kj}$$

矩阵的乘法运算满足：

（1）$(\boldsymbol{AB})\boldsymbol{C}=\boldsymbol{A}(\boldsymbol{BC})$；　　（2）$(\boldsymbol{A}+\boldsymbol{B})\boldsymbol{C}=\boldsymbol{AC}+\boldsymbol{BC}$；

(3) $\boldsymbol{A}(\boldsymbol{B}+\boldsymbol{C})=\boldsymbol{AB}+\boldsymbol{AC}$；　(4) $k(\boldsymbol{AB})=(k\boldsymbol{A})\boldsymbol{B}=\boldsymbol{A}(k\boldsymbol{B})$。

注意：矩阵的乘法一般不满足交换律，即 $\boldsymbol{AB}\neq\boldsymbol{BA}$。而当两个矩阵满足 $\boldsymbol{AB}=\boldsymbol{BA}$ 时，称矩阵 $\boldsymbol{A},\boldsymbol{B}$ 是**可交换**的，此时 $\boldsymbol{A},\boldsymbol{B}$ 必是同规模的方阵；矩阵的乘法一般也不满足消去律，即由 $\boldsymbol{AB}=\boldsymbol{AC}$，$\boldsymbol{A}\neq\boldsymbol{O}$，不能推出 $\boldsymbol{B}=\boldsymbol{C}$。

4. 矩阵的转置

设矩阵 $\boldsymbol{A}=(a_{ij})_{m\times n}$，则矩阵 $\boldsymbol{A}$ 的转置矩阵记作 $\boldsymbol{A}'$ 或 $\boldsymbol{A}^{\mathrm{T}}$，即 $\boldsymbol{A}^{\mathrm{T}}=(a_{ji})_{n\times m}$。矩阵的转置运算满足性质：

(1) $(\boldsymbol{A}')'=\boldsymbol{A}$；　(2) $(\boldsymbol{A}+\boldsymbol{B})'=\boldsymbol{A}'+\boldsymbol{B}'$；

(3) $(k\boldsymbol{A})'=k\boldsymbol{A}'$；　(4) $(\boldsymbol{AB})'=\boldsymbol{B}'\boldsymbol{A}'$。

5. 方阵及其行列式

行、列数相同的矩阵称为方阵，一般记作 $\boldsymbol{A}_{n\times n}=(a_{ij})_{n\times n}$，或 $\boldsymbol{A}_n$。常见的方阵有：单位阵 $\boldsymbol{E}$；对角阵 $\mathrm{diag}(\lambda_1,\lambda_2,\cdots,\lambda_n)$；数量矩阵 $\lambda\boldsymbol{E}$；上（下）三角矩阵；对称与反对称矩阵等。

方阵 $\boldsymbol{A}$ 的幂定义为 $\boldsymbol{A}^n=\underbrace{\boldsymbol{A}\cdot\boldsymbol{A}\cdots\boldsymbol{A}}_{n}$，记作 $\boldsymbol{A}^n$。如果 $\boldsymbol{A},\boldsymbol{B}$ 是两个同规模的方阵，则当 $\boldsymbol{A},\boldsymbol{B}$ 可交换时，有 $(\boldsymbol{AB})^n=\boldsymbol{A}^n\boldsymbol{B}^n$。又设 $f(x)$ 是一个次数为 n 的多项式，即

$$f(x)=a_nx^n+a_{n-1}x^{n-1}+\cdots+a_1x+a_0$$

则矩阵多项式 $f(\boldsymbol{A})$ 定义为

$$f(\boldsymbol{A})=a_n\boldsymbol{A}^n+a_{n-1}\boldsymbol{A}^{n-1}+\cdots+a_1\boldsymbol{A}+a_0\boldsymbol{E}$$

方阵 $\boldsymbol{A}$ 的行列式记作 $|\boldsymbol{A}|$ 或 $\det(\boldsymbol{A})$，指的是按方阵 $\boldsymbol{A}$ 元素的原有排列方式排列起来所构成的 n 阶行列式。方阵的行列式有如下运算性质：

$$|k\boldsymbol{A}|=k^n|\boldsymbol{A}|,|\boldsymbol{A}'|=|\boldsymbol{A}|,|\boldsymbol{AB}|=|\boldsymbol{BA}|=|\boldsymbol{A}|\cdot|\boldsymbol{B}|$$

6. 可逆矩阵

定义 2　如果 n 阶方阵 $\boldsymbol{A},\boldsymbol{B}$ 满足 $\boldsymbol{AB}=\boldsymbol{BA}=\boldsymbol{E}$，则称 $\boldsymbol{A}$ 是可逆矩阵，并称矩阵 $\boldsymbol{B}$ 是 $\boldsymbol{A}$ 的**逆矩阵**，简称为 $\boldsymbol{A}$ 的逆，记为 $\boldsymbol{B}=\boldsymbol{A}^{-1}$。

定义 3　设 $\boldsymbol{A}=(a_{ij})_{n\times n}$，其中 $\boldsymbol{A}_{ij}$ 是矩阵 $\boldsymbol{A}$ 的元素为 a_{ij} 的代数余子式，则 $\boldsymbol{A}^*=(\boldsymbol{A}_{ji})_{n\times n}=(\boldsymbol{A}_{ij})_{n\times n}^{\mathrm{T}}$ 称为矩阵 $\boldsymbol{A}$ 的**伴随矩阵**。

引理 1　设 $\boldsymbol{A}^*$ 是任意 n 阶方阵 $\boldsymbol{A}$ 的伴随矩阵，则

$$\boldsymbol{A}^*\boldsymbol{A}=\boldsymbol{A}\boldsymbol{A}^*=|\boldsymbol{A}|\boldsymbol{E}$$

定理 1　n 阶矩阵 $\boldsymbol{A}$ 可逆的充分必要条件是 $|\boldsymbol{A}|\neq0$，且当 $|\boldsymbol{A}|\neq0$ 时，有

$$\boldsymbol{A}^{-1}=\frac{1}{|\boldsymbol{A}|}\boldsymbol{A}^*$$

矩阵的逆及伴随矩阵还有如下性质：

(1) 如果方阵 $\boldsymbol{A}$ 可逆，则 $\boldsymbol{A}^{-1}$ 必唯一；

（2）n 阶矩阵可逆的充要条件是：存在 n 阶矩阵 $\boldsymbol{B}$，使得 $\boldsymbol{AB}=\boldsymbol{E}$；

（3）设方阵 $\boldsymbol{A}$ 可逆，$k\neq 0$ 是常数，则有

$$(\boldsymbol{A}^{-1})^{-1}=\boldsymbol{A},\ (\boldsymbol{A}')^{-1}=(\boldsymbol{A}^{-1})',\ (k\boldsymbol{A})^{-1}=\frac{1}{k}\boldsymbol{A}^{-1}$$

$$(\boldsymbol{A}^*)'=(\boldsymbol{A}')^*,\ (\boldsymbol{A}^*)^{-1}=(\boldsymbol{A}^{-1})^*$$

$$|\boldsymbol{A}^*|=|\boldsymbol{A}|^{n-1},\ |\boldsymbol{A}^{-1}|=|\boldsymbol{A}|^{-1}=\frac{1}{|\boldsymbol{A}|}$$

等；

（4）设 $\boldsymbol{A},\boldsymbol{B}$ 是 n 阶可逆方阵，则有

$$(\boldsymbol{AB})^{-1}=\boldsymbol{B}^{-1}\boldsymbol{A}^{-1},\ (\boldsymbol{AB})^*=\boldsymbol{B}^*\boldsymbol{A}^*$$

至于后一个结论的证明可参见本章典型例题部分的例 12。

7. 矩阵的分块与分块矩阵的性质

对矩阵进行分块是指在矩阵的行与列之间加上一些横线与纵线，将矩阵分成为若干子块，而以这些子块为其元素的矩阵称为分块矩阵。

设 $\boldsymbol{A}$ 是 $m\times p$ 矩阵，$\boldsymbol{B}$ 是 $p\times n$ 矩阵，如果要作 $\boldsymbol{A}$ 与 $\boldsymbol{B}$ 的乘积，则矩阵 $\boldsymbol{A}$ 的列的分法要与矩阵 $\boldsymbol{B}$ 行的分法一致，才能按分块矩阵相乘。

作为一个特殊分块方法，若将矩阵 $\boldsymbol{B}$ 按列分块成 $\boldsymbol{B}=(b_1,b_2,\cdots,b_n)$，则

$$\boldsymbol{AB}=(\boldsymbol{A}b_1,\boldsymbol{A}b_2,\cdots,\boldsymbol{A}b_n)$$

又若 $\boldsymbol{\Lambda}$ 是一个对角阵 $\boldsymbol{\Lambda}=\mathrm{diag}(\lambda_1,\lambda_2,\cdots,\lambda_n)$，而 $\boldsymbol{x}=(x_1,x_2,\cdots,x_n)'$，则有

$$\boldsymbol{B\Lambda}=(b_1,b_2,\cdots,b_n)\begin{pmatrix}\lambda_1 & & & \\ & \lambda_2 & & \\ & & \ddots & \\ & & & \lambda_n\end{pmatrix}=(\lambda_1 b_1,\lambda_2 b_2,\cdots,\lambda_n b_n)$$

$$\boldsymbol{Bx}=(b_1,b_2,\cdots,b_n)\begin{pmatrix}x_1\\ x_2\\ \vdots\\ x_n\end{pmatrix}=x_1b_1+x_2b_2+\cdots+x_nb_n$$

如果方阵 $\boldsymbol{A}$ 能被分块成 $\boldsymbol{A}=\begin{pmatrix}\boldsymbol{A}_1 & & & \\ & \boldsymbol{A}_2 & & \\ & & \ddots & \\ & & & \boldsymbol{A}_r\end{pmatrix}$，其中 $\boldsymbol{A}_i\ (i=1,2,\cdots,r)$ 都是方阵，则称 $\boldsymbol{A}$ 为**分块对角矩阵**。分块对角阵有如下性质：

（1）$|\boldsymbol{A}|=|\boldsymbol{A}_1||\boldsymbol{A}_2|\cdots|\boldsymbol{A}_r|$；

（2）如果 $\boldsymbol{A}_i\ (i=1,2,\cdots,r)$ 可逆，则 $\boldsymbol{A}$ 可逆，且

$$\boldsymbol{A}^{-1}=\begin{pmatrix}\boldsymbol{A}_1^{-1} & & & \\ & \boldsymbol{A}_2^{-1} & & \\ & & \ddots & \\ & & & \boldsymbol{A}_r^{-1}\end{pmatrix}$$

8. 矩阵的初等变换

矩阵的**初等行变换**是指对矩阵进行的如下三种变换：

(1) 交换矩阵中两行元素的位置，记作 $r_i \leftrightarrow r_j$；

(2) 用一个非零常数乘以矩阵的某一行中的每个元素，记作 kr_i；

(3) 将矩阵的某一行的元素乘以同一个数，并加到矩阵的另一行上去，记作 $r_i + kr_j$。上述三种变换中，如果将行改成列则可得到矩阵的**初等列变换**。初等行、列变换统称为矩阵的**初等变换**。

9. 阶梯形矩阵与简化阶梯形矩阵

称形如

$$\begin{pmatrix} b_{11} & b_{12} & \cdots & b_{1r} & b_{1,r+1} & \cdots & b_{1n} \\ 0 & b_{22} & \cdots & b_{2r} & b_{2,r+1} & \cdots & b_{2n} \\ \cdots & \cdots & \cdots & \cdots & \cdots & \cdots & \cdots \\ 0 & 0 & \cdots & b_{r,r} & b_{r,r+1} & \cdots & b_{r,n} \\ 0 & 0 & \cdots & 0 & 0 & \cdots & 0 \\ \cdots & \cdots & \cdots & \cdots & \cdots & \cdots & \cdots \\ 0 & 0 & \cdots & 0 & 0 & \cdots & 0 \end{pmatrix}$$

的矩阵为**阶梯形矩阵**。其特点是：它的 r 个非零行在矩阵的上方，另外 $m-r$ 个零行在矩阵的下方，而且每个非零行的第一个非零元所在列的下方的元素全为零。

如果阶梯形矩阵的每个非零行的首个非零元为 1，而在该列上除该元素外，其余元素全为零，则称它为**简化阶梯形矩阵**。如

$$\begin{pmatrix} 1 & 0 & 2 & 0 & -1 & 0 \\ 0 & 0 & 0 & 1 & 3 & 0 \\ 0 & 0 & 0 & 0 & 0 & 1 \\ 0 & 0 & 0 & 0 & 0 & 0 \end{pmatrix}$$

定理 2 任一矩阵 $\boldsymbol{A}$ 经过初等行变换一定可以化为简化阶梯形；如果再对矩阵进行初等列变换，则可将矩阵化为分块阵 $\begin{pmatrix} \boldsymbol{E}_r & \boldsymbol{O} \\ \boldsymbol{O} & \boldsymbol{O} \end{pmatrix}$，称它为矩阵 $\boldsymbol{A}$ 的**规范型**。

这里 r 是由矩阵 $\boldsymbol{A}$ 本身的性质确定的，在后面（见第三章）将可以看到 r 实质上即为矩阵的秩。

10. 初等矩阵及其性质

由单位阵 $\boldsymbol{E}$ 经过一次初等变换得到的矩阵称为**初等矩阵**。其三种形式是：

$\boldsymbol{E}(i,j)$ 由单位阵经过交换两行（列）得到的矩阵；

$\boldsymbol{E}(i(k))$ 由单位阵对第 i 行（列）乘非零常数 k 得到的矩阵；

$\boldsymbol{E}(i,j(k))$ 由单位阵的第 i 行（第 j 列）加上第 j 行（第 i 列）的 k 倍得到的矩阵。

初等矩阵有如下性质。

引理 2 初等矩阵都可逆，且

$$\boldsymbol{E}(i,j)^{-1}=\boldsymbol{E}(i,j)\text{；}\ \boldsymbol{E}(i(k))^{-1}=\boldsymbol{E}\left(i\left(\frac{1}{k}\right)\right)\text{；}\ \boldsymbol{E}(i,j(k))^{-1}=\boldsymbol{E}(i,j(-k))$$

引理 3 设 $\boldsymbol{A}$ 是 $m\times n$ 的矩阵，则在 $\boldsymbol{A}$ 的左边乘上一个 m 阶初等矩阵相当于对矩阵 $\boldsymbol{A}$ 作相应的初等行变换；而在 $\boldsymbol{A}$ 的右边乘上一个 n 阶初等矩阵则相当于对矩阵 $\boldsymbol{A}$ 作相应的初等列变换。

定理 3 设 $\boldsymbol{A}$ 是任一 $m\times n$ 的矩阵，则必定存在一系列的 m 阶初等矩阵 $\boldsymbol{P}_1,\boldsymbol{P}_2,\cdots,\boldsymbol{P}_k$ 以及 n 阶初等矩阵 $\boldsymbol{Q}_1,\boldsymbol{Q}_2,\cdots,\boldsymbol{Q}_l$，使得

$$\boldsymbol{P}_k\cdots\boldsymbol{P}_2\boldsymbol{P}_1\boldsymbol{A}\boldsymbol{Q}_1\boldsymbol{Q}_2\cdots\boldsymbol{Q}_l=\begin{pmatrix}\boldsymbol{E}_r & \boldsymbol{O}\\ \boldsymbol{O} & \boldsymbol{O}\end{pmatrix}_{m\times n}$$

特别地，对 n 阶可逆方阵 $\boldsymbol{A}$，必存在一系列的 n 阶初等矩阵 $\boldsymbol{P}_1,\boldsymbol{P}_2,\cdots,\boldsymbol{P}_k$，使得

$$\boldsymbol{P}_k\cdots\boldsymbol{P}_2\boldsymbol{P}_1\boldsymbol{A}=\boldsymbol{E} \tag{2.1}$$

即

$$\boldsymbol{A}^{-1}=\boldsymbol{P}_k\cdots\boldsymbol{P}_2\boldsymbol{P}_1\cdot\boldsymbol{E}$$

或

$$\boldsymbol{A}=\boldsymbol{P}_1^{-1}\boldsymbol{P}_2^{-1}\cdots\boldsymbol{P}_k^{-1} \tag{2.2}$$

即可逆矩阵必定可以表示为一些列初等矩阵的乘积。

现若将单位阵 $\boldsymbol{E}$ 分块成 $\boldsymbol{E}=\begin{pmatrix}\boldsymbol{E}_m & \boldsymbol{O}\\ \boldsymbol{O} & \boldsymbol{E}_n\end{pmatrix}$，如果对分块单位阵进行一次初等变换，则可得到如下六个矩阵

$$\begin{pmatrix}\boldsymbol{O} & \boldsymbol{E}_n\\ \boldsymbol{E}_m & \boldsymbol{O}\end{pmatrix},\ \begin{pmatrix}\boldsymbol{S} & \boldsymbol{O}\\ \boldsymbol{O} & \boldsymbol{E}_n\end{pmatrix},\ \begin{pmatrix}\boldsymbol{E}_m & \boldsymbol{P}\\ \boldsymbol{O} & \boldsymbol{E}_n\end{pmatrix},\ \begin{pmatrix}\boldsymbol{O} & \boldsymbol{E}_m\\ \boldsymbol{E}_n & \boldsymbol{O}\end{pmatrix},\ \begin{pmatrix}\boldsymbol{E}_m & \boldsymbol{O}\\ \boldsymbol{O} & \boldsymbol{T}\end{pmatrix},\ \begin{pmatrix}\boldsymbol{E}_m & \boldsymbol{O}\\ \boldsymbol{Q} & \boldsymbol{E}_n\end{pmatrix}$$

可以称之为**分块初等阵**，这里 $\boldsymbol{S},\boldsymbol{T}$ 都是数量矩阵，而且是可逆的，$\boldsymbol{P}_{m\times n}$，$\boldsymbol{Q}_{n\times m}$ 是任意矩阵。

分块初等阵有与一般初等阵相似的性质，即它们都可逆，用分块初等阵左（右）乘分一个分块阵 $\boldsymbol{A}$，就相当于对 $\boldsymbol{A}$ 进行一次分块初等行（列）变换。

大家也可以进一步去研究这些分块初等阵的逆矩阵等性质。

11. 逆矩阵的计算方法

求可逆矩阵的逆矩阵，有以下几种方法。

(1) **伴随矩阵法**

$$\boldsymbol{A}^{-1}=\frac{1}{|\boldsymbol{A}|}\boldsymbol{A}^*$$

其中 $\boldsymbol{A}^*$ 是 $\boldsymbol{A}$ 的伴随矩阵。特别对二阶矩阵

$$\boldsymbol{A}=\begin{pmatrix}a & b\\ c & d\end{pmatrix}$$

若 $ad-bc\neq0$，则有

$$A^{-1}=\frac{1}{ad-bc}\begin{pmatrix}d & -b\\ -c & a\end{pmatrix}$$

（2）**初等行变换法** $(A\mid E)\xrightarrow{\text{初等行变换}}(E\mid A^{-1})$

（3）**分块矩阵法** 例如，若将矩阵 A 分块表示为

$$A=\begin{pmatrix}A_{11} & A_{12}\\ O & A_{22}\end{pmatrix}$$

其中 A_{11}，A_{22} 为可逆子方阵，则不难推出

$$A^{-1}=\begin{pmatrix}A_{11}^{-1} & -A_{11}^{-1}A_{12}A_{22}^{-1}\\ O & A_{22}^{-1}\end{pmatrix}$$

又如果将矩阵 A 分块成 $A=\begin{pmatrix}A_{11} & O\\ A_{21} & A_{22}\end{pmatrix}$，则

$$A^{-1}=\begin{pmatrix}A_{11}^{-1} & O\\ -A_{22}^{-1}A_{21}A_{11}^{-1} & A_{22}^{-1}\end{pmatrix}$$

其中 A_{11}，A_{22} 为可逆子方阵。

对分块求逆矩阵的方法可以不作太高的要求。

12. 逆矩阵的应用

设矩阵 A，B 是可逆方阵，如果矩阵 X 满足 $AX=C$，则有 $X=A^{-1}C$。同理，若 $XB=C$，则有 $X=CB^{-1}$。而若有 $AXB=C$，则 $X=A^{-1}CB^{-1}$。

又设有 n 个 n 元方程构成的线性方程组

$$\begin{cases}a_{11}x_1+a_{12}x_2+\cdots+a_{1n}x_n=b_1\\ a_{21}x_1+a_{22}x_2+\cdots+a_{2n}x_n=b_2\\ \cdots\cdots\cdots\cdots\cdots\cdots\cdots\cdots\\ a_{n1}x_1+a_{n2}x_2+\cdots+a_{nn}x_n=b_n\end{cases}$$

利用矩阵乘法，其矩阵表示形式为 $Ax=b$。如果 A 可逆，则该线性方程组的解为 $x=A^{-1}b$。

第二节 典 型 例 题

矩阵的计算与证明性问题，是线性代数中的基本题型。常见的矩阵计算与证明问题可以归纳为以下几种类型：

- 矩阵的基本运算问题；
- 有关分块矩阵及其性质；

· 矩阵方程求解；

· 与伴随矩阵相关的问题。

在矩阵的基本运算问题中，在不同的条件下，求一个给定方阵的 n 次幂问题也是经常出现的矩阵计算问题之一。

1. 矩阵的基本运算

【例 1】 设矩阵 $\boldsymbol{A}=\begin{pmatrix}1&0&0\\-1&1&0\\0&-1&1\end{pmatrix}$，$\boldsymbol{B}=\begin{pmatrix}2&0&0\\1&2&0\\3&1&2\end{pmatrix}$，$\boldsymbol{C}=\begin{pmatrix}3&0&1\\1&1&0\\0&1&4\end{pmatrix}$，化简并计算

$$\boldsymbol{A}'(\boldsymbol{E}-\boldsymbol{C}^{-1}\boldsymbol{B}\boldsymbol{A}^*)'\boldsymbol{C}'。$$

解 对上述式子若自左而右逐项计算工作量不小，需要先将要计算的式子作适当的变形、化简。由转置的性质，因为

$$\boldsymbol{A}'(\boldsymbol{E}-\boldsymbol{C}^{-1}\boldsymbol{B}\boldsymbol{A}^*)'\boldsymbol{C}'=[\boldsymbol{C}(\boldsymbol{E}-\boldsymbol{C}^{-1}\boldsymbol{B}\boldsymbol{A}^*)\boldsymbol{A}]'=(\boldsymbol{C}\boldsymbol{A}-\boldsymbol{C}\boldsymbol{C}^{-1}\boldsymbol{B}\boldsymbol{A}^*\boldsymbol{A})'$$

再结合逆矩阵定义与伴随矩阵的性质 $\boldsymbol{A}^*\boldsymbol{A}=|\boldsymbol{A}|\boldsymbol{E}$，有

$$\boldsymbol{A}'(\boldsymbol{E}-\boldsymbol{C}^{-1}\boldsymbol{B}\boldsymbol{A}^*)'\boldsymbol{C}'=(\boldsymbol{C}\boldsymbol{A}-\boldsymbol{B}|\boldsymbol{A}|\boldsymbol{E})'=(\boldsymbol{C}\boldsymbol{A}-|\boldsymbol{A}|\boldsymbol{B})'$$

而显然 $|\boldsymbol{A}|=1$，所以

$$\boldsymbol{C}\boldsymbol{A}=\begin{pmatrix}3&0&1\\1&1&0\\0&1&4\end{pmatrix}\begin{pmatrix}1&0&0\\-1&1&0\\0&-1&1\end{pmatrix}=\begin{pmatrix}3&-1&-1\\0&1&0\\-1&-3&4\end{pmatrix}$$

并且

$$\boldsymbol{C}\boldsymbol{A}-|\boldsymbol{A}|\boldsymbol{B}=\begin{pmatrix}3&-1&1\\0&1&0\\-1&-3&4\end{pmatrix}-\begin{pmatrix}2&0&0\\1&2&0\\3&1&2\end{pmatrix}=\begin{pmatrix}1&-1&1\\-1&-1&0\\-4&-4&2\end{pmatrix}$$

于是有

$$\boldsymbol{A}'(\boldsymbol{E}-\boldsymbol{C}^{-1}\boldsymbol{B}\boldsymbol{A}^*)'\boldsymbol{C}'=\begin{pmatrix}1&-1&-4\\-1&-1&-4\\1&0&2\end{pmatrix}$$

注意：矩阵的加减、数乘与乘法运算是矩阵的基本运算，学会利用矩阵的运算性质来化简或计算矩阵的和、差及积是必须掌握的基本功。关于伴随矩阵，特别是对其性质

$$\boldsymbol{A}^*\boldsymbol{A}=\boldsymbol{A}\boldsymbol{A}^*=|\boldsymbol{A}|\boldsymbol{E}$$

初学者往往忽略，而这正是线性代数中解决一些矩阵运算问题的关键。

【例 2】 设矩阵 $\boldsymbol{B}=(2\quad -1\quad 1)$，$\boldsymbol{C}=\begin{pmatrix}1\\3\\2\end{pmatrix}$，矩阵 $\boldsymbol{A}=\boldsymbol{C}\boldsymbol{B}$，求 $\boldsymbol{A}$ 及 $\boldsymbol{A}^n$。

解 因为 $\boldsymbol{BC}=1$，而

$$\boldsymbol{A}=\boldsymbol{CB}=\begin{pmatrix}1\\3\\2\end{pmatrix}(2\quad -1\quad 1)=\begin{pmatrix}2&-1&1\\6&-3&3\\4&-2&2\end{pmatrix}$$

是个 3 阶矩阵，显然直接计算 $\boldsymbol{A}^n$ 是有困难的，这里要充分利用矩阵乘法的结合律，并注意到 $\boldsymbol{BC}=1$，即有

$$\boldsymbol{A}^2=\boldsymbol{CB}\cdot\boldsymbol{CB}=\boldsymbol{C}(\boldsymbol{BC})\boldsymbol{B}=\boldsymbol{CB}=\boldsymbol{A}$$

所以

$$\boldsymbol{A}^n=\boldsymbol{A}=\begin{pmatrix}2&-1&1\\6&-3&3\\4&-2&2\end{pmatrix}$$

对这类问题的一般结论是：设行向量 $\boldsymbol{B}=(b_1\quad b_2\quad\cdots\quad b_n)$，列向量 $\boldsymbol{C}=(c_1\quad c_2\quad\cdots\quad c_n)'$，且 $\boldsymbol{A}=\boldsymbol{CB}$，则

$$\boldsymbol{A}^n=(\boldsymbol{CB})^n=\underbrace{(\boldsymbol{CB})\cdot(\boldsymbol{CB})\cdot\cdots\cdot(\boldsymbol{CB})}_{n\text{个括号}}=\boldsymbol{C}(\boldsymbol{BC})^{n-1}\boldsymbol{B}=\left(\sum_{i=1}^{n}b_ic_i\right)^{n-1}\boldsymbol{A}$$

此外，有趣的是，我们可以证明对每行都成比例的方阵（后面的章节称之为秩 1 矩阵），都可以将它分解成一个列矩阵与一个行矩阵的乘积，因而可以很方便地计算它的方幂。例如

$$\boldsymbol{A}=\begin{pmatrix}1&1&1&1\\2&2&2&2\\3&3&3&3\\4&4&4&4\end{pmatrix}=\begin{pmatrix}1\\2\\3\\4\end{pmatrix}(1\quad 1\quad 1\quad 1)$$

对矩阵 $\boldsymbol{A}$ 作求幂等运算就变得比较简单。

【例 3】 设 $\boldsymbol{A},\boldsymbol{B}$ 是 n 阶可交换方阵，即 $\boldsymbol{AB}=\boldsymbol{BA}$，证明

$$(\boldsymbol{A}+\boldsymbol{B})^n=\boldsymbol{A}^n+\mathrm{C}_n^1\boldsymbol{A}^{n-1}\boldsymbol{B}+\mathrm{C}_n^2\boldsymbol{A}^{n-2}\boldsymbol{B}^2+\cdots+\boldsymbol{B}^n=\sum_{k=0}^{n}\mathrm{C}_n^k\boldsymbol{A}^{n-k}\boldsymbol{B}^k \quad (2.3)$$

证明 用数学归纳法。当 $n=2$ 时

$$(\boldsymbol{A}+\boldsymbol{B})^2=(\boldsymbol{A}+\boldsymbol{B})(\boldsymbol{A}+\boldsymbol{B})=\boldsymbol{A}^2+\boldsymbol{AB}+\boldsymbol{BA}+\boldsymbol{B}^2=\boldsymbol{A}^2+2\boldsymbol{AB}+\boldsymbol{B}^2$$

故此时结论成立。

假设结论对 $n=k-1$ 成立，则当 $n=k$ 时

$$\begin{aligned}(\boldsymbol{A}+\boldsymbol{B})^k&=(\boldsymbol{A}+\boldsymbol{B})^{k-1}(\boldsymbol{A}+\boldsymbol{B})\\&=(\boldsymbol{A}^{k-1}+\mathrm{C}_{k-1}^1\boldsymbol{A}^{k-2}\boldsymbol{B}+\mathrm{C}_{k-1}^2\boldsymbol{A}^{k-3}\boldsymbol{B}^2+\cdots+\boldsymbol{B}^{k-1})(\boldsymbol{A}+\boldsymbol{B})\\&=\boldsymbol{A}^k+\mathrm{C}_{k-1}^1\boldsymbol{A}^{k-1}\boldsymbol{B}+\mathrm{C}_{k-1}^2\boldsymbol{A}^{k-2}\boldsymbol{B}^2+\cdots+\boldsymbol{AB}^{k-1}+\\&\quad\ \boldsymbol{A}^{k-1}\boldsymbol{B}+\mathrm{C}_{k-1}^1\boldsymbol{A}^{k-2}\boldsymbol{B}^2+\mathrm{C}_{k-1}^2\boldsymbol{A}^{k-3}\boldsymbol{B}^3+\cdots+\boldsymbol{B}^k\end{aligned}$$

$$=\boldsymbol{A}^k+C_k^1\boldsymbol{A}^{k-1}\boldsymbol{B}+C_k^2\boldsymbol{A}^{k-2}\boldsymbol{B}^2+\cdots+\boldsymbol{A}\boldsymbol{B}^{k-1}+\boldsymbol{B}^k$$

这里用到了 $C_{k-1}^i+C_{k-1}^{i-1}=C_k^i$，所以结论对 $n=k$ 也成立。综上所述，原结论得证。

值得指出的是，在矩阵乘法中，像式(2.3) 那样的，或者像

$$(\boldsymbol{A}+\boldsymbol{B})(\boldsymbol{A}-\boldsymbol{B})=\boldsymbol{A}^2-\boldsymbol{B}^2$$

这样的类似于普通多项式乘法公式的式子，其成立往往需要**矩阵（乘积）可交换**这一特殊的条件。

【例 4】 设

$$\boldsymbol{A}=\begin{pmatrix}\lambda & 1 & 0\\ 0 & \lambda & 1\\ 0 & 0 & \lambda\end{pmatrix}$$

试求 $\boldsymbol{A}^n$。

解 利用例 3 的结论来求 $\boldsymbol{A}^n$，先将 $\boldsymbol{A}$ 分解成

$$\boldsymbol{A}=\begin{pmatrix}\lambda & 0 & 0\\ 0 & \lambda & 0\\ 0 & 0 & \lambda\end{pmatrix}+\begin{pmatrix}0 & 1 & 0\\ 0 & 0 & 1\\ 0 & 0 & 0\end{pmatrix}=\lambda\boldsymbol{E}+\boldsymbol{B}，\text{其中 }\boldsymbol{B}=\begin{pmatrix}0 & 1 & 0\\ 0 & 0 & 1\\ 0 & 0 & 0\end{pmatrix}$$

注意到矩阵 $\boldsymbol{B}$ 与数量矩阵 $\lambda\boldsymbol{E}$ 显然是可交换的，而且矩阵 $\boldsymbol{B}$ 有如下性质（更一般的结论也可以参见后面的例 7）

$$\boldsymbol{B}^2=\begin{pmatrix}0 & 0 & 1\\ 0 & 0 & 0\\ 0 & 0 & 0\end{pmatrix}，\boldsymbol{B}^3=0$$

所以

$$\begin{aligned}\boldsymbol{A}^n&=(\lambda\boldsymbol{E}+\boldsymbol{B})^n=(\lambda\boldsymbol{E})^n+C_n^1(\lambda\boldsymbol{E})^{n-1}\boldsymbol{B}+C_n^2(\lambda\boldsymbol{E})^{n-2}\boldsymbol{B}^2\\&=\lambda^n\begin{pmatrix}1 & 0 & 0\\ 0 & 1 & 0\\ 0 & 0 & 1\end{pmatrix}+n\lambda^{n-1}\begin{pmatrix}0 & 1 & 0\\ 0 & 0 & 1\\ 0 & 0 & 0\end{pmatrix}+\frac{n(n-1)}{2}\lambda^{n-2}\begin{pmatrix}0 & 0 & 1\\ 0 & 0 & 0\\ 0 & 0 & 0\end{pmatrix}\\&=\lambda^{n-2}\begin{pmatrix}\lambda^2 & n\lambda & \dfrac{n(n-1)}{2}\\ 0 & \lambda^2 & n\lambda\\ 0 & 0 & \lambda^2\end{pmatrix}\end{aligned}$$

2. 分块矩阵及其性质

【例 5】 设将矩阵 $\boldsymbol{A}$ 分块成

$$\boldsymbol{A}=\begin{pmatrix}\boldsymbol{O} & \boldsymbol{A}_1\\ \boldsymbol{A}_2 & \boldsymbol{O}\end{pmatrix}$$

其中 $\boldsymbol{A}_1,\boldsymbol{A}_2$ 为可逆子方阵，证明

$$\boldsymbol{A}^{-1}=\begin{pmatrix}\boldsymbol{O} & \boldsymbol{A}_2^{-1}\\ \boldsymbol{A}_1^{-1} & \boldsymbol{O}\end{pmatrix}$$

证明 设

$$\begin{pmatrix}\boldsymbol{O} & \boldsymbol{A}_1\\ \boldsymbol{A}_2 & \boldsymbol{O}\end{pmatrix}\begin{pmatrix}\boldsymbol{B}_1 & \boldsymbol{B}_2\\ \boldsymbol{B}_3 & \boldsymbol{B}_4\end{pmatrix}=\begin{pmatrix}\boldsymbol{E} & \boldsymbol{O}\\ \boldsymbol{O} & \boldsymbol{E}\end{pmatrix}$$

即

$$\begin{cases}\boldsymbol{A}_1\boldsymbol{B}_3=\boldsymbol{E}\\ \boldsymbol{A}_1\boldsymbol{B}_4=\boldsymbol{O}\\ \boldsymbol{A}_2\boldsymbol{B}_1=\boldsymbol{O}\\ \boldsymbol{A}_2\boldsymbol{B}_2=\boldsymbol{E}\end{cases}$$

由子方阵 $\boldsymbol{A}_1,\boldsymbol{A}_2$ 的可逆性，得

$$\begin{cases}\boldsymbol{B}_3=\boldsymbol{A}_1^{-1}\\ \boldsymbol{B}_4=\boldsymbol{O}\\ \boldsymbol{B}_1=\boldsymbol{O}\\ \boldsymbol{B}_2=\boldsymbol{A}_2^{-1}\end{cases}$$

从而

$$\boldsymbol{A}^{-1}=\begin{pmatrix}\boldsymbol{O} & \boldsymbol{A}_2^{-1}\\ \boldsymbol{A}_1^{-1} & \boldsymbol{O}\end{pmatrix}$$

比本题结论更一般性的一个结论是：如果矩阵 $\boldsymbol{A}$ 能分块为

$$\boldsymbol{A}=\begin{pmatrix}0 & 0 & \cdots & 0 & \boldsymbol{A}_1\\ 0 & 0 & \cdots & \boldsymbol{A}_2 & 0\\ \cdots\cdots & \cdots\cdots & \cdots\cdots & \cdots\cdots & \cdots\cdots\\ 0 & \boldsymbol{A}_{s-1} & \cdots & 0 & 0\\ \boldsymbol{A}_s & 0 & \cdots & 0 & 0\end{pmatrix}$$

则

$$\boldsymbol{A}^{-1}=\begin{pmatrix}0 & 0 & \cdots & 0 & \boldsymbol{A}_s^{-1}\\ 0 & 0 & \cdots & \boldsymbol{A}_{s-1}^{-1} & 0\\ \cdots\cdots & \cdots\cdots & \cdots\cdots & \cdots\cdots & \cdots\cdots\\ 0 & \boldsymbol{A}_2^{-1} & \cdots & 0 & 0\\ \boldsymbol{A}_1^{-1} & 0 & \cdots & 0 & 0\end{pmatrix}$$

其中 $\boldsymbol{A}_i$（$i=1,2,\cdots,s$）为可逆子方阵。例如，作为它的一个特殊例子，有

$$\begin{pmatrix} & & & 1 \\ & & 2 & \\ & 3 & & \\ 4 & & & \end{pmatrix}^{-1} = \begin{pmatrix} & & & \frac{1}{4} \\ & & \frac{1}{3} & \\ & \frac{1}{2} & & \\ 1 & & & \end{pmatrix}$$

想必大家已经将本例的结论与通常的分块对角阵及其逆矩阵的结论

$$\boldsymbol{A}=\begin{pmatrix} \boldsymbol{A}_1 & & & \\ & \boldsymbol{A}_2 & & \\ & & \cdots & \\ & & & \boldsymbol{A}_r \end{pmatrix},\ \boldsymbol{A}^{-1}=\begin{pmatrix} \boldsymbol{A}_1^{-1} & & & \\ & \boldsymbol{A}_2^{-1} & & \\ & & \cdots & \\ & & & \boldsymbol{A}_r^{-1} \end{pmatrix}$$

作了比较（其中 $\boldsymbol{A}_i$（$i=1,2,\cdots,r$）都是可逆子方阵），两者的差别是很清楚的。

【例 6】 设 $\boldsymbol{M}=\begin{pmatrix} \boldsymbol{A} & \boldsymbol{B} \\ \boldsymbol{C} & \boldsymbol{D} \end{pmatrix}$，其中 $\boldsymbol{A}$ 是 m 阶可逆方阵，$\boldsymbol{D}$ 是 n 阶可逆方阵，证明：$\boldsymbol{M}$ 可逆的充要条件是 $\boldsymbol{S}=\boldsymbol{D}-\boldsymbol{C}\boldsymbol{A}^{-1}\boldsymbol{B}$ 可逆，且当 $\boldsymbol{M}$ 可逆时，求 $\boldsymbol{M}^{-1}$。

解 通常人们将矩阵 $\boldsymbol{S}=\boldsymbol{D}-\boldsymbol{C}\boldsymbol{A}^{-1}\boldsymbol{B}$ 称为矩阵 $\boldsymbol{M}$ 关于第一子块 $\boldsymbol{A}$ 的舒尔(Schur）补，这也是矩阵计算中讨论比较多的一类问题。

对分块矩阵 $\boldsymbol{M}$ 作初等行（列）变换（利用可逆子块 $\boldsymbol{A}$，将子块矩阵 $\boldsymbol{C}$ 与 $\boldsymbol{B}$ 化为零矩阵），由于

$$\begin{pmatrix} \boldsymbol{E}_m & \boldsymbol{O} \\ -\boldsymbol{C}\boldsymbol{A}^{-1} & \boldsymbol{E}_n \end{pmatrix}\begin{pmatrix} \boldsymbol{A} & \boldsymbol{B} \\ \boldsymbol{C} & \boldsymbol{D} \end{pmatrix}=\begin{pmatrix} \boldsymbol{A} & \boldsymbol{B} \\ \boldsymbol{O} & \boldsymbol{D}-\boldsymbol{C}\boldsymbol{A}^{-1}\boldsymbol{B} \end{pmatrix}$$

$$\begin{pmatrix} \boldsymbol{E}_m & \boldsymbol{O} \\ -\boldsymbol{C}\boldsymbol{A}^{-1} & \boldsymbol{E}_n \end{pmatrix}\begin{pmatrix} \boldsymbol{A} & \boldsymbol{B} \\ \boldsymbol{C} & \boldsymbol{D} \end{pmatrix}\begin{pmatrix} \boldsymbol{E}_m & -\boldsymbol{A}^{-1}\boldsymbol{B} \\ \boldsymbol{O} & \boldsymbol{E}_n \end{pmatrix}=\begin{pmatrix} \boldsymbol{A} & \boldsymbol{O} \\ \boldsymbol{O} & \boldsymbol{D}-\boldsymbol{C}\boldsymbol{A}^{-1}\boldsymbol{B} \end{pmatrix} \tag{2.4}$$

两边取行列式，且式(2.4）左端的两个分块初等矩阵的行列式值为 1，就得到

$$|\boldsymbol{M}|=|\boldsymbol{A}||\boldsymbol{S}|$$

因为 $\boldsymbol{A}$ 可逆，$|\boldsymbol{A}|\neq 0$，所以分块矩阵 $\boldsymbol{M}$ 可逆的充要条件是 $\boldsymbol{S}=\boldsymbol{D}-\boldsymbol{C}\boldsymbol{A}^{-1}\boldsymbol{B}$ 可逆。

再对式(2.4）两边取逆，有

$$\begin{pmatrix} \boldsymbol{E}_m & -\boldsymbol{A}^{-1}\boldsymbol{B} \\ \boldsymbol{O} & \boldsymbol{E}_n \end{pmatrix}^{-1}\boldsymbol{M}^{-1}\begin{pmatrix} \boldsymbol{E}_m & \boldsymbol{O} \\ -\boldsymbol{C}\boldsymbol{A}^{-1} & \boldsymbol{E}_n \end{pmatrix}^{-1}=\begin{pmatrix} \boldsymbol{A} & \boldsymbol{O} \\ \boldsymbol{O} & \boldsymbol{S} \end{pmatrix}^{-1}$$

即

$$\boldsymbol{M}^{-1}=\begin{pmatrix} \boldsymbol{E}_m & -\boldsymbol{A}^{-1}\boldsymbol{B} \\ \boldsymbol{O} & \boldsymbol{E}_n \end{pmatrix}\begin{pmatrix} \boldsymbol{A} & \boldsymbol{O} \\ \boldsymbol{O} & \boldsymbol{S} \end{pmatrix}^{-1}\begin{pmatrix} \boldsymbol{E}_m & \boldsymbol{O} \\ -\boldsymbol{C}\boldsymbol{A}^{-1} & \boldsymbol{E}_n \end{pmatrix}$$

结合一般分块对角阵的逆矩阵结论，有

$$\boldsymbol{M}^{-1}=\begin{pmatrix}\boldsymbol{E}_m & -\boldsymbol{A}^{-1}\boldsymbol{B}\\ \boldsymbol{O} & \boldsymbol{E}_n\end{pmatrix}\begin{pmatrix}\boldsymbol{A}^{-1} & \\ & \boldsymbol{S}^{-1}\end{pmatrix}\begin{pmatrix}\boldsymbol{E}_m & \boldsymbol{O}\\ -\boldsymbol{C}\boldsymbol{A}^{-1} & \boldsymbol{E}_n\end{pmatrix}$$
$$=\begin{pmatrix}\boldsymbol{A}^{-1}+\boldsymbol{A}^{-1}\boldsymbol{B}\boldsymbol{S}^{-1}\boldsymbol{C}\boldsymbol{A}^{-1} & -\boldsymbol{A}^{-1}\boldsymbol{B}\boldsymbol{S}^{-1}\\ -\boldsymbol{S}^{-1}\boldsymbol{C}\boldsymbol{A}^{-1} & \boldsymbol{S}^{-1}\end{pmatrix}$$

可见在分块矩阵 $\boldsymbol{M}$ 的逆矩阵表达式中，除了用到 $\boldsymbol{M}$ 的第一子块 $\boldsymbol{A}$ 的逆矩阵外，还要用到其舒尔（Schur）补 $\boldsymbol{S}=\boldsymbol{D}-\boldsymbol{C}\boldsymbol{A}^{-1}\boldsymbol{B}$ 的逆矩阵。

【例 7】 设 n 阶矩阵

$$\boldsymbol{A}=\begin{pmatrix}0 & 1 & 0 & \cdots & 0\\ 0 & 0 & 1 & \cdots & 0\\ \cdots & \cdots & \cdots & \cdots & \cdots\\ 0 & 0 & 0 & \cdots & 1\\ 0 & 0 & 0 & \cdots & 0\end{pmatrix}$$

将 $\boldsymbol{A}$ 按列分块成：$\boldsymbol{A}=(\boldsymbol{0},\boldsymbol{\varepsilon}_1,\boldsymbol{\varepsilon}_2\cdots,\boldsymbol{\varepsilon}_{n-1})$ 其中，$\boldsymbol{\varepsilon}_i=(\underbrace{0,0,\cdots,1}_{i},0,\cdots,0)^{\mathrm{T}}$，$i=1,2,\cdots,n-1$。证明：$\boldsymbol{A}^2=(\boldsymbol{0},\boldsymbol{0},\boldsymbol{\varepsilon}_1,\boldsymbol{\varepsilon}_2,\cdots,\boldsymbol{\varepsilon}_{n-2})$，进而可以证明，$\boldsymbol{A}^n=\boldsymbol{O}$。

证明 因为

$$\boldsymbol{A}\boldsymbol{\varepsilon}_1=\begin{pmatrix}0 & 1 & 0 & \cdots & 0\\ 0 & 0 & 1 & \cdots & 0\\ \cdots & \cdots & \cdots & \cdots & \cdots\\ 0 & 0 & 0 & \cdots & 1\\ 0 & 0 & 0 & \cdots & 0\end{pmatrix}\begin{pmatrix}1\\0\\ \vdots\\0\\0\end{pmatrix}=0,\quad \boldsymbol{A}\boldsymbol{\varepsilon}_2=\begin{pmatrix}0 & 1 & 0 & \cdots & 0\\ 0 & 0 & 1 & \cdots & 0\\ \cdots & \cdots & \cdots & \cdots & \cdots\\ 0 & 0 & 0 & \cdots & 1\\ 0 & 0 & 0 & \cdots & 0\end{pmatrix}\begin{pmatrix}0\\1\\ \vdots\\0\\0\end{pmatrix}=\boldsymbol{\varepsilon}_1$$

同理，$\boldsymbol{A}\boldsymbol{\varepsilon}_3=\boldsymbol{\varepsilon}_2,\cdots,\boldsymbol{A}\boldsymbol{\varepsilon}_{n-1}=\boldsymbol{\varepsilon}_{n-2}$，所以

$$\boldsymbol{A}^2=\boldsymbol{A}\boldsymbol{A}=\boldsymbol{A}(\boldsymbol{0},\boldsymbol{\varepsilon}_1,\boldsymbol{\varepsilon}_2,\cdots,\boldsymbol{\varepsilon}_{n-1})=(\boldsymbol{0},\boldsymbol{A}\boldsymbol{\varepsilon}_1,\boldsymbol{A}\boldsymbol{\varepsilon}_2,\cdots,\boldsymbol{A}\boldsymbol{\varepsilon}_{n-1})$$
$$=(\boldsymbol{0},\boldsymbol{0},\boldsymbol{\varepsilon}_1,\boldsymbol{\varepsilon}_2,\cdots,\boldsymbol{\varepsilon}_{n-2})$$

类似地，$\boldsymbol{A}^3=(\boldsymbol{0},\boldsymbol{0},\boldsymbol{0},\boldsymbol{\varepsilon}_1,\cdots,\boldsymbol{\varepsilon}_{n-3})$，…，$\boldsymbol{A}^{n-1}=(\boldsymbol{0},\boldsymbol{0},\boldsymbol{0},\cdots,\boldsymbol{0},\boldsymbol{\varepsilon}_1)$，$\boldsymbol{A}^n=\boldsymbol{O}$。

注意：利用分块矩阵方法证明 $\boldsymbol{A}^n=\boldsymbol{O}$ 的结论，因而使得证明过程简洁明了。另外，本题可以理解为前面例 4 中结论 $\boldsymbol{B}^3=\boldsymbol{O}$ 的一般性推广。

3. 关于矩阵方程

【例 8】 求解下列矩阵方程

(1) $\begin{pmatrix}1 & 0 & 0\\ 1 & 3 & 4\\ -2 & 2 & 3\end{pmatrix}\boldsymbol{X}=\begin{pmatrix}2 & -1 & 1\\ 2 & 0 & 1\\ -2 & 4 & -2\end{pmatrix}$；

(2) $\begin{pmatrix}0 & 1 & 0\\ 1 & 0 & 0\\ 0 & 0 & 1\end{pmatrix}\boldsymbol{X}\begin{pmatrix}1 & 0 & 0\\ 0 & 0 & 1\\ 0 & 1 & 0\end{pmatrix}=\begin{pmatrix}1 & -4 & 3\\ 2 & 0 & -1\\ 1 & -2 & 0\end{pmatrix}$。

解 (1) 因为

$$(\boldsymbol{A}\mid\boldsymbol{B})=\left(\begin{array}{ccc|ccc}1&0&0&2&-1&1\\1&3&4&2&0&1\\-2&2&3&-2&4&-2\end{array}\right)\xrightarrow[r_2+2r_1]{r_2+(-1)r_1}\left(\begin{array}{ccc|ccc}1&0&0&2&-1&1\\0&3&4&0&1&0\\0&2&3&2&2&0\end{array}\right)$$

$$\xrightarrow{r_2+(-1)r_3}\left(\begin{array}{ccc|ccc}1&0&0&2&-1&1\\0&1&1&-2&-1&0\\0&2&3&2&2&0\end{array}\right)\xrightarrow{r_3+(-2)r_2}\left(\begin{array}{ccc|ccc}1&0&0&2&-1&1\\0&1&1&-2&-1&0\\0&0&1&6&4&0\end{array}\right)$$

$$\xrightarrow{r_2+(-1)r_3}\left(\begin{array}{ccc|ccc}1&0&0&2&-1&1\\0&1&0&-8&-5&0\\0&0&1&6&4&0\end{array}\right)$$

所以

$$\boldsymbol{X}=\boldsymbol{A}^{-1}\boldsymbol{B}=\begin{pmatrix}2&-1&1\\-8&-5&0\\6&4&0\end{pmatrix}$$

本题中求解矩阵方程 $\boldsymbol{AX}=\boldsymbol{B}$，当系数矩阵 $\boldsymbol{A}$ 为可逆矩阵时，其解 $\boldsymbol{X}=\boldsymbol{A}^{-1}\boldsymbol{B}$ 可以通过对大矩阵$(\boldsymbol{A}\mid\boldsymbol{B})_{n\times 2n}$作初等行变换即可直接得到。

设想对与它对称形式的矩阵方程 $\boldsymbol{XA}=\boldsymbol{B}$，其中矩阵 $\boldsymbol{A}$ 为可逆矩阵，则其解

$$\boldsymbol{X}=\boldsymbol{BA}^{-1}$$

还能像本题中一样，通过初等行变换得到吗？这是个很有趣的问题。

事实上，有一种“化归思想”下的解决办法比较简单：将对称形式的矩阵方程 $\boldsymbol{XA}=\boldsymbol{B}$ 变形为 $(\boldsymbol{XA})^{\mathrm{T}}=\boldsymbol{B}^{\mathrm{T}}$，即 $\boldsymbol{A}^{\mathrm{T}}\boldsymbol{X}^{\mathrm{T}}=\boldsymbol{B}^{\mathrm{T}}$，就转化成问题（1）的形式了。

如果给出一个更具有综合性的一般方程

$$\boldsymbol{AX}+\boldsymbol{XB}=\boldsymbol{C}$$

其中 $\boldsymbol{A}\in\mathbf{R}^{m\times m}$，$\boldsymbol{B}\in\mathbf{R}^{n\times n}$，而 $\boldsymbol{C}$，$\boldsymbol{X}\in\mathbf{R}^{m\times n}$。其实，这样的线性方程确实也有人研究它，其被称为**西尔威斯特（Sylvester）方程**，它在自动控制与偏微分方程数值解理论中有非常重要的应用。

(2) 显然

$$\boldsymbol{X}=\begin{pmatrix}0&1&0\\1&0&0\\0&0&1\end{pmatrix}^{-1}\begin{pmatrix}1&-4&3\\2&0&-1\\1&-2&0\end{pmatrix}\begin{pmatrix}1&0&0\\0&0&1\\0&1&0\end{pmatrix}^{-1}$$

注意到矩阵

$$\begin{pmatrix}0&1&0\\1&0&0\\0&0&1\end{pmatrix},\ \begin{pmatrix}1&0&0\\0&0&1\\0&1&0\end{pmatrix}$$

都是初等矩阵，且

$$\begin{pmatrix}0&1&0\\1&0&0\\0&0&1\end{pmatrix}^{-1}=\begin{pmatrix}0&1&0\\1&0&0\\0&0&1\end{pmatrix},\begin{pmatrix}1&0&0\\0&0&1\\0&1&0\end{pmatrix}^{-1}=\begin{pmatrix}1&0&0\\0&0&1\\0&1&0\end{pmatrix}$$

所以

$$\boldsymbol{X}=\begin{pmatrix}0&1&0\\1&0&0\\0&0&1\end{pmatrix}\begin{pmatrix}1&-4&3\\2&0&-1\\1&-2&0\end{pmatrix}\begin{pmatrix}1&0&0\\0&0&1\\0&1&0\end{pmatrix}$$

再利用初等变换与初等矩阵的运算关系，就得到

$$\boldsymbol{X}=\begin{pmatrix}2&0&-1\\1&-4&3\\1&-2&0\end{pmatrix}\begin{pmatrix}1&0&0\\0&0&1\\0&1&0\end{pmatrix}=\begin{pmatrix}2&-1&0\\1&3&-4\\1&0&-2\end{pmatrix}$$

【例 9】 设矩阵 $\boldsymbol{A}=\begin{pmatrix}2&1&0\\1&2&0\\0&0&1\end{pmatrix}$，矩阵 $\boldsymbol{B}$ 满足 $\boldsymbol{ABA}^*=2\boldsymbol{BA}^*+\boldsymbol{E}$，其中 $\boldsymbol{A}^*$ 为 $\boldsymbol{A}$ 的伴随矩阵，$\boldsymbol{E}$ 是单位矩阵，求 $|\boldsymbol{B}|$。

解 首先将所给的矩阵方程 $\boldsymbol{ABA}^*=2\boldsymbol{BA}^*+\boldsymbol{E}$ 变形为

$$(\boldsymbol{A}-2\boldsymbol{E})\boldsymbol{BA}^*=\boldsymbol{E}$$

两边取行列式，则有

$$|(\boldsymbol{A}-2\boldsymbol{E})|\cdot|\boldsymbol{B}|\cdot|\boldsymbol{A}^*|=1 \tag{2.5}$$

又由条件不难得到 $|\boldsymbol{A}|=3$，$|\boldsymbol{A}^*|=|\boldsymbol{A}|^{3-1}=9$，且

$$\boldsymbol{A}-2\boldsymbol{E}=\begin{pmatrix}0&1&0\\1&0&0\\0&0&-1\end{pmatrix},\ |\boldsymbol{A}-2\boldsymbol{E}|=1$$

把这些结论代入式(2.5)，即得 $|\boldsymbol{B}|=\dfrac{1}{9}$。

【例 10】 设 $\boldsymbol{E}$ 为 4 阶单位阵，而

$$\boldsymbol{A}=\begin{pmatrix}1&0&0&0\\-2&3&0&0\\0&-4&5&0\\0&0&-6&7\end{pmatrix}$$

且 $\boldsymbol{B}=(\boldsymbol{E}+\boldsymbol{A})^{-1}(\boldsymbol{E}-\boldsymbol{A})$，求 $(\boldsymbol{E}+\boldsymbol{B})^{-1}$。

解 如果从所给条件 $\boldsymbol{B}=(\boldsymbol{E}+\boldsymbol{A})^{-1}(\boldsymbol{E}-\boldsymbol{A})$，直接计算矩阵 $\boldsymbol{B}$，其计算量无疑是比较大的。现将这个条件矩阵方程先变形为

$$(\boldsymbol{E}+\boldsymbol{A})\boldsymbol{B}=(\boldsymbol{E}-\boldsymbol{A})$$

把上式左边展开并移项，即

$$B+AB+A=E$$

于是
$$B+AB+A+E=(B+E)(A+E)=2E$$

从而

$$(B+E)^{-1}=\frac{1}{2}(A+E)=\begin{pmatrix}1&0&0&0\\-1&2&0&0\\0&-2&3&0\\0&0&-3&4\end{pmatrix}$$

注意：上面的关系式 $(B+E)^{-1}=\frac{1}{2}(A+E)$ 也可以按另一种方法推导出来。事实上，因为

$$\begin{aligned}E+B&=E+(E+A)^{-1}(E-A)=(E+A)^{-1}(E+A)+(E+A)^{-1}(E-A)\\&=(E+A)^{-1}[(E+A)+(E-A)]=2(E+A)^{-1}\end{aligned}$$

所以同样得到 $(B+E)^{-1}=\frac{1}{2}(A+E)$。

【例 11】 设矩阵 A 的伴随矩阵 $A^*=\begin{pmatrix}1&0&0&0\\0&1&0&0\\1&0&1&0\\0&-3&0&8\end{pmatrix}$，且

$$ABA^{-1}=BA^{-1}+3E$$

其中 E 是 4 阶单位阵，求矩阵 B。

解法一 由已知结论 $A^*A=AA^*=|A|E$，有 $|A^*|=|A|^{4-1}=8$，所以 $|A|=2$，并且 $A^{-1}=\frac{1}{|A|}A^*=\frac{1}{2}A^*$。又将条件中的矩阵方程变形为

$$(A-E)BA^{-1}=3E$$

在等式两边右乘 A、左乘 A^{-1}，得

$$A^{-1}(A-E)B=3E$$

即
$$(E-A^{-1})B=3E \tag{2.6}$$

从而

$$B=3(E-A^{-1})^{-1}=3\left(E-\frac{1}{2}A^*\right)^{-1}=6(2E-A^*)^{-1} \tag{2.7}$$

又

$$2E-A^*=\begin{pmatrix}1&0&0&0\\0&1&0&0\\-1&0&1&0\\0&3&0&-6\end{pmatrix},\ (2E-A^*)^{-1}=\begin{pmatrix}1&0&0&0\\0&1&0&0\\1&0&1&0\\0&\frac{1}{2}&0&-\frac{1}{6}\end{pmatrix}$$

所以由式(2.7)，得到

$$\boldsymbol{B}=6(2\boldsymbol{E}-\boldsymbol{A}^*)^{-1}=\begin{pmatrix}6&0&0&0\\0&6&0&0\\6&0&6&0\\0&3&0&-1\end{pmatrix}$$

解法二 由 $\boldsymbol{A}^*\boldsymbol{A}=\boldsymbol{A}\boldsymbol{A}^*=|\boldsymbol{A}|\boldsymbol{E}$，有 $|\boldsymbol{A}^*|=|\boldsymbol{A}|^{4-1}=8$，得 $|\boldsymbol{A}|=2$。又在题中所给的矩阵方程两边右乘 $\boldsymbol{A}$，得

$$\boldsymbol{AB}=\boldsymbol{B}+3\boldsymbol{A}$$

移项，即

$$(\boldsymbol{A}-\boldsymbol{E})\boldsymbol{B}=3\boldsymbol{A} \tag{2.8}$$

又因为 $\boldsymbol{A}^{-1}=\dfrac{1}{|\boldsymbol{A}|}\boldsymbol{A}^*$，两边取逆，得

$$\begin{aligned}\boldsymbol{A}&=|\boldsymbol{A}|(\boldsymbol{A}^*)^{-1}=2(\boldsymbol{A}^*)^{-1}\\&=2\begin{pmatrix}1&0&0&0\\0&1&0&0\\-1&0&1&0\\0&\frac{3}{8}&0&\frac{1}{8}\end{pmatrix}=\begin{pmatrix}2&0&0&0\\0&2&0&0\\-2&0&2&0\\0&\frac{3}{4}&0&\frac{1}{4}\end{pmatrix}\end{aligned}$$

可见 $\boldsymbol{A}-\boldsymbol{E}$ 可逆，且

$$\boldsymbol{A}-\boldsymbol{E}=\begin{pmatrix}1&0&0&0\\0&1&0&0\\-2&0&1&0\\0&\frac{3}{4}&0&-\frac{3}{4}\end{pmatrix},\quad (\boldsymbol{A}-\boldsymbol{E})^{-1}=\begin{pmatrix}1&0&0&0\\0&1&0&0\\2&0&1&0\\0&1&0&-\frac{4}{3}\end{pmatrix}$$

从而由式(2.8)，有

$$\begin{aligned}\boldsymbol{B}&=3(\boldsymbol{A}-\boldsymbol{E})^{-1}\boldsymbol{A}\\&=3\begin{pmatrix}1&0&0&0\\0&1&0&0\\2&0&1&0\\0&1&0&-\frac{4}{3}\end{pmatrix}\begin{pmatrix}2&0&0&0\\0&2&0&0\\-2&0&2&0\\0&\frac{3}{4}&0&\frac{1}{4}\end{pmatrix}=\begin{pmatrix}6&0&0&0\\0&6&0&0\\6&0&6&0\\0&3&0&-1\end{pmatrix}\end{aligned}$$

4. 伴随矩阵

【例 12】 设 $\boldsymbol{A},\boldsymbol{B}$ 为 n 阶可逆矩阵，$\boldsymbol{A}^*,\boldsymbol{B}^*$ 分别是 $\boldsymbol{A},\boldsymbol{B}$ 的伴随矩阵，证明

$$(\boldsymbol{AB})^*=\boldsymbol{B}^*\boldsymbol{A}^*$$

证明 由伴随矩阵的性质，因为

$$(\boldsymbol{AB})(\boldsymbol{AB})^*=|\boldsymbol{AB}|\boldsymbol{E} \tag{2.9}$$

又

$$(\boldsymbol{AB})(\boldsymbol{B}^*\boldsymbol{A}^*)=\boldsymbol{A}(\boldsymbol{BB}^*)\boldsymbol{A}^*=\boldsymbol{A}(|\boldsymbol{B}|\boldsymbol{E})\boldsymbol{A}^*=|\boldsymbol{B}||\boldsymbol{A}|\boldsymbol{E} \tag{2.10}$$

比较式(2.9)、式(2.10)，显然有

$$(\boldsymbol{AB})(\boldsymbol{AB})^*=(\boldsymbol{AB})(\boldsymbol{B}^*\boldsymbol{A}^*)$$

再由 $\boldsymbol{A},\boldsymbol{B}$ 为可逆矩阵的条件，在上式两边左乘 $(\boldsymbol{AB})^{-1}$，即得

$$(\boldsymbol{AB})^*=\boldsymbol{B}^*\boldsymbol{A}^*$$

【例 13】 设 $\boldsymbol{A}$ 是 n ($n\geqslant 2$) 阶可逆矩阵，交换 $\boldsymbol{A}$ 的第 1 行与第 2 行得矩阵 $\boldsymbol{B}$，$\boldsymbol{A}^*,\boldsymbol{B}^*$ 分别是 $\boldsymbol{A},\boldsymbol{B}$ 的伴随矩阵，则（　　）。

(A) 交换 $\boldsymbol{A}^*$ 的第 1 列与第 2 列得矩阵 $\boldsymbol{B}^*$；

(B) 交换 $\boldsymbol{A}^*$ 的第 1 行与第 2 行得矩阵 $\boldsymbol{B}^*$；

(C) 交换 $\boldsymbol{A}^*$ 的第 1 列与第 2 列得矩阵 $-\boldsymbol{B}^*$；

(D) 交换 $\boldsymbol{A}^*$ 的第 1 行与第 2 行得矩阵 $-\boldsymbol{B}^*$。

解 应选 (C)。

分析方法一 这是 2005 年全国研究生入学考试“数学（一）”中的一道选择题。先考虑 $\boldsymbol{A},\boldsymbol{B}$ 的伴随矩阵的转置矩阵 $(\boldsymbol{A}^*)'=(\boldsymbol{A}_{ij})$，$(\boldsymbol{B}^*)'=(\boldsymbol{B}_{ij})$

因为交换 $\boldsymbol{A}$ 的第 1 行与第 2 行得矩阵 $\boldsymbol{B}$，所以当 $i\geqslant 3$ 时，代数余子式 $\boldsymbol{A}_{ij}$ 与 $\boldsymbol{B}_{ij}$ ($\forall j$) 显然相差一个负号；又 $i=1$ 时，$\boldsymbol{A}_{1j}$ 与 $\boldsymbol{B}_{2j}$ ($\forall j$) 大小相等，但差一个负号（因为 $\boldsymbol{A}$、$\boldsymbol{B}$ 的对应元素 a_{1j} 与 b_{2j} 相等，但所在行的序数差 1）；情况类似，当 $i=2$ 时，$\boldsymbol{A}_{2j}$ 与 $\boldsymbol{B}_{1j}$ ($\forall j$) 大小相等，但差一个负号。

总之，交换 $(\boldsymbol{A}^*)'=(\boldsymbol{A}_{ij})$ 第 1 行与第 2 行得矩阵 $-(\boldsymbol{B}^*)'=-(\boldsymbol{B}_{ij})$；所以应选 (C)。

分析方法二 因为 $\boldsymbol{E}(1,2)\boldsymbol{A}=\boldsymbol{B}$，其中 $\boldsymbol{E}(1,2)$ 是初等矩阵，两边取“伴随”(结合前面例 12 的结论)，得

$$[\boldsymbol{E}(1,2)\boldsymbol{A}]^*=\boldsymbol{A}^*[\boldsymbol{E}(1,2)]^*=\boldsymbol{B}^*$$

又由伴随矩阵与逆矩阵的关系

$$[\boldsymbol{E}(1,2)]^*=|\boldsymbol{E}(1,2)|[\boldsymbol{E}(1,2)]^{-1}=-[\boldsymbol{E}(1,2)]$$

所以

$$\boldsymbol{A}^*\cdot\{-\boldsymbol{E}(1,2)\}=-\boldsymbol{A}^*\cdot\boldsymbol{E}(1,2)=\boldsymbol{B}^*$$

即交换 $\boldsymbol{A}^*$ 的第 1 与第 2 两列再乘以 -1 则得矩阵 $\boldsymbol{B}^*$。从而应选 (C)。

应该注意到，本题中放弃“$\boldsymbol{A}$ 是可逆矩阵”这一条件，结论也是成立的。

【例 14】 设矩阵 $\boldsymbol{A}$ 为任意的 n 阶可逆矩阵 ($n\geqslant 3$)，$\boldsymbol{A}^*$ 是其伴随矩阵，证明：

(1) $(k\boldsymbol{A})^*=k^{n-1}\boldsymbol{A}^*$，$k\neq 0$，$\pm 1$；

(2) $(\boldsymbol{A}^*)^*=|\boldsymbol{A}|^{n-2}\boldsymbol{A}$。

证明 (1) 因为 $\boldsymbol{A}$ 可逆，所以当 $k\neq 0$ 时，$k\boldsymbol{A}$ 可逆。且由 $\boldsymbol{AA}^*=|\boldsymbol{A}|\boldsymbol{E}$，得到

$$(k\boldsymbol{A})(k\boldsymbol{A})^* = |k\boldsymbol{A}|\boldsymbol{E} = k^n|\boldsymbol{A}|\boldsymbol{E}$$

所以
$$(k\boldsymbol{A})^* = k^{n-1}|\boldsymbol{A}|\boldsymbol{A}^{-1} = k^{n-1}\boldsymbol{A}^*$$

(2) 因为 $\boldsymbol{A}\boldsymbol{A}^* = |\boldsymbol{A}|\boldsymbol{E}$，所以 $(\boldsymbol{A}^*)^{-1} = \dfrac{\boldsymbol{A}}{|\boldsymbol{A}|}$。由 $(\boldsymbol{A}^*)(\boldsymbol{A}^*)^* = |\boldsymbol{A}^*|\boldsymbol{E}$，得到

$$(\boldsymbol{A}^*)^* = |\boldsymbol{A}^*|(\boldsymbol{A}^*)^{-1} = |\boldsymbol{A}|^{n-1}\frac{\boldsymbol{A}}{|\boldsymbol{A}|} = |\boldsymbol{A}|^{n-2}\boldsymbol{A}$$

【例 15】 已知

$$\boldsymbol{A} = \begin{pmatrix} 1 & 1 & -1 \\ -1 & 1 & 1 \\ 1 & -1 & 1 \end{pmatrix}$$

且 $\boldsymbol{A}^*\boldsymbol{B}\left(\frac{1}{2}\boldsymbol{A}^*\right)^* = 8\boldsymbol{A}^{-1}\boldsymbol{B} + 12\boldsymbol{E}$，求矩阵 $\boldsymbol{B}$。

解 首先，可计算得

$$|\boldsymbol{A}| = \begin{vmatrix} 1 & 1 & -1 \\ -1 & 1 & 1 \\ 1 & -1 & 1 \end{vmatrix} = \begin{vmatrix} 1 & 1 & -1 \\ 0 & 2 & 0 \\ 0 & -2 & 2 \end{vmatrix} = 4，且 |\boldsymbol{A}^*| = |\boldsymbol{A}|^{3-1} = 16 \neq 0$$

所以 $\boldsymbol{A}^*$ 可逆，又因为

$$\boldsymbol{A}\cdot\left(\frac{1}{2}\boldsymbol{A}^*\right) = \frac{1}{2}\boldsymbol{A}\boldsymbol{A}^* = \frac{1}{2}|\boldsymbol{A}|\boldsymbol{E} = 2\boldsymbol{E} \tag{2.11}$$

和
$$\left(\frac{1}{2}\boldsymbol{A}^*\right)^*\cdot\left(\frac{1}{2}\boldsymbol{A}^*\right) = \left|\frac{1}{2}\boldsymbol{A}^*\right|\boldsymbol{E} = \left(\frac{1}{2}\right)^3|\boldsymbol{A}^*|\boldsymbol{E} = 2\boldsymbol{E} \tag{2.12}$$

比较式(2.11) 与式(2.12) 左端，结合 $\frac{1}{2}\boldsymbol{A}^*$ 的可逆性，即得

$$\left(\frac{1}{2}\boldsymbol{A}^*\right)^* = \boldsymbol{A} \tag{2.13}$$

于是，原式可化为

$$\boldsymbol{A}^*\boldsymbol{B}\boldsymbol{A} = 8\boldsymbol{A}^{-1}\boldsymbol{B} + 12\boldsymbol{E}$$

两边左乘 $\boldsymbol{A}$，得到

$$\boldsymbol{A}\boldsymbol{A}^*\boldsymbol{B}\boldsymbol{A} = 8\boldsymbol{A}\boldsymbol{A}^{-1}\boldsymbol{B} + 12\boldsymbol{A}，\quad |\boldsymbol{A}|\boldsymbol{B}\boldsymbol{A} = 8\boldsymbol{B} + 12\boldsymbol{A}$$

或
$$4\boldsymbol{B}\boldsymbol{A} = 8\boldsymbol{B} + 12\boldsymbol{A}，\quad \boldsymbol{B}\boldsymbol{A} = 2\boldsymbol{B} + 3\boldsymbol{A}$$

即
$$\boldsymbol{B}(\boldsymbol{A} - 2\boldsymbol{E}) = 3\boldsymbol{A}，\quad \boldsymbol{B} = 3\boldsymbol{A}(\boldsymbol{A} - 2\boldsymbol{E})^{-1}$$

因为 $\boldsymbol{A} - 2\boldsymbol{E} = \begin{pmatrix} -1 & 1 & -1 \\ -1 & -1 & 1 \\ 1 & -1 & -1 \end{pmatrix}$，从而有 $(\boldsymbol{A} - 2\boldsymbol{E})^{-1} = -\frac{1}{2}\begin{pmatrix} 1 & 1 & 0 \\ 0 & 1 & 1 \\ 1 & 0 & 1 \end{pmatrix}$，所以

$$B=3A(A-2E)^{-1}=3\begin{pmatrix}1&1&-1\\-1&1&1\\1&-1&1\end{pmatrix}\cdot\left(-\frac{1}{2}\right)\begin{pmatrix}1&1&0\\0&1&1\\1&0&1\end{pmatrix}$$

$$=\begin{pmatrix}0&-3&0\\0&0&-3\\-3&0&0\end{pmatrix}$$

注意：式(2.13) 也可以由例 14 的结论直接得到。

【例 16】 设 A 为 n 阶实非零矩阵，A^* 是 A 的伴随矩阵，若 $A^*=A^T$，证明：$|A|\neq 0$。

证明 因为 $AA^*=|A|E$，$A^*=A^T$，所以 $AA^T=|A|E$。又由于

$$AA^T=\begin{pmatrix}a_{11}^2+a_{12}^2+\cdots+a_{1n}^2&\times&\times\\\times&a_{21}^2+a_{22}^2+\cdots+a_{2n}^2&\times\\\cdots\cdots&\cdots\cdots&\cdots\cdots\\\times&\times&a_{n1}^2+a_{n2}^2+\cdots+a_{nn}^2\end{pmatrix}$$

若 $|A|=0$，则 $AA^T=0$，所以有

$$a_{i1}^2+a_{i2}^2+\cdots+a_{in}^2=0,\ i=1,2,\cdots,n$$

由此可得
$$a_{i1}=a_{i2}=\cdots=a_{in}=0,\ i=1,2,\cdots,n$$

即 $A=O$，矛盾。从而 $|A|\neq 0$ 得证。

事实上，还可证明 $|A|=1$，且此时矩阵 A 必为正交矩阵，留作习题（习题 11）。

第三节 编程应用

【例 17】 通过初等（行、列）变换，试将下列矩阵化为规范形

$$A=\begin{pmatrix}8&2&1&-2\\-1&10&-1&1\\1&2&30&-4\\26&-2&34&-11\end{pmatrix}$$

解 MATLAB 中有只用初等行变换求矩阵的简化阶梯形的专用函数命令 rref。因为这个问题比较简单，只要在 MATLAB 命令窗口输入：

```
A=[8 2 1 -2;-1 10 -1 1;1 2 30 -4;26 -2 34 -11]
B=rref (A)              %对矩阵 A 作初等行变换
```

按回车键，得

```
B=
    1.0000        0         0    -0.2494
         0   1.0000         0     0.0621
         0        0    1.0000    -0.1292
         0        0         0          0
```

再输入：

C=rref(B′)　　% 对 **B** 的转置矩阵作初等行变换，即对 **B** 作初等列变换最后得 A 的规范形

```
C=
    1  0  0  0
    0  1  0  0
    0  0  1  0
    0  0  0  0
```

在后面几章，我们还将介绍函数 rref 的更多的应用。另外，本题调用 MATLAB 中的函数 rref 直接求得了化矩阵 **A** 为简化阶梯型矩阵的结果。如果我们要像课本上或者课堂上老师演示的那样，显示初等行变换的每一个步骤，那么通过编程方法也是不难实现的。对此读者可以自己编程，也可以从出版社有关网页下载或者向本书作者邮箱（shaojianf@163.com）索取教材与指导书中的全部程序。

【例 18】 设

$$\boldsymbol{A}=\begin{pmatrix}1 & 1 & -1\\ a & 2 & 0\\ -1 & a & 3\end{pmatrix}$$

问常数 a 满足什么条件时，矩阵 **A** 可逆，并求其逆矩阵；特别给出当矩阵 **A** 的行列式等于－6 时的逆矩阵。

解 这样的带有符号变量的计算问题用手工方法是很难完成的。现编程（prog21）如下：

```
%判断符号矩阵何时可逆，并求其逆。
clear all
syms a                                % 符号变量说明
disp('输入的矩阵是：')
A=[1 1 -1; a 2 0; -1 a 3]             % 符号矩阵输入
D=det(A);
disp('当参数 a 不等于')
p=solve(D)                            % 求符号矩阵行列式值函数的零点
```

```
disp('时,其有逆阵:')
B=inv(A)                          % 求符号逆矩阵
q=solve(D+6);                % 求行列式等于指定值 -6 时的参数 a 的值
L=length(q);
for i=1:L
  disp('当参数 a 等于')
  subs(q(i))                       % 将参数 a 的值 q 转换为实数形式
  disp('时矩阵的行列式等于指定值(-6),其逆矩阵为:')
  B=sym(subs(B,a,subs(q(i))))
                                  % 求 a 等于 q(i) 时的逆矩阵,并以简化形式输出
end
```

程序执行结果是:

```
输入的矩阵是:
A=
    [1,   1,-1]
    [a,   2,  0]
    [-1, a,  3]
当参数 a 不等于
p=
    [-4]
    [ 1]
时,其有逆阵:
B=
  [-6/(-4+3*a+a^2), (3+a)/(-4+3*a+a^2), -2/(-4+3*a+a^2)]
  [ 3*a/(-4+3*a+a^2), -2/(-4+3*a+a^2), a/(-4+3*a+a^2)]
  [ -(a^2+2)/(-4+3*a+a^2), (a+1)/(-4+3*a+a^2), (a-2)/(-4+3*a+a^2)]
当参数 a 等于
ans =
  -5
时矩阵的行列式等于指定值(-6),其逆矩阵为:
B=
    [  -1, -1/3, -1/3]
    [-5/2, -1/3, -5/6]
    [-9/2, -2/3, -7/6]
```

```
当参数 a 等于
ans=
    2
时矩阵的行列式等于指定值(-6),其逆矩阵为:
B=
 [   -1, -1/3, -1/3]
 [-5/2, -1/3, -5/6]
 [-9/2, -2/3, -7/6]
```

如果大家对本例中出现的 MATLAB 的有关函数功能不很熟悉，也可以在 MATLAB 命令窗口查阅文本帮助。

【例 19】 设有非退化矩阵

$$A=\begin{pmatrix}1 & 0 & 1\\ -1 & 2 & 1\\ 0 & 3 & -1\end{pmatrix}$$

试将其表示为一系列初等矩阵的乘积。

解 由内容提要部分定理 3 之后的式(2.1)、式(2.2)，对矩阵 $\boldsymbol{A}$ 作初等行变换，即

$$\boldsymbol{P}_k\cdots\boldsymbol{P}_2\boldsymbol{P}_1\boldsymbol{A}=\boldsymbol{E}$$

则有

$$\boldsymbol{A}=\boldsymbol{P}_1^{-1}\boldsymbol{P}_2^{-1}\cdots\boldsymbol{P}_k^{-1}$$

所以只要"记录"下对 $\boldsymbol{A}$ 所作的初等行变换所对应的初等矩阵，并输出其逆矩阵即可。

编程（prog22）如下：

```
% 将已知的非退化方阵表示为一系列初等矩阵的乘积
% A=P1 * P2 * … * Ps
clear all
disp('输入的方阵为:')
A=[1 0 1;-1 2 1;0 3 -1]                          % 输入非退化方阵
[m,n]=size(A);
if m~=n | det(A)==0
  disp('输入的矩阵不是方阵或为退化矩阵!')
  return
else
```

```
disp('将其表示为一系列初等矩阵的乘积,所得到的初等矩阵依次是:')
E=eye(n,n); P=E; s=0;
for i=1:n
  if A(i,i)==0
    j=i+1;
    while j<=n;
      if A(j,i)~=0
        t=A(i,:); A(i,:)=A(j,:); A(j,:)=t;
                                     % 作交换第 i,j 两行的初等变换
        s=s+1;
        t=P(i,:); P(i,:)=P(j,:); P(j,:)=t
                          % 得到与上述变换对应的初等矩阵的逆矩阵,并输出
        P=E;
        j=n+1;
      else
        j=j+1;
      end
    end
  else
    if A(i,i)~=1
      h=A(i,i);
      A(i,:)=A(i,:)./h;              % 做用非零数乘某一行的初等变换
      s=s+1;
      P(i,i)=P(i,i)*h
                          % 得到与上述变换对应的初等矩阵的逆矩阵,并输出
      P=E;
    end
    for j=1:n
      if j~=i & A(j,i)~=0
        h=A(j,i);
        A(j,:)=A(j,:)-h.*A(i,:);           % 作第三种初等行变换
        s=s+1;
        P(j,i)=P(j,i)+h
                          % 得到与上述变换对应的初等矩阵的逆矩阵,并输出
        P=E;
```

```
        end
      end
    end
  end
  disp('这样的初等矩阵一共有个数：')
  s
end
```

程序执行结果是：

```
输入的方阵为：
A =
     1   0    1
    -1   2    1
     0   3   -1
将其表示为一系列初等矩阵的乘积，所得到的初等矩阵依次是：
P=
     1   0   0
    -1   1   0
     0   0   1
P=
   1   0   0
   0   2   0
   0   0   1
P=
   1   0   0
   0   1   0
   0   3   1
P=
   1   0    0
   0   1    0
   0   0   -4
P=
   1   0   1
   0   1   0
   0   0   1
```

```
P=
    1  0  0
    0  1  1
    0  0  1
```

这样的初等矩阵一共有个数：

```
s=
    6
```

【例 20】 求解西尔威斯特（sylvester）方程 $\boldsymbol{AX}+\boldsymbol{XB}=\boldsymbol{C}$，其中

$$\boldsymbol{A}=\begin{pmatrix}1 & -1 & 1\\1 & 1 & -1\\1 & 1 & 1\end{pmatrix},\ \boldsymbol{B}=\begin{pmatrix}8 & 1 & 6\\3 & 5 & 7\\4 & 9 & 2\end{pmatrix},\ \boldsymbol{C}=\begin{pmatrix}1 & 0 & 0\\0 & 1 & 0\\0 & 0 & 1\end{pmatrix}$$

解 西尔威斯特矩阵方程在控制论、信号处理、模式识别、滤波理论、图形处理、微分方程数值解等方面都有着重要的应用。

已有结论表明：西尔威斯特方程有唯一解的充要条件是矩阵 $\boldsymbol{A}$ 与 $-\boldsymbol{B}$ 没有公共的特征值（特征值的概念可以参见教材第五章）。

对这类方程的求解理论及其应用的介绍超出了课程要求，但是在 MATLAB 中，可以调用已有的函数来解决上述方程：

```
>> A = [1 -1 1;1 1 -1;1 1 1]
>> B = magic(3)             % 矩阵B实际上就是MATLAB中的三阶魔方矩阵
>> C = eye(3)
>> X = sylvester(A,B,C)  % 调用sylvester函数
```

就可以得到西尔威斯特方程的解

```
X =
     0.1223    -0.0725    0.0131
    -0.0806    -0.0161    0.1587
    -0.0164    0.1784     -0.1072
```

特别地，当 $\boldsymbol{B}=\boldsymbol{A}^{\mathrm{T}}$ 时，西尔威斯特方程化为

$$\boldsymbol{AX}+\boldsymbol{XA}^{\mathrm{T}}+\boldsymbol{C}=\boldsymbol{0}$$

这个特殊形式的方程也称为**李雅普诺夫（Lyapunov）方程**，它也有专门的求解函数 lyap 可以调用，即使用命令 X=lyap(A,B,C)，就可得到该方程的解。

第四节　习　题

1. 填充题

① 已知 $\boldsymbol{\alpha}=(1,2,3)$，$\boldsymbol{\beta}=\left(1,\ \frac{1}{2},\ \frac{1}{3}\right)$，矩阵 $\boldsymbol{A}=\boldsymbol{\alpha}^{\mathrm{T}}\boldsymbol{\beta}$，则 $\boldsymbol{A}^n=$ ________。

② 设矩阵 $A=\begin{pmatrix}3&0&0\\1&4&0\\0&0&3\end{pmatrix}$，$E=\begin{pmatrix}1&0&0\\0&1&0\\0&0&1\end{pmatrix}$，则 $(A-2E)^{-1}=$________。

③ 设 A,B 均为 n 阶可逆矩阵，则 $\begin{pmatrix}A&C\\O&B\end{pmatrix}^{-1}=$________，$\begin{pmatrix}O&A\\B&O\end{pmatrix}^{-1}=$________。

④ 设 A,B 均为 n 阶矩阵，$|A|=2$，$|B|=-3$，则 $|2A^*B^{-1}|=$________。

⑤ 设矩阵 $A=\begin{pmatrix}1&-1\\2&3\end{pmatrix}$，矩阵 $B=A^2-3A+2A$，则 $B^{-1}=$________。

⑥ 设 $A=\begin{pmatrix}5&2&0&0\\2&1&0&0\\0&0&1&-2\\0&0&1&1\end{pmatrix}$，则 $A^{-1}=$________。

⑦ 设 A,B,C 均为 n 阶方阵，且 $AB=BC=CA=E$，则 $A^2+B^2+C^2=$________。

⑧ 设 $A=\begin{pmatrix}1&2&-2\\4&t&3\\3&-1&1\end{pmatrix}$，$B$ 为三阶非零矩阵，且 $AB=O$，则 $t=$________。

2. 选择题

① 设 A 为 n 阶方阵，$|A|=a\neq0$，A^* 是 A 的伴随矩阵，则 $|3A^*|=$(　　)。

(A) $3a$　　(B) 3na　　(C) 3^na^{n-1}　　(D) $3^{n-1}a^{n-1}$

② 设 A,B 为 n 阶方阵，满足 $AB=O$，则必有（　　）。

(A) $A=O$ 或 $B=O$　　(B) $A+B=O$

(C) $|A|=0$ 或 $|B|=0$　　(D) $|A|+|B|=0$

③ 设 $A,B,A+B,A^{-1}+B^{-1}$ 均为 n 阶方阵，则 $(A^{-1}+B^{-1})^{-1}=$（　　）。

(A) $A^{-1}+B^{-1}$　　(B) $A+B$

(C) $(A+B)^{-1}$　　(D) $A(A+B)^{-1}B$

④ 设 A 为 n 阶可逆方阵，A^* 是 A 的伴随矩阵，则（　　）。

(A) $(A^*)^*=|A|^{n-1}A$　　(B) $(A^*)^*=|A|^{n+1}A$

(C) $(A^*)^*=|A|^{n-2}A$　　(D) $(A^*)^*=|A|^{n+2}A$

⑤ 若 A,B 为 n 阶可逆方阵，则（　　）。

(A) $AB=BA$　　(B) 存在可逆矩阵 P,Q 使 $PAQ=B$

(C) 存在可逆矩阵 P 使 $P^{-1}AP=B$　　(D) 存在可逆矩阵 Q 使 $Q^{T}AQ=B$

⑥ 分别设矩阵 $\boldsymbol{A}=\begin{pmatrix}a_{11}&a_{12}&a_{13}\\a_{21}&a_{22}&a_{23}\\a_{31}&a_{32}&a_{33}\end{pmatrix}$，$\boldsymbol{B}=\begin{pmatrix}a_{21}&a_{22}&a_{23}\\a_{11}&a_{12}&a_{13}\\a_{31}+a_{11}&a_{32}+a_{12}&a_{33}+a_{13}\end{pmatrix}$，

$\boldsymbol{P}_1=\begin{pmatrix}0&1&0\\1&0&0\\0&0&1\end{pmatrix}$，$\boldsymbol{P}_2=\begin{pmatrix}1&0&0\\0&1&0\\1&0&1\end{pmatrix}$，那么下列四式中（　　）成立。

(A) $\boldsymbol{P}_1\boldsymbol{P}_2\boldsymbol{A}=\boldsymbol{B}$　(B) $\boldsymbol{A}\boldsymbol{P}_1\boldsymbol{P}_2=\boldsymbol{B}$　(C) $\boldsymbol{A}\boldsymbol{P}_2\boldsymbol{P}_1=\boldsymbol{B}$　(D) $\boldsymbol{P}_2\boldsymbol{P}_1\boldsymbol{A}=\boldsymbol{B}$

⑦ 设矩阵 $\boldsymbol{A}=\begin{pmatrix}1&0&1\\0&2&0\\1&0&1\end{pmatrix}$，则 $\boldsymbol{A}^n=$（　　）。

(A) $2^{n-1}\boldsymbol{A}$　(B) $2^n\boldsymbol{A}$　(C) $2\boldsymbol{A}$　(D) $2^{n+1}\boldsymbol{A}$

⑧ 设矩阵 $\boldsymbol{A}=\begin{pmatrix}2&1&0\\0&2&1\\0&0&2\end{pmatrix}$，则 $\boldsymbol{A}^n=$（　　）。

(A) $2^n\begin{pmatrix}4&2n&\frac{n(n-1)}{2}\\0&4&2n\\0&0&4\end{pmatrix}$　(B) $2^{n-2}\begin{pmatrix}4&2n&\frac{n(n-1)}{2}\\0&4&2n\\0&0&4\end{pmatrix}$

(C) $2^{n-2}\begin{pmatrix}4&n&\frac{n(n-1)}{2}\\0&4&n\\0&0&4\end{pmatrix}$　(D) $2^{n-2}\begin{pmatrix}4&2n&n^2\\0&4&2n\\0&0&4\end{pmatrix}$

⑨ $\boldsymbol{A}=\begin{pmatrix}1&1&1&1\\1&1&1&1\\1&1&1&1\\1&1&1&1\end{pmatrix}$，则 $\boldsymbol{A}^n=$（　　）。

(A) $2^{n-1}\boldsymbol{A}$　(B) $2^n\boldsymbol{A}$　(C) $4^{n-1}\boldsymbol{A}$　(D) $4^n\boldsymbol{A}$

⑩ 设 $\boldsymbol{A}$ 为 n 阶实对称阵，且 $\boldsymbol{A}^2=\boldsymbol{O}$，则 $(\boldsymbol{E}-\boldsymbol{A})^{-1}=$（　　）。

(A) $\boldsymbol{E}$　(B) $\boldsymbol{A}$　(C) $2\boldsymbol{E}$　(D) $2\boldsymbol{A}$

3. 已知 $\boldsymbol{A},\boldsymbol{B}$ 均为 n 阶方阵，证明：$\begin{vmatrix}\boldsymbol{A}&\boldsymbol{B}\\\boldsymbol{B}&\boldsymbol{A}\end{vmatrix}=|\boldsymbol{A}+\boldsymbol{B}|\,|\boldsymbol{A}-\boldsymbol{B}|$。

4. 设 $\boldsymbol{A}=\begin{pmatrix}1&1&1&1\\1&1&1&1\\1&1&1&1\\1&1&1&1\end{pmatrix}$，求 $(\lambda\boldsymbol{E}+\boldsymbol{A})^3$。

5. 设 $\boldsymbol{A}=\begin{pmatrix}0&1&0&0\\0&0&1&0\\0&0&0&1\\0&0&0&0\end{pmatrix}$，求 $(\boldsymbol{E}-\boldsymbol{A})^{-1}$。

6. 试求下列矩阵的逆矩阵

(1) $\boldsymbol{A}=\begin{pmatrix}1&2&2\\2&1&-2\\2&-2&1\end{pmatrix}$　(2) $\boldsymbol{A}=\begin{pmatrix}2&0&0\\3&4&3\\4&3&2\end{pmatrix}$　(3) $\boldsymbol{A}=\begin{pmatrix}1&0&-1\\0&4&2\\1&-1&0\end{pmatrix}$。

7. 已知三阶方阵 $\boldsymbol{A},\boldsymbol{B}$ 满足关系 $\boldsymbol{A}^{-1}\boldsymbol{B}\boldsymbol{A}=6\boldsymbol{A}+\boldsymbol{B}\boldsymbol{A}$，且 $\boldsymbol{A}=\begin{pmatrix}1/3&0&0\\0&1/4&0\\0&0&1/7\end{pmatrix}$，求 $\boldsymbol{B}$。

8. 已知 $\boldsymbol{A},\boldsymbol{B}$ 为三阶矩阵，且满足 $2\boldsymbol{A}^{-1}\boldsymbol{B}=\boldsymbol{B}-4\boldsymbol{E}$。

(1) 证明矩阵 $\boldsymbol{A}-2\boldsymbol{E}$ 可逆，并求 $(\boldsymbol{A}-2\boldsymbol{E})^{-1}$；

(2) 若 $\boldsymbol{B}=\begin{pmatrix}1&-2&0\\1&2&0\\0&0&2\end{pmatrix}$，求矩阵 $\boldsymbol{A}$。

9. 设矩阵 $\boldsymbol{A}=\begin{pmatrix}1&1&-1\\-1&1&1\\1&-1&1\end{pmatrix}$，矩阵 $\boldsymbol{X}$ 满足 $\boldsymbol{A}^*\boldsymbol{X}=\boldsymbol{A}^{-1}+2\boldsymbol{X}$，求 $\boldsymbol{X}$。

10. 设 $(2\boldsymbol{E}-\boldsymbol{C}^{-1}\boldsymbol{B})\boldsymbol{A}^{\mathrm{T}}=\boldsymbol{C}^{-1}$，其中矩阵

$$\boldsymbol{B}=\begin{pmatrix}1&2&-3&-2\\0&1&2&-3\\0&0&1&2\\0&0&0&1\end{pmatrix},\ \boldsymbol{C}=\begin{pmatrix}1&2&0&1\\0&1&2&0\\0&0&1&2\\0&0&0&1\end{pmatrix}$$

求矩阵 $\boldsymbol{A}$。

11. 设 $\boldsymbol{A}$ 为 n 阶实非零矩阵，$\boldsymbol{A}^*$ 是 $\boldsymbol{A}$ 的伴随矩阵，若 $\boldsymbol{A}^*=\boldsymbol{A}^{\mathrm{T}}$，证明：$\boldsymbol{A}$ 为正交阵。

12. 设有非退化矩阵

$$\boldsymbol{A}=\begin{pmatrix}1&1&1\\1&1&0\\1&0&1\end{pmatrix}$$

试分别用手工计算与 MATLAB 编程方法将其表示为一系列初等矩阵的乘积。

习题答案与解法提示

1. 填充题

① $3^n\boldsymbol{A}$　　② $\begin{pmatrix} 1/2 & 0 & 0 \\ -1/6 & 1/3 & 0 \\ 0 & 0 & 1 \end{pmatrix}$

③ $\begin{pmatrix} \boldsymbol{A} & \boldsymbol{C} \\ \boldsymbol{O} & \mathrm{B} \end{pmatrix}^{-1}=\begin{pmatrix} \boldsymbol{A}^{-1} & -\boldsymbol{A}^{-1}\boldsymbol{C}\boldsymbol{B}^{-1} \\ \boldsymbol{O} & \boldsymbol{B}^{-1} \end{pmatrix}\begin{pmatrix} \boldsymbol{O} & \boldsymbol{A} \\ \boldsymbol{B} & \boldsymbol{O} \end{pmatrix}^{-1}=\begin{pmatrix} \boldsymbol{O} & \boldsymbol{B}^{-1} \\ \boldsymbol{A}^{-1} & \boldsymbol{O} \end{pmatrix}$

④ $\dfrac{-2^{2n-1}}{3}$　⑤ $\begin{pmatrix} 0 & 1/2 \\ -1 & -1 \end{pmatrix}$　⑥ $\boldsymbol{A}^{-1}=\begin{pmatrix} 1 & -2 & 0 & 0 \\ -2 & 5 & 0 & 0 \\ 0 & 0 & 1/3 & 2/3 \\ 0 & 0 & -1/3 & 1/3 \end{pmatrix}$

⑦ $3\boldsymbol{E}$　⑧ -3

2. 选择题

① (D) ② (C) ③ (D) ④ (C) ⑤ (B)

⑥ (A) ⑦ (A) ⑧ (B) ⑨ (C) ⑩ (A)

3. 提示：$\begin{pmatrix} \boldsymbol{E} & \boldsymbol{E} \\ \boldsymbol{O} & \boldsymbol{E} \end{pmatrix}\begin{pmatrix} \boldsymbol{A} & \boldsymbol{B} \\ \boldsymbol{B} & \boldsymbol{A} \end{pmatrix}\begin{pmatrix} \boldsymbol{E} & -\boldsymbol{E} \\ \boldsymbol{O} & \boldsymbol{E} \end{pmatrix}=\begin{pmatrix} \boldsymbol{A}+\boldsymbol{B} & \boldsymbol{O} \\ \boldsymbol{B} & \boldsymbol{A}-\boldsymbol{B} \end{pmatrix}$

4. 提示：将 $(\lambda\boldsymbol{E}+\boldsymbol{A})^3$ 展开后利用 $\boldsymbol{A}$ 可以分解成一个列矩阵与一个行矩阵的积

$$(\lambda\boldsymbol{E}+\boldsymbol{A})^3=\lambda^3\boldsymbol{E}+(3\lambda^2+12\lambda+16)\boldsymbol{A}$$

5. 提示：因为 $\boldsymbol{A}^4=0$，所以 $(\boldsymbol{E}-\boldsymbol{A})^{-1}=\boldsymbol{E}+\boldsymbol{A}+\boldsymbol{A}^2+\boldsymbol{A}^3=\begin{pmatrix} 1 & 1 & 1 & 1 \\ 0 & 1 & 1 & 1 \\ 0 & 0 & 1 & 1 \\ 0 & 0 & 0 & 1 \end{pmatrix}$。

6. (1) $\boldsymbol{A}^{-1}=\dfrac{1}{9}\begin{pmatrix} 1 & 2 & 2 \\ 2 & 1 & -2 \\ 2 & -2 & 1 \end{pmatrix}$；(2) $\boldsymbol{A}^{-1}=\begin{pmatrix} 1/2 & 0 & 0 \\ 3 & -2 & 3 \\ -7/2 & 3 & -4 \end{pmatrix}$；

(3) $\boldsymbol{A}^{-1}=\dfrac{1}{6}\begin{pmatrix} 2 & 1 & 4 \\ 2 & 1 & -2 \\ -4 & 1 & 4 \end{pmatrix}$。

7. $\boldsymbol{B}=\begin{pmatrix} 3 & 0 & 0 \\ 0 & 2 & 0 \\ 0 & 0 & 1 \end{pmatrix}$。

8. (1) 提示：由 $2\boldsymbol{A}^{-1}\boldsymbol{B}=\boldsymbol{B}-4\boldsymbol{E}$ 得到 $\boldsymbol{AB}-2\boldsymbol{B}-4\boldsymbol{A}=\boldsymbol{O}$，即 $(\boldsymbol{A}-2\boldsymbol{E})(\boldsymbol{B}-4\boldsymbol{E})=8\boldsymbol{E}$；

(2) $\boldsymbol{A}^{-1}=\begin{pmatrix}0 & 2 & 0\\ -1 & -1 & 0\\ 0 & 0 & -2\end{pmatrix}$。

9. $\boldsymbol{X}=\dfrac{1}{4}\begin{pmatrix}1 & 1 & 0\\ 0 & 1 & 1\\ 1 & 0 & 1\end{pmatrix}$。

10. $\boldsymbol{A}=\begin{pmatrix}1 & 0 & 0 & 0\\ -2 & 1 & 0 & 0\\ 1 & -2 & 1 & 0\\ 0 & 1 & -2 & 1\end{pmatrix}$。

11. 提示：先证明 $|\boldsymbol{A}|\neq 0$，再证明 $|\boldsymbol{A}|=1$ 以及 $\boldsymbol{AA}^{\mathrm{T}}=\boldsymbol{E}$。

12. 提示：相应修改 prog22 中的矩阵输入，所得到的初等矩阵依次是：

```
P1=

    1  0  0
    1  1  0
    0  0  1

P2=

    1  0  0
    0  1  0
    1  0  1

P3=

    1  0  0
    0  0  1
    0  1  0

P4=

    1  0   0
    0  1   0
    0  0  -1

P5=

    1  0  1
    0  1  0
    0  0  1
```

第三章　向量组的线性相关与矩阵的秩

第一节　内 容 提 要

1. n 维向量

定义 1　n 个数 $a_1,a_2,\cdots,a_n$ 组成的有序数组 $(a_1,a_2,\cdots,a_n)$，称为 n **维向量**。数 a_i 称为向量的**第 i 个分量**（或第 i 个坐标）。

定义 2　设 $\boldsymbol{\alpha}=(a_1,a_2,\cdots,a_n)$，$\boldsymbol{\beta}=(b_1,b_2,\cdots,b_n)$ 都是 n 维向量，那么向量 $(a_1+b_1,a_2+b_2,\cdots,a_n+b_n)$ 叫作向量 $\boldsymbol{\alpha}$ 与 $\boldsymbol{\beta}$ 的**和向量**，记作 $\boldsymbol{\alpha}+\boldsymbol{\beta}$，即

$$\boldsymbol{\alpha}+\boldsymbol{\beta}=(a_1+b_1,a_2+b_2,\cdots,a_n+b_n)$$

向量 $\boldsymbol{\alpha}$ 与 $\boldsymbol{\beta}$ 的**差向量**可以定义为 $\boldsymbol{\alpha}+(-\boldsymbol{\beta})$，即

$$\boldsymbol{\alpha}-\boldsymbol{\beta}=\boldsymbol{\alpha}+(-\boldsymbol{\beta})=(a_1-b_1,a_2-b_2,\cdots,a_n-b_n)$$

定义 3　设 $\boldsymbol{\alpha}=(a_1,a_2,\cdots,a_n)$ 是 n 维向量，λ 是一个数，那么向量 $(\lambda a_1,\lambda a_2,\cdots,\lambda a_n)$ 叫作数 λ 与向量 $\boldsymbol{\alpha}$ 的**数量乘积**（简称**数乘**），记为 $\lambda\boldsymbol{\alpha}$，即

$$\lambda\boldsymbol{\alpha}=(\lambda a_1,\lambda a_2,\cdots,\lambda a)$$

性质 1　设 $\boldsymbol{\alpha},\boldsymbol{\beta},\boldsymbol{\gamma}$ 都是 n 维向量，λ,μ 是常数，则

(1) $\boldsymbol{\alpha}+\boldsymbol{\beta}=\boldsymbol{\beta}+\boldsymbol{\alpha}$；

(2) $(\boldsymbol{\alpha}+\boldsymbol{\beta})+\boldsymbol{\gamma}=\boldsymbol{\alpha}+(\boldsymbol{\beta}+\boldsymbol{\gamma})$；

(3) $\boldsymbol{\alpha}+\mathbf{0}=\boldsymbol{\alpha}$；

(4) $\boldsymbol{\alpha}+(-\boldsymbol{\alpha})=\mathbf{0}$；

(5) $\mathbf{1}\cdot\boldsymbol{\alpha}=\boldsymbol{\alpha}$；

(6) $\lambda(\mu\boldsymbol{\alpha})=(\lambda\mu)\boldsymbol{\alpha}$；

(7) $\lambda(\boldsymbol{\alpha}+\boldsymbol{\beta})=\lambda\boldsymbol{\alpha}+\lambda\boldsymbol{\beta}$；

(8) $(\lambda+\mu)\boldsymbol{\alpha}=\lambda\boldsymbol{\alpha}+\mu\boldsymbol{\alpha}$。

2. 线性相关与线性无关

定义 4　已知 n 维行（列）向量组 $\boldsymbol{\alpha}_1,\boldsymbol{\alpha}_2,\cdots,\boldsymbol{\alpha}_m$，如果存在不全为零的一组实数 $\lambda_1,\lambda_2,\cdots,\lambda_m$，使

$$\lambda_1\boldsymbol{\alpha}_1+\lambda_2\boldsymbol{\alpha}_2+\cdots+\lambda_m\boldsymbol{\alpha}_m=\mathbf{0}$$

则称向量组 $\boldsymbol{\alpha}_1,\boldsymbol{\alpha}_2,\cdots,\boldsymbol{\alpha}_m$ **线性相关**，否则称向量组**线性无关**。

定义 5　对于 n 维行（列）向量 $\boldsymbol{\alpha}_1,\boldsymbol{\alpha}_2,\cdots,\boldsymbol{\alpha}_m,\boldsymbol{\beta}$，如果存在一组数 $\lambda_1,\lambda_2,\cdots,\lambda_m$，使

$$\boldsymbol{\beta}=\lambda_1\boldsymbol{\alpha}_1+\lambda_2\boldsymbol{\alpha}_2+\cdots+\lambda_m\boldsymbol{\alpha}_m$$

则称向量 $\boldsymbol{\beta}$ 是向量组 $\boldsymbol{\alpha}_1,\boldsymbol{\alpha}_2,\cdots,\boldsymbol{\alpha}_m$ 的一个**线性组合**，或称向量 $\boldsymbol{\beta}$ 可以由向量组 $\boldsymbol{\alpha}_1,\boldsymbol{\alpha}_2,\cdots,\boldsymbol{\alpha}_m$ **线性表示**（或**线性表出**）。

定理 1　向量组 $\boldsymbol{\alpha}_1,\boldsymbol{\alpha}_2,\cdots,\boldsymbol{\alpha}_m$ $(m\geqslant 2)$ 线性相关的充要条件是向量组中至

少有一个向量可以由其余 $m-1$ 个向量线性表示。

定理 2　设 $\boldsymbol{\alpha}_1,\boldsymbol{\alpha}_2,\cdots,\boldsymbol{\alpha}_m$ 线性无关，而 $\boldsymbol{\alpha}_1,\boldsymbol{\alpha}_2,\cdots,\boldsymbol{\alpha}_m,\boldsymbol{\beta}$ 线性相关，则 $\boldsymbol{\beta}$ 能由 $\boldsymbol{\alpha}_1,\boldsymbol{\alpha}_2,\cdots,\boldsymbol{\alpha}_m$ 线性表示，且表示法是唯一的。

性质 2　在向量组 $\boldsymbol{\alpha}_1,\boldsymbol{\alpha}_2,\cdots,\boldsymbol{\alpha}_m$ 中，若有部分向量构成的向量组线性相关，则全体向量组也线性相关；反之，若全体向量组线性无关，则任意部分向量组也线性无关。

推论 1　含有零向量的向量组必线性相关。

3. 向量组的秩与等价向量组

定义 6　设 $\boldsymbol{A}$ 为向量组。如果其满足：

（1）$\boldsymbol{A}$ 中有 r 个向量 $\boldsymbol{\alpha}_1,\boldsymbol{\alpha}_2,\cdots,\boldsymbol{\alpha}_r$ 线性无关；

（2）$\boldsymbol{A}$ 中任一向量都可以由 $\boldsymbol{\alpha}_1,\boldsymbol{\alpha}_2,\cdots,\boldsymbol{\alpha}_r$ 线性表示。

则称 $\boldsymbol{\alpha}_1,\boldsymbol{\alpha}_2,\cdots,\boldsymbol{\alpha}_r$ 是向量组 $\boldsymbol{A}$ 的一个**极大线性无关组**（或**极大无关组**）。

定义 7　设向量组 $\boldsymbol{A}$：$\boldsymbol{\alpha}_1,\boldsymbol{\alpha}_2,\cdots,\boldsymbol{\alpha}_s$；$\boldsymbol{B}$：$\boldsymbol{\beta}_1,\boldsymbol{\beta}_2,\cdots,\boldsymbol{\beta}_t$。若 $\boldsymbol{B}$ 中任一向量都可以由 $\boldsymbol{A}$ 中的向量线性表示，则称 $\boldsymbol{B}$ **可以由 $\boldsymbol{A}$ 线性表示**。如果 $\boldsymbol{B}$ 可以由 $\boldsymbol{A}$ 线性表示，而且 $\boldsymbol{A}$ 也可以由 $\boldsymbol{B}$ 线性表示，则称 $\boldsymbol{A}$ 与 $\boldsymbol{B}$ **等价**。

定义 8　向量组 $\boldsymbol{A}$ 的极大线性无关组中所含向量的个数称为这个向量组的**秩**，记作 $\mathrm{rank}(\boldsymbol{A})$，简记为 $r(\boldsymbol{A})$。

定理 3　如果向量组 $\boldsymbol{A}$ 可以由向量组 $\boldsymbol{B}$ 线性表示，则 $r(\boldsymbol{A})\leqslant r(\boldsymbol{B})$。

推论 2　如果向量组 $\boldsymbol{A}$ 与向量组 $\boldsymbol{B}$ 等价，则 $r(\boldsymbol{A})=r(\boldsymbol{B})$。

推论 3　$n+1$ 个 n 维向量一定线性相关。

定理 4　设 n 维向量组 $\boldsymbol{\alpha}_1,\boldsymbol{\alpha}_2,\cdots,\boldsymbol{\alpha}_m$

$$\boldsymbol{\alpha}_i=\begin{pmatrix}a_{1i}\\a_{2i}\\\vdots\\a_{ni}\end{pmatrix}\qquad(i=1,2,\cdots,m)$$

和相应的 r（$r<n$）维向量组 $\boldsymbol{\beta}_1,\boldsymbol{\beta}_2,\cdots,\boldsymbol{\beta}_m$

$$\boldsymbol{\beta}_i=\begin{pmatrix}a_{1i}\\a_{2i}\\\vdots\\a_{ri}\end{pmatrix}\qquad(i=1,2,\cdots,m)$$

则（1）如果 $\boldsymbol{\alpha}_1,\boldsymbol{\alpha}_2,\cdots,\boldsymbol{\alpha}_m$ 线性相关，那么 $\boldsymbol{\beta}_1,\boldsymbol{\beta}_2,\cdots,\boldsymbol{\beta}_m$ 也线性相关；

（2）如果 $\boldsymbol{\beta}_1,\boldsymbol{\beta}_2,\cdots,\boldsymbol{\beta}_m$ 线性无关，那么 $\boldsymbol{\alpha}_1,\boldsymbol{\alpha}_2,\cdots,\boldsymbol{\alpha}_m$ 也线性无关。

4. 矩阵的秩・等价标准型

定理 5　如果对矩阵 $\boldsymbol{A}$ 作初等行变换将其化为 $\boldsymbol{B}$，则 $\boldsymbol{B}$ 的行秩等于 $\boldsymbol{A}$ 的行秩。

定理6 对矩阵$\boldsymbol{A}$作初等行变换将其化为$\boldsymbol{B}$，则$\boldsymbol{A}$与$\boldsymbol{B}$的任何对应的列向量组有相同的线性相关性。即若

$$\boldsymbol{A}=(\boldsymbol{\alpha}_1,\boldsymbol{\alpha}_2,\cdots,\boldsymbol{\alpha}_n)\xrightarrow{\text{初等行变换}}\boldsymbol{B}=(\boldsymbol{\beta}_1,\boldsymbol{\beta}_2,\cdots,\boldsymbol{\beta}_n)$$

则向量组$\boldsymbol{\alpha}_{i_1},\boldsymbol{\alpha}_{i_2},\cdots,\boldsymbol{\alpha}_{i_r}$与$\boldsymbol{\beta}_{i_1},\boldsymbol{\beta}_{i_2},\cdots,\boldsymbol{\beta}_{i_r}$（$1\leqslant i_1<i_2<\cdots<i_r\leqslant n$）有相同的线性相关性。

定理7 矩阵的行秩等于其列秩。

定理8 n阶矩阵$\boldsymbol{A}$的秩等于n的充要条件是$\boldsymbol{A}$为非奇异矩阵（即$|\boldsymbol{A}|\neq 0$）。

定义9 矩阵$\boldsymbol{A}=(a_{ij})_{m\times n}$的任意$k$行（$i_1,i_2,\cdots,i_k$行）和任意$k$列（$j_1,j_2,\cdots,j_k$列）交点处的$k^2$个元素按原顺序排列成的$k$阶行列式

$$\begin{vmatrix} a_{i_1j_1} & a_{i_1j_2} & \cdots & a_{i_1j_k} \\ a_{i_2j_1} & a_{i_2j_2} & \cdots & a_{i_2j_k} \\ \cdots & \cdots & \cdots & \cdots \\ a_{i_kj_1} & a_{i_kj_2} & \cdots & a_{i_kj_k} \end{vmatrix}$$

称为$\boldsymbol{A}$的**k阶子行列式**，简称$\boldsymbol{A}$的k阶子式。当k阶子式为零（不等于零）时，称为**k阶（非）零子式**。当$i_1=j_1,i_2=j_2,\cdots,i_k=j_k$时，称为$\boldsymbol{A}$的**$k$阶主子式**。

关于矩阵的秩还有下列性质：

定理9 矩阵$\boldsymbol{A}$的非零子式的最高阶数等于矩阵$\boldsymbol{A}$的秩$r(\boldsymbol{A})$。

性质3 $r(\boldsymbol{A}+\boldsymbol{B})\leqslant r(\boldsymbol{A})+r(\boldsymbol{B})$

性质4 $r(\boldsymbol{AB})\leqslant \min\{r(\boldsymbol{A}),r(\boldsymbol{B})\}$

性质5 设$\boldsymbol{A}$是$m\times n$矩阵，$\boldsymbol{P}$，$\boldsymbol{Q}$分别是m阶、n阶可逆矩阵，则

$$r(\boldsymbol{A})=r(\boldsymbol{PA})=r(\boldsymbol{AQ})=r(\boldsymbol{PAQ})$$

定义10 若存在可逆矩阵$\boldsymbol{P},\boldsymbol{Q}$使$\boldsymbol{PAQ}=\boldsymbol{B}$，就称矩阵$\boldsymbol{A}$等价于矩阵$\boldsymbol{B}$（或称$\boldsymbol{A}$与$\boldsymbol{B}$等价）。记作$\boldsymbol{A}\cong\boldsymbol{B}$。

根据定义，容易证明矩阵的相抵关系有以下性质：

(1) 反身性 即$\boldsymbol{A}\cong\boldsymbol{A}$；

(2) 对称性 即若$\boldsymbol{A}\cong\boldsymbol{B}$，则$\boldsymbol{B}\cong\boldsymbol{A}$（由于有对称性，$\boldsymbol{A}\cong\boldsymbol{B}$一般就说$\boldsymbol{A}$与$\boldsymbol{B}$相抵）；

(3) 传递性 即若$\boldsymbol{A}\cong\boldsymbol{B}$，且$\boldsymbol{B}\cong\boldsymbol{C}$，则$\boldsymbol{A}\cong\boldsymbol{C}$。

所以矩阵等价是一种**等价关系**。

定理10 若$\boldsymbol{A}$为$m\times n$矩阵，且$r(\boldsymbol{A})=r$，则一定存在可逆矩阵$\boldsymbol{P}$（m阶）和$\boldsymbol{Q}$（n阶），使得

$$\boldsymbol{PAQ}=\begin{pmatrix} \boldsymbol{E}_r & \boldsymbol{O} \\ \boldsymbol{O} & \boldsymbol{O} \end{pmatrix}_{m\times n}$$

其中$\boldsymbol{E}_r$为r阶单位矩阵。

5. n 维向量空间

定义 11 设 $\mathbf{V}$ 为 n 维向量的非空集合，$\mathbf{R}$ 是实数域。若 $\mathbf{V}$ 对加法和数乘运算封闭，即

(1) $\forall \boldsymbol{\alpha},\boldsymbol{\beta}\in\mathbf{V}$，有 $\boldsymbol{\alpha}+\boldsymbol{\beta}\in\mathbf{V}$；

(2) $\forall \boldsymbol{\alpha}\in\mathbf{V}$，$\lambda\in\mathbf{R}$，有 $\lambda\boldsymbol{\alpha}\in\mathbf{V}$。

则称集合 $\mathbf{V}$ 为**向量空间**。

定义 12 设有向量空间 $\mathbf{V}_1,\mathbf{V}_2$，如果 $\mathbf{V}_1\subset\mathbf{V}_2$，就称 $\mathbf{V}_1$ 是 $\mathbf{V}_2$ 的**子空间**。

定义 13 设 $\boldsymbol{\alpha}_1,\boldsymbol{\alpha}_2,\cdots,\boldsymbol{\alpha}_r$ 是向量空间 $\mathbf{V}$ 的向量，且满足

(1) $\boldsymbol{\alpha}_1,\boldsymbol{\alpha}_2,\cdots,\boldsymbol{\alpha}_r$ 线性无关；

(2) $\mathbf{V}$ 中任一向量都可以由 $\boldsymbol{\alpha}_1,\boldsymbol{\alpha}_2,\cdots,\boldsymbol{\alpha}_r$ 线性表示。

则称 $\boldsymbol{\alpha}_1,\boldsymbol{\alpha}_2,\cdots,\boldsymbol{\alpha}_r$ 为向量空间 $\mathbf{V}$ 的一个基，r 称为向量空间 $\mathbf{V}$ 的**维数**，并称 $\mathbf{V}$ 为 $\boldsymbol{r}$ **维向量空间**。

定义 14 设 $\boldsymbol{\alpha}_1,\boldsymbol{\alpha}_2,\cdots,\boldsymbol{\alpha}_r$ 是向量空间 $\mathbf{V}$ 的一个基，$\boldsymbol{\alpha}\in\mathbf{V}$，若

$$\boldsymbol{\alpha}=x_1\boldsymbol{\alpha}_1+x_2\boldsymbol{\alpha}_2+\cdots+x_r\boldsymbol{\alpha}_r$$

则称有序数组 $(x_1,x_2,\cdots,x_r)$ 为向量 $\boldsymbol{\alpha}$ 在基 $\boldsymbol{\alpha}_1,\boldsymbol{\alpha}_2,\cdots,\boldsymbol{\alpha}_r$ 下的**坐标**，记为 $(x_1,x_2,\cdots,x_r)$ 或 $(x_1,x_2,\cdots,x_r)'$。

6. 向量的内积与正交矩阵

定义 15 设 $\boldsymbol{\alpha}=(a_1,a_2,\cdots,a_n)$，$\boldsymbol{\beta}=(b_1,b_2,\cdots,b_n)$ 是 $\mathbf{R}^n$ 中的两个向量，记

$$(\boldsymbol{\alpha},\boldsymbol{\beta})=a_1b_1+a_2b_2+\cdots+a_nb_n$$

称 $(\boldsymbol{\alpha},\boldsymbol{\beta})$ 为向量 $\boldsymbol{\alpha}$ 与 $\boldsymbol{\beta}$ 的**内积**。

性质 6 设 $\boldsymbol{\alpha},\boldsymbol{\beta}$ 为 n 维向量，k 为实数，则

(1) $(\boldsymbol{\alpha},\boldsymbol{\beta})=(\boldsymbol{\beta},\boldsymbol{\alpha})$；

(2) $(k\boldsymbol{\alpha},\boldsymbol{\beta})=k(\boldsymbol{\alpha},\boldsymbol{\beta})$，$k$ 为实数；

(3) $(\boldsymbol{\alpha}+\boldsymbol{\beta},\boldsymbol{\gamma})=(\boldsymbol{\alpha},\boldsymbol{\gamma})+(\boldsymbol{\beta},\boldsymbol{\gamma})$；

(4) $(\boldsymbol{\alpha},\boldsymbol{\alpha})\geqslant 0$。其中 $(\boldsymbol{\alpha},\boldsymbol{\alpha})=0$ 的充要条件是 $\boldsymbol{\alpha}=\mathbf{0}$。

有了 n 维向量的内积定义，便可将三维空间的向量长度推广到 n 维空间。

定义 16 设 $\boldsymbol{\alpha}=(a_1,a_2,\cdots,a_n)$ 是 $\mathbf{R}^n$ 的向量，记

$$|\boldsymbol{\alpha}|=\sqrt{(\boldsymbol{\alpha},\boldsymbol{\alpha})}=\sqrt{a_1^2+a_2^2+\cdots+a_n^2}$$

称 $|\boldsymbol{\alpha}|$ 为向量 $\boldsymbol{\alpha}$ 的**长度**。

性质 7 设 $\boldsymbol{\alpha},\boldsymbol{\beta}$ 为 n 维向量，k 为实数，则

(1) 非负性 当 $\boldsymbol{\alpha}\neq\mathbf{0}$ 时，$|\boldsymbol{\alpha}|>0$。当 $\boldsymbol{\alpha}=\mathbf{0}$ 时，$|\boldsymbol{\alpha}|=0$；

(2) 齐次性 $|k\boldsymbol{\alpha}|=|k||\boldsymbol{\alpha}|$；

(3) 柯西不等式 $|(\boldsymbol{\alpha},\boldsymbol{\beta})|\leqslant|\boldsymbol{\alpha}|\cdot|\boldsymbol{\beta}|$；

(4) 三角不等式 $|\boldsymbol{\alpha}+\boldsymbol{\beta}|\leqslant|\boldsymbol{\alpha}|+|\boldsymbol{\beta}|$。

定理 11 正交向量组必线性无关。

定义 17 设 n 阶方阵 $\boldsymbol{A}$，如果 $\boldsymbol{A}'\boldsymbol{A}=\boldsymbol{E}$，则称 $\boldsymbol{A}$ 为**正交矩阵**。

定理 12 $\boldsymbol{A}$ 为 n 阶正交矩阵的充分必要条件是 $\boldsymbol{A}$ 的列（或行）向量为 $\mathbf{R}^n$ 的一组标准正交基。

定理 13 设 $\boldsymbol{A}$ 为 n 阶正交矩阵，则

（1）$|\boldsymbol{A}|=1$ 或 $|\boldsymbol{A}|=-1$；（2）$\boldsymbol{A}^{-1}=\boldsymbol{A}'$；（3）$\boldsymbol{A}'$ 也为 n 阶正交矩阵。

第二节 典型例题

向量组的相关性与秩都是线性代数中的最基本的概念。向量组的相关性计算与证明问题，往往是线性代数中比较难的一类问题。下面将本章问题归纳为以下几种类型：

- 向量组的线性相关性讨论；
- 极大无关组与向量组的秩；
- 矩阵的秩；
- n 维向量空间；
- 向量的内积和正交矩阵。

1. 向量组的线性相关性

【例 1】 讨论下列向量组的线性相关性。

（1）$\boldsymbol{\alpha}_1=(2,5)$，$\boldsymbol{\alpha}_2=(-1,3)$；

（2）$\boldsymbol{\alpha}_1=(1,-2,3)$，$\boldsymbol{\alpha}_2=(0,2,-5)$，$\boldsymbol{\alpha}_3=(-1,0,2)$。

解 根据线性相关性的定义来求解。

（1）设 $k_1\boldsymbol{\alpha}_1+k_2\boldsymbol{\alpha}_2=\mathbf{0}$，即得线性方程组

$$\begin{cases}2k_1-k_2=0\\5k_1+3k_2=0\end{cases}$$

因为其系数行列式

$$\begin{vmatrix}2 & -1\\5 & 3\end{vmatrix}=11\neq 0$$

所以方程组只有零解 $k_1=k_2=0$，从而 $\boldsymbol{\alpha}_1,\boldsymbol{\alpha}_2$ 线性无关。

（2）设 $k_1\boldsymbol{\alpha}_1+k_2\boldsymbol{\alpha}_2+k_3\boldsymbol{\alpha}_3=\mathbf{0}$，即得方程组

$$\begin{cases}k_1-k_3=0\\-2k_1+2k_2=0\\3k_1-5k_1+2k_3=0\end{cases}$$

它的系数行列式

$$\begin{vmatrix} 1 & 0 & -1 \\ -2 & 2 & 0 \\ 3 & -5 & 2 \end{vmatrix}=0$$

所以上述齐次线性方程组有非零解，从而 $\boldsymbol{\alpha}_1,\boldsymbol{\alpha}_2,\boldsymbol{\alpha}_3$ 线性相关。

【例 2】 设 $\boldsymbol{\alpha}_1=(1,1,1)^T$，$\boldsymbol{\alpha}_2=(1,2,3)^T$，$\boldsymbol{\alpha}_3=(1,3,t)^T$，问 t 为何值时，此向量组线性无关；t 为何值时，此向量组线性相关。

解 由于向量的个数和维数相等，故可由行列式

$$|(\boldsymbol{\alpha}_1,\boldsymbol{\alpha}_2,\boldsymbol{\alpha}_3)|=\begin{vmatrix} 1 & 1 & 1 \\ 1 & 2 & 3 \\ 1 & 3 & t \end{vmatrix}=t-5$$

是否为零判别此向量组的线性相关性。所以当 $t=5$ 时此向量组线性相关；而当 $t\neq5$ 时，此向量组线性无关。

【例 3】 已知 n 维向量组 $\boldsymbol{\alpha}_1,\boldsymbol{\alpha}_2,\cdots,\boldsymbol{\alpha}_s$（$\boldsymbol{\alpha}_1\neq\mathbf{0}$）线性相关，则（　　）。

(A) 对于任何一组不全为零的数 $k_1,k_2,\cdots,k_s$ 都有 $k_1\boldsymbol{\alpha}_1+k_2\boldsymbol{\alpha}_2+\cdots+k_s\boldsymbol{\alpha}_s=\mathbf{0}$；

(B) $\boldsymbol{\alpha}_1,\boldsymbol{\alpha}_2,\cdots,\boldsymbol{\alpha}_s$ 中任何 $s-1$ 个向量线性相关；

(C) 对于每一个 $\boldsymbol{\alpha}_i$ 可以由其余向量线性表示；

(D) $\boldsymbol{\alpha}_1,\boldsymbol{\alpha}_2,\cdots,\boldsymbol{\alpha}_s$ 中至少存在一个向量 $\boldsymbol{\alpha}_i$ 可以由其余向量线性表示。

分析 (D) 成立。这是向量组 $\boldsymbol{\alpha}_1,\boldsymbol{\alpha}_2,\cdots,\boldsymbol{\alpha}_s(\boldsymbol{\alpha}_1\neq\mathbf{0})$ 线性相关性的一个重要定理的结论。现举例说明 (A),(B),(C) 都不正确。例如 $\boldsymbol{\alpha}_1=(1,0,0),\boldsymbol{\alpha}_2=(0,1,0),\boldsymbol{\alpha}_3=(0,0,0)$，则 $0\cdot\boldsymbol{\alpha}_1+0\cdot\boldsymbol{\alpha}_2+1\cdot\boldsymbol{\alpha}_3=\mathbf{0}$。即此时 $\boldsymbol{\alpha}_1,\boldsymbol{\alpha}_2,\boldsymbol{\alpha}_3$ 线性相关，但是 $1\cdot\boldsymbol{\alpha}_1+1\cdot\boldsymbol{\alpha}_2+1\cdot\boldsymbol{\alpha}_3\neq\mathbf{0}$，故 (A) 不正确。$\boldsymbol{\alpha}_1,\boldsymbol{\alpha}_2$ 线性无关，故 (B) 也不正确。$\boldsymbol{\alpha}_3$ 不能由 $\boldsymbol{\alpha}_1,\boldsymbol{\alpha}_2$ 线性表示，故 (C) 也不正确。

解 应选 (D)。

【例 4】 设向量组 $\boldsymbol{\alpha}_1,\boldsymbol{\alpha}_2,\boldsymbol{\alpha}_3$ 线性相关，向量组 $\boldsymbol{\alpha}_2,\boldsymbol{\alpha}_3,\boldsymbol{\alpha}_4$ 线性无关。问

(1) $\boldsymbol{\alpha}_1$ 能否由 $\boldsymbol{\alpha}_2,\boldsymbol{\alpha}_3$ 线性表出？证明你的结论；

(2) $\boldsymbol{\alpha}_4$ 能否由 $\boldsymbol{\alpha}_1,\boldsymbol{\alpha}_2,\boldsymbol{\alpha}_3$ 线性表出？证明你的结论。

分析 若一个向量组的一部分线性相关，则此向量必线性相关；若一个向量组线性无关。则其任一部分向量组也线性无关。可利用向量的部分组和整体组的线性相关性来解此题。

解 (1) 能。因为向量组 $\boldsymbol{\alpha}_2,\boldsymbol{\alpha}_3,\boldsymbol{\alpha}_4$ 线性无关，所以部分向量组 $\boldsymbol{\alpha}_2,\boldsymbol{\alpha}_3$ 也线性无关。又向量组 $\boldsymbol{\alpha}_1,\boldsymbol{\alpha}_2,\boldsymbol{\alpha}_3$ 线性相关，若设一组不全为零的数 k_1,k_2,k_3 使得

$$k_1\boldsymbol{\alpha}_1+k_2\boldsymbol{\alpha}_2+k_3\boldsymbol{\alpha}_3=\mathbf{0}$$

则必有 $k_1\neq0$，否则又可推出 $k_2=k_3=0$。所以应该有

$$\boldsymbol{\alpha}_1=-\frac{k_2}{k_1}\boldsymbol{\alpha}_2-\frac{k_3}{k_1}\boldsymbol{\alpha}_3$$

即 $\boldsymbol{\alpha}_1$ 能由 $\boldsymbol{\alpha}_2,\boldsymbol{\alpha}_3$ 线性表出。

（2）不能。若假设 $\boldsymbol{\alpha}_4$ 能由 $\boldsymbol{\alpha}_1,\boldsymbol{\alpha}_2,\boldsymbol{\alpha}_3$ 线性表出，由（1）知道 $\boldsymbol{\alpha}_1$ 又能由 $\boldsymbol{\alpha}_2$，$\boldsymbol{\alpha}_3$ 线性表出，从而 $\boldsymbol{\alpha}_4$ 能由 $\boldsymbol{\alpha}_2$，$\boldsymbol{\alpha}_3$ 线性表出，得出向量组 $\boldsymbol{\alpha}_2,\boldsymbol{\alpha}_3,\boldsymbol{\alpha}_4$ 线性相关的结论，这与题设条件矛盾。

【例 5】 设向量组 $\boldsymbol{\alpha}_1,\boldsymbol{\alpha}_2,\cdots,\boldsymbol{\alpha}_m$（$m>1$）线性无关，且 $\boldsymbol{\beta}=\boldsymbol{\alpha}_1+\boldsymbol{\alpha}_2+\cdots+\boldsymbol{\alpha}_m$。证明：向量组 $\boldsymbol{\beta}-\boldsymbol{\alpha}_1,\boldsymbol{\beta}-\boldsymbol{\alpha}_2,\cdots,\boldsymbol{\beta}-\boldsymbol{\alpha}_m$ 也线性无关。

证明 利用向量组线性无关性的定义。设存在一组数 $k_1,k_2,\cdots,k_m$ 使得

$$k_1(\boldsymbol{\beta}-\boldsymbol{\alpha}_1)+k_2(\boldsymbol{\beta}-\boldsymbol{\alpha}_2)+\cdots+k_m(\boldsymbol{\beta}-\boldsymbol{\alpha}_m)=\boldsymbol{0}$$

将 $\boldsymbol{\beta}=\boldsymbol{\alpha}_1+\boldsymbol{\alpha}_2+\cdots+\boldsymbol{\alpha}_m$ 代入上式，并重新整理，得

$$(k_2+k_3+\cdots+k_m)\boldsymbol{\alpha}_1+(k_1+k_3+\cdots+k_m)\boldsymbol{\alpha}_2+\cdots+(k_1+k_2+\cdots+k_{m-1})\boldsymbol{\alpha}_m=\boldsymbol{0}$$

因为向量组 $\boldsymbol{\alpha}_1,\boldsymbol{\alpha}_2,\cdots,\boldsymbol{\alpha}_m$（$m>1$）线性无关，所以

$$\begin{cases}k_2+k_3+\cdots+k_m=0\\ k_1+k_3+\cdots+k_m=0\\ \cdots\cdots\cdots\cdots\cdots\cdots\\ k_1+k_2+\cdots+k_{m-1}=0\end{cases}$$

此方程组的系数行列式

$$D=\begin{vmatrix}0&1&1&\cdots&1&1\\1&0&1&\cdots&1&1\\1&1&0&\cdots&1&1\\ \cdots&\cdots&\cdots&\cdots&\cdots&\cdots\\1&1&1&\cdots&1&0\end{vmatrix}$$

$$\xlongequal{r_1+r_2+\cdots+r_m}\begin{vmatrix}m-1&m-1&m-1&\cdots&m-1&m-1\\1&0&1&\cdots&1&1\\1&1&0&\cdots&1&1\\ \cdots&\cdots&\cdots&\cdots&\cdots&\cdots\\1&1&1&\cdots&1&0\end{vmatrix}$$

$$\xlongequal[i=2,3,\cdots,m]{r_i+(-1)r_1}(m-1)\cdot\begin{vmatrix}1&1&1&\cdots&1&1\\0&-1&0&\cdots&0&0\\0&0&-1&\cdots&0&0\\ \cdots&\cdots&\cdots&\cdots&\cdots&\cdots\\0&0&0&\cdots&0&-1\end{vmatrix}$$

$$=(m-1)(-1)^{m-2}\neq 0$$

所以由克兰姆法则，上述齐次线性方程组只有零解 $k_1=k_2=\cdots=k_m=0$，从而

向量组 $\boldsymbol{\alpha}_1,\boldsymbol{\alpha}_2,\cdots,\boldsymbol{\alpha}_m$ 线性无关。

【例 6】 设 $\boldsymbol{A}$ 为 $m\times n$ 阶矩阵，$\boldsymbol{B}$ 是 $n\times m$ 阶矩阵，$\boldsymbol{I}$ 是 n 阶单位矩阵（$m>n$）。已知 $\boldsymbol{BA}=\boldsymbol{I}$，试判断 $\boldsymbol{A}$ 的列向量组的线性相关性，并说明理由。

解 设 $\boldsymbol{A}=(\boldsymbol{a}_1,\boldsymbol{a}_2,\cdots,\boldsymbol{a}_n)$，其中 $\boldsymbol{a}_1,\boldsymbol{a}_2,\cdots,\boldsymbol{a}_n$ 为 m 维列向量。又设存在 n 个数 $k_1,k_2,\cdots,k_n$，使得

$$k_1\boldsymbol{a}_1+k_2\boldsymbol{a}_2+\cdots+k_n\boldsymbol{a}_n=\boldsymbol{0}$$

记向量 $\boldsymbol{k}=(k_1,k_2,\cdots,k_n)^{\mathrm{T}}$，即

$$\boldsymbol{Ak}=\boldsymbol{0}$$

在上式两端左乘 $\boldsymbol{B}$，得

$$\boldsymbol{BAk}=\boldsymbol{0}$$

又 $\boldsymbol{BA}=\boldsymbol{I}$，故 $\boldsymbol{k}=\boldsymbol{0}$，即 $k_1=k_2=\cdots=k_n=0$。因此向量组 $\boldsymbol{a}_1,\boldsymbol{a}_2,\cdots,\boldsymbol{a}_n$，即 $\boldsymbol{A}$ 的列向量组线性无关。

【例 7】 设向量组 $\boldsymbol{\alpha}_1,\boldsymbol{\alpha}_2,\cdots,\boldsymbol{\alpha}_m$（$m\geqslant 2$）线性无关，且 $\boldsymbol{\beta}_1=\boldsymbol{\alpha}_1+\boldsymbol{\alpha}_2,\boldsymbol{\beta}_2=\boldsymbol{\alpha}_2+\boldsymbol{\alpha}_3,\cdots,\boldsymbol{\beta}_{m-1}=\boldsymbol{\alpha}_{m-1}+\boldsymbol{\alpha}_m,\boldsymbol{\beta}_m=\boldsymbol{\alpha}_m+\boldsymbol{\alpha}_1$。试讨论向量组 $\boldsymbol{\beta}_1,\boldsymbol{\beta}_2,\cdots,\boldsymbol{\beta}_m$ 的相关性。

解 设 m 个数 $k_1,k_2,\cdots,k_m$，使得

$$k_1\boldsymbol{\beta}_1+k_2\boldsymbol{\beta}_2+\cdots+k_m\boldsymbol{\beta}_m=k_1(\boldsymbol{\alpha}_1+\boldsymbol{\alpha}_2)+k_2(\boldsymbol{\alpha}_2+\boldsymbol{\alpha}_3)+\cdots+k_m(\boldsymbol{\alpha}_m+\boldsymbol{\alpha}_1)=\boldsymbol{0}$$

将上式按向量组 $\boldsymbol{\alpha}_1,\boldsymbol{\alpha}_2,\cdots,\boldsymbol{\alpha}_m$ 中向量的次序重新整理得

$$(k_1+k_m)\boldsymbol{\alpha}_1+(k_1+k_2)\boldsymbol{\alpha}_2+(k_2+k_3)\boldsymbol{\alpha}_3+\cdots+(k_{m-1}+k_m)\boldsymbol{\alpha}_m=\boldsymbol{0}$$

因为 $\boldsymbol{\alpha}_1,\boldsymbol{\alpha}_2,\cdots,\boldsymbol{\alpha}_m$ 线性无关，所以得到关于 $k_1,k_2,\cdots,k_m$ 的齐次方程组

$$\begin{cases}k_1+k_m=0\\ k_1+k_2=0\\ \cdots\cdots\cdots\cdots\cdots\\ k_{m-1}+k_m=0\end{cases}$$

这个方程组的系数行列式为

$$D=\begin{vmatrix}1&0&0&\cdots&0&1\\1&1&0&\cdots&0&0\\0&1&1&\cdots&0&0\\ \cdots&\cdots&\cdots&\cdots&\cdots&\cdots\\0&0&0&\cdots&1&1\end{vmatrix}$$

将它按行列式定义展开，不难得到

$$D=1+(-1)^{1+m}$$

（1）当 m 为奇数时，$D=2\neq 0$，这时关于 $k_1,k_2,\cdots,k_m$ 的方程组只有零解，从而向量组 $\boldsymbol{\beta}_1,\boldsymbol{\beta}_2,\cdots,\boldsymbol{\beta}_m$ 线性无关；

（2）当 m 为偶数时，$D=0$，此时方程组有非零解，于是向量组 $\boldsymbol{\beta}_1,\boldsymbol{\beta}_2,\cdots,\boldsymbol{\beta}_m$ 线性相关。

本题中向量组 $\boldsymbol{\beta}_1,\boldsymbol{\beta}_2,\cdots,\boldsymbol{\beta}_m$ 的线性相关性竟然与 m 的奇偶性有关，这个结论多少出乎了我们的意料，因而值得去加以体会。在后面的练习题（习题 5）中，亦给出了与本题有关的一个变化性问题。

2. 极大无关组与向量组的秩

【例 8】 求向量组：$\boldsymbol{\alpha}_1=(6,4,1,-1,2)$，$\boldsymbol{\alpha}_2=(1,0,2,3,-4)$，$\boldsymbol{\alpha}_3=(1,4,-9,-16,22)$，$\boldsymbol{\alpha}_4=(7,1,0,-1,3)$ 的秩，并求出它的一个极大无关组。

解 可用向量组的秩与对应的矩阵秩相等的关系来解题。对构成的下列矩阵

$$\boldsymbol{A}=(\boldsymbol{\alpha}_1',\boldsymbol{\alpha}_2',\boldsymbol{\alpha}_3',\boldsymbol{\alpha}_4')=\begin{pmatrix}6&1&1&7\\4&0&4&1\\1&2&-9&0\\-1&3&-16&-1\\2&-4&22&3\end{pmatrix}$$

作行的初等变换，将其化为阶梯形矩阵

$$A=\begin{pmatrix}6&1&1&7\\4&0&4&1\\1&2&-9&0\\-1&3&-16&-1\\2&-4&22&3\end{pmatrix}\xrightarrow{r_1\leftrightarrow r_3}\begin{pmatrix}1&2&-9&0\\4&0&4&1\\6&1&1&7\\-1&3&-16&-1\\2&-4&22&3\end{pmatrix}$$

$$\xrightarrow[r_4+r_1,r_5-2r_1]{r_2-4r_1,r_3-6r_1}\begin{pmatrix}1&2&-9&0\\0&-8&40&1\\0&-11&55&7\\0&5&-25&-1\\0&-8&40&3\end{pmatrix}\xrightarrow{r_2+r_4,r_2/(-3)}\begin{pmatrix}1&2&-9&0\\0&1&-5&0\\0&-11&55&7\\0&5&-25&-1\\0&-8&40&3\end{pmatrix}$$

$$\xrightarrow[r_5+8r_2]{r_3+11r_2,r_4-5r_2}\begin{pmatrix}1&2&-9&0\\0&1&-5&0\\0&0&0&7\\0&0&0&-1\\0&0&0&3\end{pmatrix}\xrightarrow[r_5+(-3)r_3]{r_3/7r_4+r_3}\begin{pmatrix}1&2&-9&0\\0&1&-5&0\\0&0&0&1\\0&0&0&0\\0&0&0&0\end{pmatrix}$$

所以这个向量组的秩为 3，且 $\boldsymbol{\alpha}_1,\boldsymbol{\alpha}_2,\boldsymbol{\alpha}_4$ 是它的一个极大无关组。

【例 9】 判断下列向量组的线性相关性，同时求它的秩和一个极大线性无关组，并把其余向量用这个极大线性无关组线性表出

$\boldsymbol{\alpha}_1=(1,0,2,1)$，　$\boldsymbol{\alpha}_2=(1,2,0,1)$，　$\boldsymbol{\alpha}_3=(2,1,3,0)$，　$\boldsymbol{\alpha}_4=(2,5,-1,4)$

分析　以上述向量的元素为列，构成一个矩阵。对矩阵进行初等行变换化为阶梯形，取出每行中第一个非零元素所在的列，则这些列向量便构成一个极大线性无关组，而取出的列向量的个数就是此向量组的秩。继续对阶梯形矩阵进行初等行变换，化为最简阶梯形，由此可将向量组中其他向量用这个极大无关组线性表出。

解　因为

$$\boldsymbol{A}=(\boldsymbol{\alpha}_1',\boldsymbol{\alpha}_2',\boldsymbol{\alpha}_3',\boldsymbol{\alpha}_4')=\begin{pmatrix}1&1&2&2\\0&2&1&5\\2&0&3&-1\\1&1&0&4\end{pmatrix}$$

$$\xrightarrow[r_4-r_1]{r_3-2r_1}\begin{pmatrix}1&1&2&2\\0&2&1&5\\0&-2&-1&-5\\0&0&-2&2\end{pmatrix}\xrightarrow[r_4\leftrightarrow r_3]{r_3+r_2}\begin{pmatrix}1&1&2&2\\0&2&1&5\\0&0&-2&2\\0&0&0&0\end{pmatrix}$$

$$\xrightarrow[r_2+\frac{1}{2}r_3]{r_1+r_3}\begin{pmatrix}1&1&0&4\\0&2&0&6\\0&0&-2&2\\0&0&0&0\end{pmatrix}\xrightarrow[-r_3/2]{r_2/2}\begin{pmatrix}1&1&0&4\\0&1&0&3\\0&0&1&-1\\0&0&0&0\end{pmatrix}$$

$$\xrightarrow{r_1-r_2}\begin{pmatrix}1&0&0&1\\0&1&0&3\\0&0&1&-1\\0&0&0&0\end{pmatrix}\triangleq(\boldsymbol{\beta}_1',\boldsymbol{\beta}_2',\boldsymbol{\beta}_3',\boldsymbol{\beta}_4')=\boldsymbol{B}$$

容易看出 $\boldsymbol{B}$ 中向量 $\boldsymbol{\beta}_1',\boldsymbol{\beta}_2',\boldsymbol{\beta}_3'$ 线性无关，$\boldsymbol{\beta}_4'$ 能由 $\boldsymbol{\beta}_1',\boldsymbol{\beta}_2',\boldsymbol{\beta}_3'$ 线性表示，且

$$\boldsymbol{\beta}_4'=\boldsymbol{\beta}_1'+3\boldsymbol{\beta}_2'-\boldsymbol{\beta}_3'$$

于是由有关定理结论可知，$\boldsymbol{A}$ 中向量 $\boldsymbol{\alpha}_1',\boldsymbol{\alpha}_2',\boldsymbol{\alpha}_3'$ 是原向量组的一个极大无关组，$\boldsymbol{\alpha}_4'$ 能由 $\boldsymbol{\alpha}_1',\boldsymbol{\alpha}_2',\boldsymbol{\alpha}_3'$ 线性表示，而且 $\boldsymbol{\alpha}_4'=\boldsymbol{\alpha}_1'+3\boldsymbol{\alpha}_2'-\boldsymbol{\alpha}_3'$。

【例 10】 设向量组 $\boldsymbol{\alpha}_1,\boldsymbol{\alpha}_2,\cdots,\boldsymbol{\alpha}_s$ 的秩为 r，在其中任取 m 个向量 $\boldsymbol{\alpha}_{i1}$，$\boldsymbol{\alpha}_{i2},\cdots,\boldsymbol{\alpha}_{im}$，证明：此向量组的秩大于或等于 $r+m-s$。

分析　向量组一个极大无关组所含向量个数是向量组的秩，显然小于或等于这个向量组全部向量的个数。注意到其部分向量组的极大无关组，一定可以在这个向量组中扩充成这个向量组的一个极大无关组。

证明　设 $\boldsymbol{S}=\{\boldsymbol{\alpha}_1,\boldsymbol{\alpha}_2,\cdots,\boldsymbol{\alpha}_s\}$，$\boldsymbol{M}=\{\boldsymbol{\alpha}_{i1},\boldsymbol{\alpha}_{i2},\cdots,\boldsymbol{\alpha}_{im}\}$，设 $\text{rank}(\boldsymbol{M})=r_1$，

记集合 $\boldsymbol{N}=\boldsymbol{S}-\boldsymbol{M}$，即 $\boldsymbol{N}$ 为从向量组 $\boldsymbol{S}$ 中除去 $\boldsymbol{M}$ 中的向量后剩下的 $s-m$ 个向量组成的向量组。在 $\boldsymbol{N}$ 中选取向量，把 $\boldsymbol{M}$ 的一个极大无关组扩充成 $\boldsymbol{S}$ 的极大无关组，则选取的向量个数应为 $r-r_1$ 个，而 $r-r_1\leqslant s-m$，所以 $r_1\geqslant r+m-s$。

【例 11】 已知向量组 $\boldsymbol{\alpha}_1,\boldsymbol{\alpha}_2,\cdots,\boldsymbol{\alpha}_s$ 与向量组 $\boldsymbol{\beta}_1,\boldsymbol{\beta}_2,\cdots,\boldsymbol{\beta}_t$ 等价，证明 $r(\boldsymbol{\alpha}_1,\boldsymbol{\alpha}_2,\cdots,\boldsymbol{\alpha}_s)=r(\boldsymbol{\beta}_1,\boldsymbol{\beta}_2,\cdots,\boldsymbol{\beta}_t)$。并举例说明等秩的向量组不一定等价。

证明 **仅用极大无关组的定义来证明**。构造向量组 $\boldsymbol{\alpha}_1,\boldsymbol{\alpha}_2,\cdots,\boldsymbol{\alpha}_s,\boldsymbol{\beta}_1,\boldsymbol{\beta}_2,\cdots,\boldsymbol{\beta}_t$，并设

$$r(\boldsymbol{\alpha}_1,\boldsymbol{\alpha}_2,\cdots,\boldsymbol{\alpha}_s,\boldsymbol{\beta}_1,\boldsymbol{\beta}_2,\cdots,\boldsymbol{\beta}_t)=r$$

因为向量组 $\boldsymbol{\beta}_1,\boldsymbol{\beta}_2,\cdots,\boldsymbol{\beta}_t$ 能由向量组 $\boldsymbol{\alpha}_1,\boldsymbol{\alpha}_2,\cdots,\boldsymbol{\alpha}_s$ 线性表示，故 $\boldsymbol{\alpha}_1$，$\boldsymbol{\alpha}_2$，$\cdots$，$\boldsymbol{\alpha}_s$ 的极大无关组也是 $\boldsymbol{\alpha}_1,\boldsymbol{\alpha}_2,\cdots,\boldsymbol{\alpha}_s,\boldsymbol{\beta}_1,\boldsymbol{\beta}_2,\cdots,\boldsymbol{\beta}_t$ 的极大无关组，于是

$$r(\boldsymbol{\alpha}_1,\boldsymbol{\alpha}_2,\cdots,\boldsymbol{\alpha}_s)=r(\boldsymbol{\alpha}_1,\boldsymbol{\alpha}_2,\cdots,\boldsymbol{\alpha}_s,\boldsymbol{\beta}_1,\boldsymbol{\beta}_2,\cdots,\boldsymbol{\beta}_t)=r$$

同理可得

$$r(\boldsymbol{\beta}_1,\boldsymbol{\beta}_2,\cdots,\boldsymbol{\beta}_t)=r(\boldsymbol{\alpha}_1,\boldsymbol{\alpha}_2,\cdots,\boldsymbol{\alpha}_s,\boldsymbol{\beta}_1,\boldsymbol{\beta}_2,\cdots,\boldsymbol{\beta}_t)=r$$

所以有 $r(\boldsymbol{\alpha}_1,\boldsymbol{\alpha}_2,\cdots,\boldsymbol{\alpha}_s)=r(\boldsymbol{\beta}_1,\boldsymbol{\beta}_2,\cdots,\boldsymbol{\beta}_t)$。

上述命题你也可以用一个向量组能由另一个向量组表示的性质定理去证明。至于等秩的向量组不一定等价，我们举**反例**如下：

(1) $\boldsymbol{\alpha}_1=\begin{pmatrix}1\\0\\0\end{pmatrix}$，$\boldsymbol{\alpha}_1=\begin{pmatrix}1\\1\\0\end{pmatrix}$，且 $r(\boldsymbol{\alpha}_1,\boldsymbol{\alpha}_2)=2$；

(2) $\boldsymbol{\beta}_1=\begin{pmatrix}0\\0\\1\end{pmatrix}$，$\boldsymbol{\beta}_2=\begin{pmatrix}0\\1\\1\end{pmatrix}$，也有 $r(\boldsymbol{\beta}_1,\boldsymbol{\beta}_2)=2$。

这两个向量组等秩但不等价。

3. 矩阵的秩

【例 12】 设矩阵

$$\boldsymbol{A}=\begin{pmatrix}1 & 1 & -2 & 3 & 0\\2 & 1 & -6 & 4 & -1\\3 & 2 & a & 7 & -1\\1 & -1 & -6 & -1 & b\end{pmatrix}$$

其中 a,b 是实数，试求 $\boldsymbol{A}$ 的秩。

解 通过初等变换将 $\boldsymbol{A}$ 化为梯形矩阵

$$\boldsymbol{A}=\begin{pmatrix}1 & 1 & -2 & 3 & 0\\2 & 1 & -6 & 4 & -1\\3 & 2 & a & 7 & -1\\1 & -1 & -6 & -1 & b\end{pmatrix}\xrightarrow[r_4-r_1]{r_2-2r_1,r_3-3r_1}\begin{pmatrix}1 & 1 & -2 & 3 & 0\\0 & -1 & -2 & -2 & -1\\0 & -1 & a+6 & -2 & -1\\0 & -2 & -4 & -4 & b\end{pmatrix}$$

$$\xrightarrow{r_3-r_2,r_4-2r_2}\begin{pmatrix}1 & 1 & -2 & 3 & 0\\0 & -1 & -2 & -2 & -1\\0 & 0 & a+8 & 0 & 0\\0 & 0 & 0 & 0 & b+2\end{pmatrix}$$

(1) 当 $a=-8$，$b=-2$ 时，$r(\boldsymbol{A})=2$；(2) 当 $a\neq-8$，$b=-2$ 时，$r(\boldsymbol{A})=3$；(3) 当 $a=-8$，$b\neq-2$ 时，$r(\boldsymbol{A})=3$；(4) 当 $a\neq-8$，$b\neq-2$ 时，$r(\boldsymbol{A})=4$。

【例 13】 设 $\boldsymbol{A},\boldsymbol{B}$ 均为 n 阶方阵，证明 $r(\boldsymbol{AB})\geqslant r(\boldsymbol{A})+r(\boldsymbol{B})-n$。

证明 设 $r(\boldsymbol{A})=r$，$r(\boldsymbol{B})=s$。则存在可逆矩阵 $\boldsymbol{P},\boldsymbol{Q},\boldsymbol{R},\boldsymbol{W}$，使得

$$\boldsymbol{PAQ}=\begin{pmatrix}\boldsymbol{I}_r & \boldsymbol{O}\\\boldsymbol{O} & \boldsymbol{O}\end{pmatrix},\quad \boldsymbol{RBW}=\begin{pmatrix}\boldsymbol{I}_s & \boldsymbol{O}\\\boldsymbol{O} & \boldsymbol{O}\end{pmatrix}$$

从而

$$\boldsymbol{PABW}=\boldsymbol{PAQQ}^{-1}\boldsymbol{R}^{-1}\boldsymbol{RBW}=\begin{pmatrix}\boldsymbol{I}_r & \boldsymbol{O}\\\boldsymbol{O} & \boldsymbol{O}\end{pmatrix}\boldsymbol{Q}^{-1}\boldsymbol{R}^{-1}\begin{pmatrix}\boldsymbol{I}_s & \boldsymbol{O}\\\boldsymbol{O} & \boldsymbol{O}\end{pmatrix}$$

记

$$\boldsymbol{C}\triangleq\boldsymbol{Q}^{-1}\boldsymbol{R}^{-1}=\begin{pmatrix}c_{11} & c_{12} & \cdots & c_{1n}\\c_{21} & c_{22} & \cdots & c_{2n}\\\cdots & \cdots & \cdots & \cdots\\c_{n1} & c_{n2} & \cdots & c_{nn}\end{pmatrix}$$

则 $r(\boldsymbol{C})=n$，并且

$$\boldsymbol{PABW}=\begin{pmatrix}\boldsymbol{I}_r & \boldsymbol{O}\\\boldsymbol{O} & \boldsymbol{O}\end{pmatrix}\begin{pmatrix}c_{11} & c_{12} & \cdots & c_{1n}\\c_{21} & c_{22} & \cdots & c_{2n}\\\cdots & \cdots & \cdots & \cdots\\c_{n1} & c_{n2} & \cdots & c_{nn}\end{pmatrix}\begin{pmatrix}\boldsymbol{I}_s & \boldsymbol{O}\\\boldsymbol{O} & \boldsymbol{O}\end{pmatrix}$$

$$=\begin{pmatrix}c_{11} & c_{12} & \cdots & c_{1s} & 0 & \cdots & 0\\c_{21} & c_{22} & \cdots & c_{2s} & 0 & \cdots & 0\\\cdots & \cdots & \cdots & \cdots & \cdots & \cdots & \cdots\\c_{r1} & c_{r2} & \cdots & c_{rs} & 0 & \cdots & 0\\0 & 0 & \cdots & 0 & 0 & \cdots & 0\\\cdots & \cdots & \cdots & \cdots & \cdots & \cdots & \cdots\\0 & 0 & \cdots & 0 & 0 & \cdots & 0\end{pmatrix}\triangleq D$$

于是 $r(\boldsymbol{AB})=r(\boldsymbol{PABW})=r(\boldsymbol{D})$，又从可逆矩阵 $\boldsymbol{C}$ 的子矩阵

$$\boldsymbol{C}_r=\begin{pmatrix}c_{11} & c_{12} & \cdots & c_{1n}\\c_{21} & c_{22} & \cdots & c_{2n}\\\cdots & \cdots & \cdots & \cdots\\c_{r1} & c_{r2} & \cdots & c_{rn}\end{pmatrix}$$

秩为 r 的事实，即得 $\boldsymbol{C}_r$ 的列向量组的秩为 $\boldsymbol{r}$。再从 $\boldsymbol{C}_r$ 的列向量组中去掉它后面的 $n-s$ 个列，则得矩阵 $\boldsymbol{D}$ 的左上角的 $r\times s$ 阶子矩阵。所以有

$$r(\boldsymbol{AB})=r(\boldsymbol{D})\geqslant r-(n-s)=r+s-n$$

证毕。

由本题结论可得到一个非常重要的**推论**：当 n 阶方阵 $\boldsymbol{A}$，$\boldsymbol{B}$ 满足 $\boldsymbol{AB}=\boldsymbol{O}$ 时，则有 $r(\boldsymbol{A})+r(\boldsymbol{B})\leqslant n$。

若设 $\boldsymbol{A}$ 为 $m\times n$ 阶矩阵，$\boldsymbol{B}$ 为 $n\times p$ 阶矩阵，并且满足 $\boldsymbol{AB}=\boldsymbol{O}$，则上述结论同样成立，即仍有 $r(\boldsymbol{A})+r(\boldsymbol{B})\leqslant n$。这个更一般性的结论我们将用齐次线性方程组的有关解空间的理论（见下一章例 10）去证明。

【例 14】 $\boldsymbol{A}^*$ 是 n 阶方阵 $\boldsymbol{A}$ 的伴随矩阵，证明

$$r(\boldsymbol{A}^*)=\begin{cases}n, & r(\boldsymbol{A})=n\\1, & r(\boldsymbol{A})=n-1\\0, & r(\boldsymbol{A})<n-1\end{cases}$$

证明 (1) 当 $r(\boldsymbol{A})=n$ 时，有 $|\boldsymbol{A}|\neq0$，由 $\boldsymbol{AA}^*=|\boldsymbol{A}|\boldsymbol{E}$，得知 $|\boldsymbol{A}^*|=|\boldsymbol{A}|^{n-1}\neq0$，所以 $r(\boldsymbol{A}^*)=n$；

(2) 当 $r(\boldsymbol{A})=n-1$ 时，$|\boldsymbol{A}|=0$，$\boldsymbol{AA}^*=\boldsymbol{O}$，由例 13 的推论知道：$r(\boldsymbol{A})+r(\boldsymbol{A}^*)\leqslant n$，所以 $r(\boldsymbol{A}^*)\leqslant1$。

另一方面，因为 $r(\boldsymbol{A})=n-1$，矩阵 $\boldsymbol{A}$ 中至少有一个 $n-1$ 阶子式不等于零，即伴随矩阵 $\boldsymbol{A}^*$ 中至少有一个元素不等于零，所以 $r(\boldsymbol{A}^*)\geqslant1$，从而 $r(\boldsymbol{A}^*)=1$；

(3) 当 $r(\boldsymbol{A})<n-1$ 时，矩阵 $\boldsymbol{A}$ 的所有 $n-1$ 阶子式都等于零，即伴随矩阵 $\boldsymbol{A}^*$ 中所有元素都等于零，所以 $\boldsymbol{A}^*=\boldsymbol{O}$，即 $r(\boldsymbol{A}^*)=0$。

【例 15】 设 $\boldsymbol{A}$ 为 n 阶方阵，$\boldsymbol{E}$ 为 n 阶单位阵，且 $\boldsymbol{A}^2=\boldsymbol{A}$。试证明：$r(\boldsymbol{A})+r(\boldsymbol{E}-\boldsymbol{A})=n$。

证明 因为 $\boldsymbol{A}(\boldsymbol{E}-\boldsymbol{A})=\boldsymbol{O}$，所以由例 13 的推论知，$r(\boldsymbol{A})+r(\boldsymbol{E}-\boldsymbol{A})\leqslant n$；另一方面，又因为 $\boldsymbol{A}+(\boldsymbol{E}-\boldsymbol{A})=\boldsymbol{E}$，由和矩阵秩的有关性质（见本章内容提要性质 2），又有

$$r(\boldsymbol{A})+r(\boldsymbol{E}-\boldsymbol{A})\geqslant r(\boldsymbol{E})=n$$

综上所述，所以 $r(\boldsymbol{A})+r(\boldsymbol{E}-\boldsymbol{A})=n$。

4. n 维向量空间、向量的内积和正交矩阵

【例 16】 下列向量集合是否为向量空间？如果是，求出它的基及维数。

(1) $\boldsymbol{V}_1=\{\boldsymbol{x}=(x_1,2x_2-3x_1)^{\mathrm{T}}|x_1,x_2\in\mathbf{R}\}$；

(2) $\boldsymbol{V}_2=\{\boldsymbol{x}=(x_1,x_2,\cdots,x_n)^{\mathrm{T}}|x_1,x_2,\cdots,x_n\in\mathbf{R}$,满足 $x_1+x_2+\cdots+x_n=0\}$；

(3) $\boldsymbol{V}_3=\{\boldsymbol{x}=(x_1,x_2,\cdots,x_n)^{\mathrm{T}}|x_1,x_2,\cdots,x_n\in\mathbf{R}$,满足 $x_1+x_2+\cdots+x_n=1\}$。

解 根据向量空间的定义来解答或计算。

(1) 集合 $\boldsymbol{V}_1$ 中任意向量 $\boldsymbol{x}$ 都可写成 $\boldsymbol{x}=(x_1,2x_2,-3x_1)^{\mathrm{T}}=x_1(1,0,-3)^{\mathrm{T}}+$

$x_2(0,2,0)^T=x_1\boldsymbol{\alpha}_1+x_1\boldsymbol{\alpha}_2$，其中 $\boldsymbol{\alpha}_1=(1,0,-3)^T$，$\boldsymbol{\alpha}_2=(0,2,0)^T$。即 $\boldsymbol{V}_1$ 中任意向量均可由向量 $\boldsymbol{\alpha}_1,\boldsymbol{\alpha}_2$ 线性表示，又 $\boldsymbol{\alpha}_1,\boldsymbol{\alpha}_2$ 线性无关，故 $\boldsymbol{\alpha}_1,\boldsymbol{\alpha}_2$ 为 $\boldsymbol{V}_1$ 的一个基，$\boldsymbol{V}_1$ 的维数为 2。$\boldsymbol{V}_1$ 也就是由向量组 $\boldsymbol{\alpha}_1,\boldsymbol{\alpha}_2$ 生成的子空间。

(2) 显然 $\boldsymbol{V}_2$ 是由齐次线性方程组 $x_1+x_2+\cdots+x_n=0$ 的全体解向量组成的集合，这是一个向量空间。结合使用课本上第四章的知识，取齐次线性方程组 $x_1+x_2+\cdots+x_n=0$ 的基础解系

$$\boldsymbol{\zeta}_1=\begin{pmatrix}-1\\1\\0\\\vdots\\0\end{pmatrix},\ \boldsymbol{\zeta}_2=\begin{pmatrix}-1\\0\\1\\\vdots\\0\end{pmatrix},\ \cdots,\ \boldsymbol{\zeta}_{n-1}=\begin{pmatrix}-1\\0\\0\\\vdots\\1\end{pmatrix}$$

基础解系中的解向量构成 $\boldsymbol{V}_2$ 的一个基，$\boldsymbol{V}_2$ 的维数为 $n-1$。

(3) 任取 $\boldsymbol{V}_3$ 中的向量 $\boldsymbol{x}=(x_1,x_2,\cdots,x_n)^T$，其中实数 $x_1,x_2,\cdots,x_n$ 满足 $x_1+x_2+\cdots+x_n=1$。则 $2\boldsymbol{x}=(2x_1,2x_2,\cdots,2x_n)^T$，由于 $2\boldsymbol{x}$ 的分量之和 $2x_1+2x_2+\cdots+2x_n=2\neq1$，故 $2\boldsymbol{x}\notin\boldsymbol{V}_3$，所以 $\boldsymbol{V}_3$ 不是向量空间。

【例 17】 求由向量 $\boldsymbol{\alpha}_1=(1,2,1,0)^T$，$\boldsymbol{\alpha}_2=(1,1,1,2)^T$，$\boldsymbol{\alpha}_3=(3,4,3,4)^T$，$\boldsymbol{\alpha}_4=(1,1,2,1)^T$，$\boldsymbol{\alpha}_5=(4,5,6,4)^T$ 所生成的向量空间的一组基及其维数。

解 这个向量组的一个极大无关组和秩就是它们生成的向量空间的一组基及其维数。所以先对以 $\boldsymbol{\alpha}_1,\boldsymbol{\alpha}_2,\cdots,\boldsymbol{\alpha}_5$ 为列向量构成的矩阵作初等变换

$$\boldsymbol{A}=\begin{pmatrix}1&1&3&1&4\\2&1&4&1&5\\1&1&3&2&6\\0&2&4&1&4\end{pmatrix}\xrightarrow[r_3-r_1]{r_2-2r_1}\begin{pmatrix}1&1&3&1&4\\0&-1&-2&-1&-3\\0&0&0&1&2\\0&2&4&1&4\end{pmatrix}$$

$$\xrightarrow{r_4+2r_2}\begin{pmatrix}1&1&3&1&4\\0&-1&-2&-1&-3\\0&0&0&1&2\\0&0&0&-1&-2\end{pmatrix}\xrightarrow{r_4+r_3}\begin{pmatrix}1&1&3&1&4\\0&-1&-2&-1&-3\\0&0&0&1&2\\0&0&0&0&0\end{pmatrix}$$

可见，$\boldsymbol{\alpha}_1,\boldsymbol{\alpha}_2,\boldsymbol{\alpha}_4$ 为以极大无关组，因此由 $\boldsymbol{\alpha}_1,\boldsymbol{\alpha}_2,\cdots,\boldsymbol{\alpha}_5$ 所生成的向量空间以 $\boldsymbol{\alpha}_1,\boldsymbol{\alpha}_2,\boldsymbol{\alpha}_4$ 为一组基，其维数为 3。

【例 18】 设三维向量空间的一组基为 $\boldsymbol{\alpha}_1=(1,1,0)$，$\boldsymbol{\alpha}_2=(1,0,1)$，$\boldsymbol{\alpha}_3=(0,1,1)$，则向量 $\boldsymbol{\beta}=(2,0,0)$ 在此基下的坐标是（　　）。

解 利用待定系数法求坐标，根据 Cramer 法则求解一个相应的线性方程组即可。设 $\boldsymbol{\beta}$ 在基 $\boldsymbol{\alpha}_1,\boldsymbol{\alpha}_2,\boldsymbol{\alpha}_3$ 下的坐标为 (x_1,x_2,x_3)，即 $\boldsymbol{\beta}=x_1\boldsymbol{\alpha}_1+x_2\boldsymbol{\alpha}_2+x_3\boldsymbol{\alpha}_3$，也就是

$$\begin{cases}x_1+x_2=2\\x_1+x_3=0\\x_2+x_3=0\end{cases}$$

解此线性方程组，得唯一解 $x_1=x_2=1$，$x_3=-1$。故 $\boldsymbol{\beta}$ 在这一组基下的坐标为 $(1,1,-1)$。

【例 19】 已知 $\boldsymbol{\alpha}=(2,1,3,2)$，$\boldsymbol{\beta}=(1,2,-2,1)$，在通常的内积意义下，求 $|\boldsymbol{\alpha}|,|\boldsymbol{\beta}|,(\boldsymbol{\alpha},\boldsymbol{\beta}),\cos\langle\boldsymbol{\alpha},\boldsymbol{\beta}\rangle$ 及 $|\boldsymbol{\alpha}+\boldsymbol{\beta}|$，并验证满足柯西不等式及三角形不等式。

解 $|\boldsymbol{\alpha}|=\sqrt{(\boldsymbol{\alpha},\boldsymbol{\alpha})}=\sqrt{2^2+1^2+3^2+2^2}=3\sqrt{2}$

$$|\boldsymbol{\beta}|=\sqrt{(\boldsymbol{\beta},\boldsymbol{\beta})}=\sqrt{1^2+2^2+(-2)^2+1^2}=\sqrt{10}$$

$$(\boldsymbol{\alpha},\boldsymbol{\beta})=2\times1+1\times2+3\times(-2)+2\times1=0$$

$$\cos\langle\boldsymbol{\alpha},\boldsymbol{\beta}\rangle=(\boldsymbol{\alpha},\boldsymbol{\beta})/(|\boldsymbol{\alpha}\|\boldsymbol{\beta}|)=0$$

$$|\boldsymbol{\alpha}+\boldsymbol{\beta}|=\sqrt{(\boldsymbol{\alpha}+\boldsymbol{\beta},\boldsymbol{\alpha}+\boldsymbol{\beta})}=\sqrt{3^2+3^2+1^2+3^2}=\sqrt{28}$$

下面验证柯西不等式和三角不等式成立。

(1) 柯西不等式 $|(\boldsymbol{\alpha},\boldsymbol{\beta})|\leqslant|\boldsymbol{\alpha}|\cdot|\boldsymbol{\beta}|$ 显然成立，因为 $0\leqslant\sqrt{18}\sqrt{10}$；

(2) 三角形不等式 $|\boldsymbol{\alpha}+\boldsymbol{\beta}|<|\boldsymbol{\alpha}|+|\boldsymbol{\beta}|$ 也成立，因为 $\sqrt{28}<\sqrt{18}+\sqrt{10}$。

【例 20】 设由向量 $\boldsymbol{\alpha}_1=(0,1,2),\boldsymbol{\alpha}_2=(1,3,5),\boldsymbol{\alpha}_3=(2,1,0)$ 生成的向量空间为 $\boldsymbol{V}_1$，由向量 $\boldsymbol{\beta}_1=(1,2,3),\boldsymbol{\beta}_2=(-1,0,1)$ 生成的向量空间为 $\boldsymbol{V}_2$。试证：$\boldsymbol{V}_1=\boldsymbol{V}_2$。

分析 显然，$\boldsymbol{V}_1\subseteq\boldsymbol{V}_2$ 当且仅当向量组 $\boldsymbol{\alpha}_1,\boldsymbol{\alpha}_2,\boldsymbol{\alpha}_3$ 可由向量组 $\boldsymbol{\beta}_1,\boldsymbol{\beta}_2$ 线性表出；而 $\boldsymbol{V}_2\subseteq\boldsymbol{V}_1$ 当且仅当向量组 $\boldsymbol{\beta}_1,\boldsymbol{\beta}_2$ 可由向量组 $\boldsymbol{\alpha}_1,\boldsymbol{\alpha}_2,\boldsymbol{\alpha}_3$ 线性表出；故 $\boldsymbol{V}_1=\boldsymbol{V}_2$ 当且仅当向量组 $\boldsymbol{\alpha}_1,\boldsymbol{\alpha}_2,\boldsymbol{\alpha}_3$ 可与向量组 $\boldsymbol{\beta}_1,\boldsymbol{\beta}_2$ 等价。所以要证两个向量空间相等，只要证明这两个空间的基是等价的。

证明 利用初等行变换前后的行向量组必等价，来证明向量组 $\boldsymbol{\alpha}_1,\boldsymbol{\alpha}_2,\boldsymbol{\alpha}_3$ 可与向量组 $\boldsymbol{\beta}_1,\boldsymbol{\beta}_2$ 等价。令矩阵

$$\boldsymbol{A}=\begin{pmatrix}\boldsymbol{\alpha}_1\\\boldsymbol{\alpha}_2\\\boldsymbol{\alpha}_3\end{pmatrix},\quad \boldsymbol{B}=\begin{pmatrix}\boldsymbol{\beta}_1\\\boldsymbol{\beta}_2\end{pmatrix}$$

对矩阵 $\boldsymbol{A}$ 和 $\boldsymbol{B}$ 作初等行变换

$$\boldsymbol{A}=\begin{pmatrix}0&1&2\\1&3&5\\2&1&0\end{pmatrix}\xrightarrow[r_1\leftrightarrow r_2]{r_3-2r_2}\begin{pmatrix}1&3&5\\0&1&2\\0&-5&-10\end{pmatrix}\xrightarrow{r_3+5r_2}\begin{pmatrix}1&3&5\\0&1&2\\0&0&0\end{pmatrix}\triangleq\boldsymbol{A}_1$$

$$\boldsymbol{B}=\begin{pmatrix}1&2&3\\-1&0&1\end{pmatrix}\xrightarrow{r_2+r_1}\begin{pmatrix}1&2&3\\0&2&4\end{pmatrix}\xrightarrow[r_1+r_2]{r_2/2}\begin{pmatrix}1&3&5\\0&1&2\end{pmatrix}\triangleq\boldsymbol{B}_1$$

显然 $\boldsymbol{A}$ 和 $\boldsymbol{B}$ 的行向量组与同一向量组等价，故 $\boldsymbol{A}$ 和 $\boldsymbol{B}$ 的行向量组等价，所以 $\boldsymbol{V}_1=\boldsymbol{V}_2$。

【例 21】 设分块矩阵 $\boldsymbol{P}=\begin{pmatrix}\boldsymbol{A} & \boldsymbol{B}\\ \boldsymbol{O} & \boldsymbol{C}\end{pmatrix}$ 是正交矩阵，其中 $\boldsymbol{A},\boldsymbol{C}$ 分别为 m,n 阶方阵。证明：$\boldsymbol{A},\boldsymbol{C}$ 均为正交矩阵，且 $\boldsymbol{B}=\boldsymbol{O}$。

证明 根据正交矩阵的定义和分块矩阵乘法的知识进行证明。因为 $\boldsymbol{P}$ 是正交矩阵，所以有

$$\boldsymbol{P}\boldsymbol{P}^{\mathrm{T}}=\boldsymbol{E}_{m+n}$$

即

$$\begin{pmatrix}\boldsymbol{A} & \boldsymbol{B}\\ \boldsymbol{O} & \boldsymbol{C}\end{pmatrix}\begin{pmatrix}\boldsymbol{A}^{\mathrm{T}} & \boldsymbol{O}^{\mathrm{T}}\\ \boldsymbol{B}^{\mathrm{T}} & \boldsymbol{C}^{\mathrm{T}}\end{pmatrix}=\begin{pmatrix}\boldsymbol{A}\boldsymbol{A}^{\mathrm{T}}+\boldsymbol{B}\boldsymbol{B}^{\mathrm{T}} & \boldsymbol{B}\boldsymbol{C}^{\mathrm{T}}\\ \boldsymbol{C}\boldsymbol{B}^{\mathrm{T}} & \boldsymbol{C}\boldsymbol{C}^{\mathrm{T}}\end{pmatrix}=\begin{pmatrix}\boldsymbol{E}_m & \boldsymbol{O}_{m\times n}\\ \boldsymbol{O}_{n\times m} & \boldsymbol{E}_n\end{pmatrix}$$

所以有

$$\boldsymbol{A}\boldsymbol{A}^{\mathrm{T}}+\boldsymbol{B}\boldsymbol{B}^{\mathrm{T}}=\boldsymbol{E}_m \tag{1}$$

$$\boldsymbol{B}\boldsymbol{C}^{\mathrm{T}}=\boldsymbol{O} \tag{2}$$

$$\boldsymbol{C}\boldsymbol{B}^{\mathrm{T}}=\boldsymbol{O} \tag{3}$$

$$\boldsymbol{C}\boldsymbol{C}^{\mathrm{T}}=\boldsymbol{E}_n \tag{4}$$

因为 $\boldsymbol{C}$ 为正交矩阵，所以 $\boldsymbol{C}$ 可逆，由（2）或（3）得 $\boldsymbol{B}=\boldsymbol{O}$；再由（1）得 $\boldsymbol{A}\boldsymbol{A}^{\mathrm{T}}=\boldsymbol{E}_m$，$\boldsymbol{A}$ 为正交矩阵，由（4）得 $\boldsymbol{C}$ 也为正交矩阵。

第三节　编 程 应 用

【例 22】 用 MATLAB 编程方法求（见例 8）向量组：$\boldsymbol{\alpha}_1=(6,4,1,-1,2)$，$\boldsymbol{\alpha}_2=(1,0,2,3,-4)$，$\boldsymbol{\alpha}_3=(1,4,-9,-16,22)$，$\boldsymbol{\alpha}_4=(7,1,0,-1,3)$ 的秩，求出它的一个极大无关组，并把组中其他向量用极大无关组来线性表示。

解 以给定的向量为列，构成下面的矩阵

$$\boldsymbol{A}=(\boldsymbol{\alpha}_1',\boldsymbol{\alpha}_2',\boldsymbol{\alpha}_3',\boldsymbol{\alpha}_4')=\begin{pmatrix}6 & 1 & 1 & 7\\ 4 & 0 & 4 & 1\\ 1 & 2 & -9 & 0\\ -1 & 3 & -16 & -1\\ 2 & -4 & 22 & 3\end{pmatrix}$$

对这个矩阵可以调用 MATLAB 中的函数 rref 对其作初等行变换，把 $\boldsymbol{A}$ 化为“简化阶梯形”。

编程（prog22）如下：

```
%求已知向量组的极大无关组，并求将组内其他向量用极大无关组线性表示的表示系数
clear all
disp('输入的列向量组为:')
A=[6 1 1 7;4 0 4 1;1 2 -9 0;-13 -16 -1;2 -4 22 3]
                                        %按列输入给定的向量,构成一个矩阵
[m,n]=size(A);
if A==0
    disp('输入的向量组为零向量组,该向量组的秩为零,无极大无关向量组!')
    return
else
    [R,s]=rref(A);              %调用 MATLAB 中初等行变换函数子程序
    disp('经过初等行变换,以组中向量为列的矩阵 A 化为如下‘简化阶梯形’:')
    R
    disp('向量组的秩为:')
    r=length(s)              %也可调用函数 rank 求秩
    disp('向量组的极大无关组中所含向量的列序号为:')
    s
    disp('向量组中的其他向量用极大无关组来表示的系数分别为:')
    %-----------------------------------------------------------------
    %输出‘简化阶梯形’R 中列序号不在 s 中的那些列的元素的前 r 个分量
    t=0;
    for j=1:n
    k=0;
    for i=1:r                %检查列序号 j 是否在 s 中
      if j==s(i)
        k=1;
        break
      end
    end
    if k==0
        t=t+1;
        B(t,:)=(R(1:r,j))';%序号 j 不在 s 中时,记录该列的前 r 维分量
    end
```

```
    end
    C=B                          %输出
    %-------------------------------------------------------------
end
```

程序执行结果是：

输入的列向量组为：

```
A=

     6     1     1     7
     4     0     4     1
     1     2    -9     0
    -1     3   -16    -1
     2    -4    22     3
```

经过初等行变换，以组中向量为列的矩阵 $\boldsymbol{A}$ 化为如下‘简化阶梯形’：

```
R=

   1   0    1   0
   0   1   -5   0
   0   0    0   1
   0   0    0   0
   0   0    0   0
```

向量组的秩为：

r=3

向量组的极大无关组中所含向量的列序号为：

```
s=

   1     2     4
```

向量组中的其他向量用极大无关组来表示的系数分别为：

```
C=

     1    -5     0
```

【例 23】 用手工计算与 MATLAB 编程方法把向量组 $\boldsymbol{\alpha}_1=(0,1,1)^{\mathrm{T}}$，$\boldsymbol{\alpha}_2=(1,1,0)^{\mathrm{T}}$，$\boldsymbol{\alpha}_3=(1,0,1)^{\mathrm{T}}$ 单位正交化。

解法一 手工计算，用施密特正交化方法。先正交化，令

$$\boldsymbol{\beta}_1=\boldsymbol{\alpha}_1=(0,1,1)^{\mathrm{T}}$$

$$\boldsymbol{\beta}_2=\boldsymbol{\alpha}_2-\frac{(\boldsymbol{\alpha}_2,\ \boldsymbol{\beta}_1)}{(\boldsymbol{\beta}_1,\ \boldsymbol{\beta}_1)}\boldsymbol{\beta}_1=-\frac{1}{2}\begin{pmatrix}0\\1\\1\end{pmatrix}+\begin{pmatrix}1\\1\\0\end{pmatrix}=\frac{1}{2}\begin{pmatrix}2\\1\\-1\end{pmatrix}$$

$$\boldsymbol{\beta}_3=\boldsymbol{\alpha}_3-\frac{(\boldsymbol{\alpha}_3,\ \boldsymbol{\beta}_1)}{(\boldsymbol{\beta}_1,\ \boldsymbol{\beta}_1)}\boldsymbol{\beta}_1-\frac{(\boldsymbol{\alpha}_3,\ \boldsymbol{\beta}_2)}{(\boldsymbol{\beta}_2,\ \boldsymbol{\beta}_2)}\boldsymbol{\beta}_2=-\frac{1}{2}\begin{pmatrix}0\\1\\1\end{pmatrix}-\frac{1}{6}\begin{pmatrix}2\\1\\-1\end{pmatrix}+\begin{pmatrix}1\\0\\1\end{pmatrix}=\frac{2}{3}\begin{pmatrix}1\\-1\\1\end{pmatrix}$$

则 $\boldsymbol{\beta}_1,\boldsymbol{\beta}_2,\boldsymbol{\beta}_3$ 是正交向量组。再将它们单位化，得一组等价的单位正交向量组

$$\boldsymbol{\eta}_1=\boldsymbol{\beta}_1/|\boldsymbol{\beta}_1|=\frac{1}{\sqrt{2}}\begin{pmatrix}0\\1\\1\end{pmatrix}$$

$$\boldsymbol{\eta}_2=\boldsymbol{\beta}_2/|\boldsymbol{\beta}_2|=\frac{1}{\sqrt{6}}\begin{pmatrix}2\\1\\-1\end{pmatrix}$$

$$\boldsymbol{\eta}_3=\boldsymbol{\beta}_3/|\boldsymbol{\beta}_3|=\frac{1}{\sqrt{3}}\begin{pmatrix}1\\-1\\1\end{pmatrix}$$

解法二 编程计算，调用 MATLAB 中的函数 orth 对其作单位正交化运算。

编程（prog32）如下：

```
%将已知线性无关向量组化为单位正交向量组
clear all
A=[0 1 1;1 1 0;1 0 1];              %按列输入给定的向量,构成一个矩阵
disp('输入的列向量组为:')
    A
disp('单位正交化后所得向量组 B 为:')
    B=orth(A)                        %将 A 单位正交化
```

程序执行结果是：

```
输入的列向量组为:
A=
    0    1    1
    1    1    0
    1    0    1
单位正交化后所得向量组为:
B=
   -0.5774    0.8165   -0.0000
   -0.5774   -0.4082   -0.7071
   -0.5774   -0.4082    0.7071
```

应该注意到，与同一个线性无关向量组等价的单位正交向量组是不唯一的，所以手工计算与 MATLAB 编程方法的结果可能不同；还有，如果所给的向量组不是线性无关的，照样可调用函数 orth。这时，该命令是先求出向量组的一个极大无关组，然后再将所得到的极大无关组单位正交化。

【例 24】 试用 MATLAB 编程方法讨论下列带有参数的矩阵的秩

$$\boldsymbol{A}=\begin{pmatrix} 1 & 0 & a \\ a & -1 & a \\ -1 & 2 & -a \end{pmatrix}$$

解　该矩阵是个方阵，可以先用 MATLAB 中的函数 det 求其行列式的值，然后再对行列式何时等于零作出求解、判断。编程（prog24）如下：

```
syms a
A=[1 0 a;a -1 a;-1 2 -a]
d=det(A);                          % 计算符号行列式
t=solve(d);                        % 什么时候等于零
k=length(t);                       % 零点个数
for i=1:k
    disp(['当 a 的值为:' num2str(double(t(i)))'时,矩阵的秩为:'])
       r=rank(subs(A,{a},{t(i)}))
end
disp('其他情况下,矩阵为满秩矩阵!')
```

程序输出结果为：

```
A=
    [ 1,0,a]
    [ a,-1,a]
    [ -1,2, -a]
当 a 的值为 0 时，矩阵的秩为：
r=
  2
当 a 的值为 1 时，矩阵的秩为：
r=
  2
其他情况下，矩阵为满秩矩阵！
```

本章后面习题中，填充题的第①、②小题等也完全可以通过 MATLAB 编程方法去解答。

第四节 习 题

1. 填充题

① 已知 $A=\begin{pmatrix}1 & 2 & 1\\ 2 & 3 & a+2\\ 1 & a & -2\\ 2 & a+2 & -1\end{pmatrix}$ 的秩为 2，则 a 应满足__________。

② 设向量组 $\boldsymbol{\alpha}_1=(a,0,c)^{\mathrm{T}}$，$\boldsymbol{\alpha}_2=(b,c,0)^{\mathrm{T}}$，$\boldsymbol{\alpha}_3=(0,a,b)^{\mathrm{T}}$ 线性无关，则 a,b,c 必满足关系式__________。

③ 设三阶矩阵 $A=\begin{pmatrix}1 & 2 & -2\\ 2 & 1 & 2\\ 3 & 0 & 4\end{pmatrix}$，三维列向量 $\boldsymbol{\alpha}=(a,1,1)^{\mathrm{T}}$，已知 $\boldsymbol{\alpha}$ 与 $A\boldsymbol{\alpha}$ 线性相关，则 $a=$__________。

④ 设 $\boldsymbol{\alpha}_1,\boldsymbol{\alpha}_2,\boldsymbol{\alpha}_3$ 线性无关，$\boldsymbol{\alpha}_4=a\boldsymbol{\alpha}_1+b\boldsymbol{\alpha}_2$（$ab\neq0$），$\boldsymbol{\alpha}_5=c\boldsymbol{\alpha}_2+d\boldsymbol{\alpha}_3$（$cd\neq0$），则秩 $r(\boldsymbol{\alpha}_1,\boldsymbol{\alpha}_2,\boldsymbol{\alpha}_3,\boldsymbol{\alpha}_4,\boldsymbol{\alpha}_5)=$__________。

⑤ 已知 $\boldsymbol{\alpha}=(3,5,-2,t)^{\mathrm{T}}$，$\boldsymbol{\beta}=(3t,-1,2,-1)^{\mathrm{T}}$，若 $\boldsymbol{\alpha}$ 与 $\boldsymbol{\beta}$ 正交，则 $t=$__________。

2. 选择题

① n 维向量组 $\boldsymbol{\alpha}_1,\boldsymbol{\alpha}_2,\boldsymbol{\alpha}_3$（$n>3$）线性无关的充分必要条件是（　　）。

(A) $\boldsymbol{\alpha}_1,\boldsymbol{\alpha}_2,\boldsymbol{\alpha}_3$ 中任意两个向量线性无关

(B) $\boldsymbol{\alpha}_1,\boldsymbol{\alpha}_2,\boldsymbol{\alpha}_3$ 全是非零向量

(C) 存在 n 维向量 $\boldsymbol{\beta}$，使得 $\boldsymbol{\alpha}_1,\boldsymbol{\alpha}_2,\boldsymbol{\alpha}_3,\boldsymbol{\beta}$ 线性相关

(D) $\boldsymbol{\alpha}_1,\boldsymbol{\alpha}_2,\boldsymbol{\alpha}_3$ 中任何一个 $\boldsymbol{\alpha}_i$ 都不能由其余两个向量线性表出

② 设 $\boldsymbol{\alpha}_1,\boldsymbol{\alpha}_2,\cdots,\boldsymbol{\alpha}_m$ 均为 n 维向量，那么下列结论正确的是（　　）。

(A) 若 $k_1\boldsymbol{\alpha}_1+k_2\boldsymbol{\alpha}_2+\cdots+k_m\boldsymbol{\alpha}_m=\mathbf{0}$，则 $\boldsymbol{\alpha}_1,\boldsymbol{\alpha}_2,\cdots,\boldsymbol{\alpha}_m$ 线性相关

(B) 若对任意一组不全为零的数 $k_1,k_2,\cdots,k_m$ 都有 $k_1\boldsymbol{\alpha}_1+k_2\boldsymbol{\alpha}_2+\cdots+k_m\boldsymbol{\alpha}_m\neq\mathbf{0}$，则 $\boldsymbol{\alpha}_1,\boldsymbol{\alpha}_2,\cdots,\boldsymbol{\alpha}_m$ 线性无关

(C) 若 $\boldsymbol{\alpha}_1,\boldsymbol{\alpha}_2,\cdots,\boldsymbol{\alpha}_m$ 线性相关，则对任意一组不全为零的数 $k_1,k_2,\cdots,k_m$，都有 $k_1\boldsymbol{\alpha}_1+k_2\boldsymbol{\alpha}_2+\cdots+k_m\boldsymbol{\alpha}_m=\mathbf{0}$

(D) $0\cdot\boldsymbol{\alpha}_1+0\cdot\boldsymbol{\alpha}_2+\cdots+0\cdot\boldsymbol{\alpha}_m=\mathbf{0}$，则 $\boldsymbol{\alpha}_1,\boldsymbol{\alpha}_2,\cdots,\boldsymbol{\alpha}_m$ 线性无关

③ 设向量组 $\boldsymbol{\alpha}_1,\boldsymbol{\alpha}_2,\boldsymbol{\alpha}_3,\boldsymbol{\alpha}_4$ 线性无关，则下列向量组线性无关的是（　　）。

(A) $\boldsymbol{\alpha}_1+\boldsymbol{\alpha}_2,\boldsymbol{\alpha}_2+\boldsymbol{\alpha}_3,\boldsymbol{\alpha}_3+\boldsymbol{\alpha}_4,\boldsymbol{\alpha}_4+\boldsymbol{\alpha}_1$

(B) $\boldsymbol{\alpha}_1-\boldsymbol{\alpha}_2,\boldsymbol{\alpha}_2-\boldsymbol{\alpha}_3,\boldsymbol{\alpha}_3-\boldsymbol{\alpha}_4,\boldsymbol{\alpha}_4-\boldsymbol{\alpha}_1$

(C) $\boldsymbol{\alpha}_1+\boldsymbol{\alpha}_2,\boldsymbol{\alpha}_2+\boldsymbol{\alpha}_3,\boldsymbol{\alpha}_3+\boldsymbol{\alpha}_4,\boldsymbol{\alpha}_4-\boldsymbol{\alpha}_1$

(D) $\boldsymbol{\alpha}_1+\boldsymbol{\alpha}_2,\boldsymbol{\alpha}_2+\boldsymbol{\alpha}_3,\boldsymbol{\alpha}_3-\boldsymbol{\alpha}_4,\boldsymbol{\alpha}_4-\boldsymbol{\alpha}_1$

④ 若向量组 $\boldsymbol{\alpha}_1,\boldsymbol{\alpha}_2,\cdots,\boldsymbol{\alpha}_s$ 线性无关，且可由向量组 $\boldsymbol{\beta}_1,\boldsymbol{\beta}_2,\cdots,\boldsymbol{\beta}_t$ 线性表出。则（　　）。

（A）$s=t$　　（B）$s\geqslant t$　　（C）$s\leqslant t$　　（D）不能确定

⑤ 设有向量组 $\boldsymbol{\alpha}_1=(1,3,1,-2)^{\mathrm{T}}$，$\boldsymbol{\alpha}_2=(3,8,0,-5)^{\mathrm{T}}$，$\boldsymbol{\alpha}_3=(0,1,3,-1)^{\mathrm{T}}$，$\boldsymbol{\alpha}_4=(1,0,-8,1)^{\mathrm{T}}$，$\boldsymbol{\alpha}_5=(0,3,7,9)^{\mathrm{T}}$ 则由该向量组生成的向量空间 $\boldsymbol{V}$ 的一个基是（　　）。

（A）$\boldsymbol{\alpha}_1,\boldsymbol{\alpha}_2,\boldsymbol{\alpha}_3$　　（B）$\boldsymbol{\alpha}_2,\boldsymbol{\alpha}_3,\boldsymbol{\alpha}_4$

（C）$\boldsymbol{\alpha}_1,\boldsymbol{\alpha}_2,\boldsymbol{\alpha}_5$　　（D）$\boldsymbol{\alpha}_1,\boldsymbol{\alpha}_2,\boldsymbol{\alpha}_3,\boldsymbol{\alpha}_4$

3. 已知 $\boldsymbol{\alpha}_1=(1,0,2,3)^{\mathrm{T}}$，$\boldsymbol{\alpha}_2=(1,1,3,5)^{\mathrm{T}}$，$\boldsymbol{\alpha}_3=(1,-1,a+2,1)^{\mathrm{T}}$，$\boldsymbol{\alpha}_4=(1,2,4,a+8)^{\mathrm{T}}$，及 $\boldsymbol{\beta}=(1,1,b+3,5)^{\mathrm{T}}$。

（1）a,b 为何值时，$\boldsymbol{\beta}$ 不能表示成 $\boldsymbol{\alpha}_1,\boldsymbol{\alpha}_2,\boldsymbol{\alpha}_3,\boldsymbol{\alpha}_4$ 的线性组合？

（2）a,b 为何值时，$\boldsymbol{\beta}$ 有 $\boldsymbol{\alpha}_1,\boldsymbol{\alpha}_2,\boldsymbol{\alpha}_3,\boldsymbol{\alpha}_4$ 的唯一线性表示？并写出该表示式。

4. 已知向量组 $\boldsymbol{\beta}_1=(0,1,-1)^{\mathrm{T}}$，$\boldsymbol{\beta}_2=(a,2,1)^{\mathrm{T}}$，$\boldsymbol{\beta}_3=(b,1,0)^{\mathrm{T}}$ 与向量组 $\boldsymbol{\alpha}_1=(1,2,-3)^{\mathrm{T}}$，$\boldsymbol{\alpha}_2=(3,0,1)^{\mathrm{T}}$，$\boldsymbol{\alpha}_3=(9,6,-7)^{\mathrm{T}}$ 具有相同的秩，且 $\boldsymbol{\beta}_3$ 可由 $\boldsymbol{\alpha}_1,\boldsymbol{\alpha}_2,\boldsymbol{\alpha}_3$ 线性表示，求 a,b 的值。

5. 设向量组 $\boldsymbol{\alpha}_1,\boldsymbol{\alpha}_2,\cdots,\boldsymbol{\alpha}_m(m\geqslant 2)$ 线性无关，且 $\boldsymbol{\beta}_1=\boldsymbol{\alpha}_1+\boldsymbol{\alpha}_2$，$\boldsymbol{\beta}_2=\boldsymbol{\alpha}_2+\boldsymbol{\alpha}_3,\cdots$，$\boldsymbol{\beta}_{m-1}=\boldsymbol{\alpha}_{m-1}+\boldsymbol{\alpha}_m$，$\boldsymbol{\beta}_m=\boldsymbol{\alpha}_m-\boldsymbol{\alpha}_1$。试讨论向量组 $\boldsymbol{\beta}_1,\boldsymbol{\beta}_2,\cdots,\boldsymbol{\beta}_m$ 的相关性。

6. 已知 $\boldsymbol{\alpha}_1=(1,1,-2,1)^{\mathrm{T}},\boldsymbol{\alpha}_2=(2,1,1,6)^{\mathrm{T}}$，求：

（1）与 $\boldsymbol{\alpha}_1,\boldsymbol{\alpha}_2$ 都正交的向量；

（2）与 $\boldsymbol{\alpha}_1,\boldsymbol{\alpha}_2$ 等价的规范正交向量组。

7. 设 $\boldsymbol{A}$ 是 n 阶矩阵，若存在正数 k，使线性方程组 $\boldsymbol{A}^k\boldsymbol{x}=\boldsymbol{0}$ 有解向量 $\boldsymbol{\alpha}$，且 $\boldsymbol{A}^{k-1}\boldsymbol{\alpha}\neq\boldsymbol{0}$，证明向量组 $\boldsymbol{\alpha},\boldsymbol{A\alpha},\boldsymbol{A}^2\boldsymbol{\alpha},\cdots,\boldsymbol{A}^{k-1}\boldsymbol{\alpha}$ 是线性无关的。

8. 求向量组 $\boldsymbol{\alpha}_1=(1,1,1,k)^{\mathrm{T}}$，$\boldsymbol{\alpha}_2=(1,1,k,1)^{\mathrm{T}}$，$\boldsymbol{\alpha}_3=(1,2,1,1)^{\mathrm{T}}$ 的秩和一个极大无关组。

9. 设向量组（Ⅰ）：$\boldsymbol{\alpha}_1,\boldsymbol{\alpha}_2,\cdots,\boldsymbol{\alpha}_s$；向量组（Ⅱ）：$\boldsymbol{\beta}_1,\boldsymbol{\beta}_2,\cdots,\boldsymbol{\beta}_t$；（Ⅲ）：$\boldsymbol{\alpha}_1,\boldsymbol{\alpha}_2,\cdots,\boldsymbol{\alpha}_s$，$\boldsymbol{\beta}_1,\boldsymbol{\beta}_2,\cdots,\boldsymbol{\beta}_t$，它们的秩分别为 r_1,r_2,r_3。证明：$\max\{r_1,r_2\}\leqslant r_3\leqslant r_1+r_2$。

10. 设 $\boldsymbol{V}=\{\boldsymbol{x}\,|\,\boldsymbol{x}=(x_1,0,\cdots,x_n)^{\mathrm{T}},x_1,x_2\in\mathbf{R}\}$，$n\geqslant 2$，问 $\boldsymbol{V}$ 是否为向量空间。

11. 设向量空间 $\boldsymbol{U}=\{\boldsymbol{x}=(x_1,x_2,x_3)^{\mathrm{T}}\,|\,x_2=2x_3\}$，求 $\boldsymbol{U}$ 的一个基和维数。

12. 设 $\boldsymbol{x}$ 与 $\boldsymbol{y}$ 是正交向量，证明：

（1）$\|\boldsymbol{x}+\boldsymbol{y}\|^2=\|\boldsymbol{x}\|^2+\|\boldsymbol{y}\|^2$；　　（2）$\|\boldsymbol{x}+\boldsymbol{y}\|=\|\boldsymbol{x}-\boldsymbol{y}\|$。

13. 用 MATLAB 编程方法求向量组：$\boldsymbol{\alpha}_1=(1,0,1,0)^{\mathrm{T}}$，$\boldsymbol{\alpha}_2=(2,-1,2,1)^{\mathrm{T}}$，$\boldsymbol{\alpha}_3=(1,-1,1,1)^{\mathrm{T}}$，$\boldsymbol{\alpha}_4=(2,-1,1,1)^{\mathrm{T}}$，$\boldsymbol{\alpha}_5=(1,-2,1,2)^{\mathrm{T}}$ 的秩，求出它的一个极大无关组，并把组中其他向量用极大无关组来线性表示。

14. 用手工计算与 MATLAB 编程方法把下列向量组正交化：

$$\boldsymbol{\alpha}_1=(1,1,1)^{\mathrm{T}},\quad \boldsymbol{\alpha}_2=(1,2,3)^{\mathrm{T}},\quad \boldsymbol{\alpha}_3=(1,4,9)^{\mathrm{T}}$$

习题答案与解法提示

1. 填充题

① $a=3$　② $abc\neq 0$　③ $a=-1$；提示：向量组$(\boldsymbol{\alpha},\boldsymbol{A\alpha})$ 的秩小于 2

④ 3　⑤ $\dfrac{9}{8}$

2. 选择题

① (D)　② (B)　③ (C)　④ (C)　⑤ (C)

3. 解　对以向量 $\boldsymbol{\alpha}_1,\boldsymbol{\alpha}_2,\boldsymbol{\alpha}_3,\boldsymbol{\alpha}_4$ 及 $\boldsymbol{\beta}$ 为列所构成的矩阵 $\boldsymbol{B}=(\boldsymbol{\alpha}_1,\boldsymbol{\alpha}_2,\boldsymbol{\alpha}_3,\boldsymbol{\alpha}_4|\boldsymbol{\beta})$ 施行初等行变换得

$$\boldsymbol{B}=\begin{pmatrix}1&1&1&1&1\\0&1&-1&2&1\\2&3&a+2&4&b+3\\3&5&1&a+8&5\end{pmatrix}\rightarrow\begin{pmatrix}1&1&1&1&1\\0&1&-1&2&1\\0&0&a+1&0&b\\0&0&0&a+1&0\end{pmatrix}$$

所以（1）当 $a=-1$，且 $b\neq 0$ 时，$\boldsymbol{\beta}$ 不能表示成 $\boldsymbol{\alpha}_1,\boldsymbol{\alpha}_2,\boldsymbol{\alpha}_3,\boldsymbol{\alpha}_4$ 的线性组合。

（2）当 $a\neq -1$ 时，$\boldsymbol{\beta}$ 有 $\boldsymbol{\alpha}_1,\boldsymbol{\alpha}_2,\boldsymbol{\alpha}_3,\boldsymbol{\alpha}_4$ 的唯一线性表示。又因为

$$\begin{pmatrix}1&1&1&1&1\\0&1&-1&2&1\\0&0&a+1&0&b\\0&0&0&a+1&0\end{pmatrix}\rightarrow\begin{pmatrix}1&0&0&0&-\dfrac{2b}{a+1}\\0&1&0&0&\dfrac{a+b+1}{a+1}\\0&0&1&0&\dfrac{b}{a+1}\\0&0&0&1&0\end{pmatrix}$$

于是 $\boldsymbol{\beta}=-\dfrac{2b}{a+1}\boldsymbol{\alpha}_1+\dfrac{a+b+1}{a+1}\boldsymbol{\alpha}_2+\dfrac{b}{a+1}\boldsymbol{\alpha}_3+0\boldsymbol{\alpha}_4$。

4. 解　因为 $\boldsymbol{\beta}_3$ 可由向量组 $\boldsymbol{\alpha}_1,\boldsymbol{\alpha}_2,\boldsymbol{\alpha}_3$ 线性表示，所以线性方程组

$$\begin{pmatrix}1&3&9\\2&0&6\\-3&1&-7\end{pmatrix}\begin{pmatrix}x_1\\x_2\\x_3\end{pmatrix}=\begin{pmatrix}b\\1\\0\end{pmatrix}$$

有解。对方程组的增广矩阵施行初等行变换，得

$$\left(\begin{array}{ccc:c}1&3&9&b\\2&0&6&1\\-3&1&-7&0\end{array}\right)\rightarrow\left(\begin{array}{ccc:c}1&3&9&b\\0&-6&-12&1-2b\\0&0&0&5-b\end{array}\right)$$

由非齐次线性方程组有解的充要条件知，$b=5$。又方程组的系数矩阵秩为 2，从而向量组 $\boldsymbol{\alpha}_1,\boldsymbol{\alpha}_2,\boldsymbol{\alpha}_3$ 的秩也为 2。由题设知 $r(\boldsymbol{\beta}_1,\boldsymbol{\beta}_2,\boldsymbol{\beta}_3)=2$，因此 $\begin{vmatrix}0&a&5\\1&2&1\\-1&1&0\end{vmatrix}=0$，

解之得 $a=15$。

5. 解　参见本章例 7 的解题过程。答案：

（1）当 m 为奇数时，向量组 $\boldsymbol{\beta}_1,\boldsymbol{\beta}_2,\cdots,\boldsymbol{\beta}_m$ 线性相关；

（2）当 m 为偶数时，向量组 $\boldsymbol{\beta}_1,\boldsymbol{\beta}_2,\cdots,\boldsymbol{\beta}_m$ 线性无关。

例题 7 与本题中向量组 $\boldsymbol{\beta}_1,\boldsymbol{\beta}_2,\cdots,\boldsymbol{\beta}_m$ 的线性相关性结论，在其他有关的相关性判别问题中经常用到。

6. 解　(1) 设向量 $\boldsymbol{x}=(x_1,x_2,x_3,x_4)^{\mathrm{T}}$ 与 $\boldsymbol{\alpha}_1,\boldsymbol{\alpha}_2$ 都正交，即 $\boldsymbol{\alpha}_1^{\mathrm{T}}\boldsymbol{x}=\boldsymbol{0}$ 且 $\boldsymbol{\alpha}_2^{\mathrm{T}}\boldsymbol{x}=\boldsymbol{0}$，解方程组 $\begin{pmatrix}\boldsymbol{\alpha}_1^{\mathrm{T}}\\ \boldsymbol{\alpha}_2^{\mathrm{T}}\end{pmatrix}\boldsymbol{x}=\boldsymbol{0}$，即 $\begin{pmatrix}1&1&-2&1\\2&1&1&6\end{pmatrix}\begin{pmatrix}x_1\\x_2\\x_3\\x_4\end{pmatrix}=\begin{pmatrix}0\\0\end{pmatrix}$，得 $\boldsymbol{x}=k_1\begin{pmatrix}-3\\5\\1\\0\end{pmatrix}+k_2\begin{pmatrix}-5\\4\\0\\1\end{pmatrix}$，其中 k_1,k_2 为任意常数。

（2）利用施密特正交化方法。记

$$\boldsymbol{\beta}_1=\boldsymbol{\alpha}_1$$

$$\boldsymbol{\beta}_2=\boldsymbol{\alpha}_2-\frac{(\boldsymbol{\beta}_1,\ \boldsymbol{\alpha}_2)}{(\boldsymbol{\beta}_1,\ \boldsymbol{\beta}_1)}\boldsymbol{\beta}_1=\begin{pmatrix}1\\1\\-2\\1\end{pmatrix}-\frac{1\times2+1\times1-2\times1+1\times6}{1^2+1^2+(-2)^2+1^2}\begin{pmatrix}2\\1\\1\\6\end{pmatrix}=\begin{pmatrix}-1\\0\\-3\\-5\end{pmatrix}$$

再规范化

$$\boldsymbol{\gamma}_1=\boldsymbol{\beta}_1/|\boldsymbol{\beta}_1|=(1/\sqrt{7},1/\sqrt{7},-2/\sqrt{7},1/\sqrt{7})^{\mathrm{T}}$$

$$\boldsymbol{\gamma}_2=\boldsymbol{\beta}_2/|\boldsymbol{\beta}_2|=-(1/\sqrt{35},0,3/\sqrt{35},5/\sqrt{35})^{\mathrm{T}}$$

则向量组 $\boldsymbol{\gamma}_1,\boldsymbol{\gamma}_2$ 单位正交的，并且与 $\boldsymbol{\alpha}_1,\boldsymbol{\alpha}_2$ 等价。

7. 证明　设有一组数 $\lambda_1,\lambda_2,\cdots,\lambda_k$ 使得下式成立

$$\lambda_1\boldsymbol{\alpha}+\lambda_2\boldsymbol{A\alpha}+\lambda_3\boldsymbol{A}^2\boldsymbol{\alpha}+\cdots+\lambda_k\boldsymbol{A}^{k-1}\boldsymbol{\alpha}=\boldsymbol{0}$$

等式两端同时左乘 $\boldsymbol{A}^{k-1}$，由于 $\boldsymbol{A}^{k-1}\boldsymbol{\alpha}\neq\boldsymbol{0}$，且 $\boldsymbol{A}^k\boldsymbol{\alpha}=\boldsymbol{0}$，得 $\lambda_1\boldsymbol{A}^{k-1}\boldsymbol{\alpha}=\boldsymbol{0}$，从而有 $\lambda_1=0$。同样的方法可证得 $\lambda_2=\lambda_3=\cdots=\lambda_k=0$，即向量组 $\boldsymbol{\alpha},\boldsymbol{A\alpha},\boldsymbol{A}^2\boldsymbol{\alpha},\cdots,\boldsymbol{A}^{k-1}\boldsymbol{\alpha}$ 是线性无关的。

8. 提示：对以向量 $\boldsymbol{\alpha}_1,\boldsymbol{\alpha}_2,\boldsymbol{\alpha}_3$ 为列的矩阵作初等行变换化为行梯形矩阵，讨论 k 的取值，求出向量组 $\boldsymbol{\alpha}_1,\boldsymbol{\alpha}_2,\boldsymbol{\alpha}_3$ 的秩和一个极大无关组。

答案：$k=1$ 时，$r(\boldsymbol{\alpha}_1,\boldsymbol{\alpha}_2,\boldsymbol{\alpha}_3)=2$，$\boldsymbol{\alpha}_1,\boldsymbol{\alpha}_3$ 是其一个极大无关组；

$k\neq1$ 时，$r(\boldsymbol{\alpha}_1,\boldsymbol{\alpha}_2,\boldsymbol{\alpha}_3)=3$，$\boldsymbol{\alpha}_1,\boldsymbol{\alpha}_2,\boldsymbol{\alpha}_3$ 线性无关是其一个极大无关组。

9. 证明　因为向量组（Ⅰ）或组（Ⅱ）均可用组（Ⅲ）线性表示，所以 $r_1\leqslant r_3,r_2\leqslant r_3$，即 $\max\{r_1,r_2\}\leqslant r_3$；作矩阵 $\boldsymbol{A}=[\boldsymbol{\alpha}_1,\boldsymbol{\alpha}_2,\cdots,\boldsymbol{\alpha}_s]$，$\boldsymbol{B}=[\boldsymbol{\beta}_1,\boldsymbol{\beta}_2,\cdots,\boldsymbol{\beta}_t]$，$\boldsymbol{C}=[\boldsymbol{\alpha}_1,\boldsymbol{\alpha}_2,\cdots,\boldsymbol{\alpha}_s,\boldsymbol{\beta}_1,\boldsymbol{\beta}_2,\cdots,\boldsymbol{\beta}_t]$，由上题知道 $r_3\leqslant r_1+r_2$，故结论得证。

10. 提示：用向量空间定义。

11. 解　因为 $\boldsymbol{U}$ 中任一向量 $\boldsymbol{x}=(x_1,x_2,x_3)^{\mathrm{T}}$ 满足方程 $x_2=2x_3$，而 x_1 和 x_3 是独立的，可取 $\boldsymbol{\alpha}_1=(1,0,0)^{\mathrm{T}},\boldsymbol{\alpha}_2=(0,2,1)^{\mathrm{T}}$，易知 $\boldsymbol{\alpha}_1,\boldsymbol{\alpha}_2$ 线性无关，而 $\boldsymbol{U}$ 中任一向量 $\boldsymbol{x}$ 都有 $\boldsymbol{x}=x_1\boldsymbol{\alpha}_1+x_3\boldsymbol{\alpha}_2$，故 $\boldsymbol{\alpha}_1,\boldsymbol{\alpha}_2$ 是向量空间 $\boldsymbol{U}$ 的一组基。维数为 2，$(x_1,x_2)^{\mathrm{T}}$ 是任一向量 $\boldsymbol{x}=(x_1,x_2,x_3)^{\mathrm{T}}$ 在基底 $\boldsymbol{\alpha}_1,\boldsymbol{\alpha}_2$ 下的坐标。

12. 提示：利用向量 2-范数定义证明。

13. 解　调用程序 prog31（根据本题条件，改变其输入），程序执行结果是：

```
输入的列向量组为：
A=

    1    2    1    2    1
    0   -1   -1   -1   -2
    1    2    1    1    1
    0    1    1    1    2

经过初等行变换,以组中向量为列的矩阵A化为如下'简化阶梯形'：
R=

    1  0  -1  0  -3
    0  1   1  0   2
    0  0   0  1   0
    0  0   0  0   0

向量组的秩为：
r=3
向量组的极大无关组中所含向量的列序号为：
s=

    1    2    4

向量组中的其他向量用极大无关组来表示的系数分别为：
C=

   -1  1  0
   -3  2  0
```

14. 解　正交化向量组为

$$\boldsymbol{\beta}_1=\boldsymbol{\alpha}_1$$

$$\boldsymbol{\beta}_2=\boldsymbol{\alpha}_2-\frac{(\boldsymbol{\alpha}_2,\boldsymbol{\beta}_1)}{(\boldsymbol{\beta}_1,\boldsymbol{\beta}_1)}\boldsymbol{\beta}_1=(1,2,3)^{\mathrm{T}}-\frac{6}{3}(1,1,1)^{\mathrm{T}}=(-1,0,1)^{\mathrm{T}}$$

$$\boldsymbol{\beta}_3=\boldsymbol{\alpha}_3-\frac{(\boldsymbol{\alpha}_3,\boldsymbol{\beta}_1)^{\mathrm{T}}}{(\boldsymbol{\beta}_1,\boldsymbol{\beta}_1)^{\mathrm{T}}}\boldsymbol{\beta}_1-\frac{(\boldsymbol{\alpha}_3,\boldsymbol{\beta}_2)^{\mathrm{T}}}{(\boldsymbol{\beta}_2,\boldsymbol{\beta}_2)^{\mathrm{T}}}\boldsymbol{\beta}_2=(1,4,9)^{\mathrm{T}}-\frac{14}{3}(1,1,1)^{\mathrm{T}}-\frac{8}{2}(-1,0,1)^{\mathrm{T}}$$

$$=\left(\frac{1}{3},-\frac{2}{3},\frac{1}{2}\right)^{\mathrm{T}}$$

调用函数 orth 计算的结果，请读者自己去做。

第四章　线性方程组

第一节　内容提要

1. 线性方程组的有关概念

设 m 个方程、n 个未知数构成的一般线性方程组为

$$\begin{cases} a_{11}x_1+a_{12}x_2+\cdots+a_{1n}x_n=b_1 \\ a_{21}x_1+a_{22}x_2+\cdots+a_{2n}x_n=b_2 \\ \cdots\cdots\cdots\cdots\cdots\cdots\cdots\cdots \\ a_{m1}x_1+a_{m2}x_2+\cdots+a_{mn}x_n=b_m \end{cases}$$

记

$$\boldsymbol{A}=\begin{pmatrix} a_{11} & a_{12} & \cdots & a_{1n} \\ a_{21} & a_{22} & \cdots & a_{2n} \\ \cdots & \cdots & \cdots & \cdots \\ a_{m1} & a_{m2} & \cdots & a_{mn} \end{pmatrix}, (\boldsymbol{A}\mid\boldsymbol{b})=\left(\begin{array}{cccc|c} a_{11} & a_{12} & \cdots & a_{1n} & b_1 \\ a_{21} & a_{22} & \cdots & a_{2n} & b_2 \\ \cdots & \cdots & \cdots & \cdots & \cdots \\ a_{m1} & a_{m2} & \cdots & a_{mn} & b_m \end{array}\right)$$

$\boldsymbol{A}$ 称为线性方程组的**系数矩阵**，$(\boldsymbol{A}\mid\boldsymbol{b})$ 称为线性方程组的**增广矩阵**。若采用矩阵和向量符号，上述线性方程组也可写成 $\boldsymbol{AX}=\boldsymbol{b}$，$\boldsymbol{X}$ 和 $\boldsymbol{b}$ 分别为如下列向量

$$\boldsymbol{X}=\begin{pmatrix} x_1 \\ x_2 \\ \vdots \\ x_n \end{pmatrix}, \boldsymbol{b}=\begin{pmatrix} b_1 \\ b_2 \\ \vdots \\ b_m \end{pmatrix}$$

当 $\boldsymbol{b}=\boldsymbol{0}$ 时，称 $\boldsymbol{AX}=\boldsymbol{0}$ 为**齐次线性方程组**。当 $\boldsymbol{b}\neq\boldsymbol{0}$ 时，称 $\boldsymbol{AX}=\boldsymbol{b}$ 为**非齐次线性方程组**。

2. 齐次线性方程组

定理 1　设 $\boldsymbol{A}$ 是 $m\times n$ 矩阵，则齐次线性方程组 $\boldsymbol{AX}=\boldsymbol{0}$ 有非零解的充要条件是 $r(\boldsymbol{A})<n$。

定理 2　若 $\boldsymbol{X}_1,\boldsymbol{X}_2$ 是齐次线性方程组 $\boldsymbol{AX}=\boldsymbol{0}$ 的两个解向量，则 $k_1\boldsymbol{X}_1+k_2\boldsymbol{X}_2$（$k_1,k_2$ 为任意常数）也是它的解向量。

由定理 2 可知，齐次线性方程组的所有解向量组成的集合是一个向量空间。

定义 1　设 $\boldsymbol{X}_1,\boldsymbol{X}_2,\cdots,\boldsymbol{X}_s$ 是 $\boldsymbol{AX}=\boldsymbol{0}$ 的解向量，如果

(1) $\boldsymbol{X}_1,\boldsymbol{X}_2,\cdots,\boldsymbol{X}_s$ 线性无关；

(2) $\boldsymbol{AX}=\boldsymbol{0}$ 的任一个解向量可由 $\boldsymbol{X}_1$，$\boldsymbol{X}_2$，…，$\boldsymbol{X}_s$ 线性表示。

则称 $\boldsymbol{X}_1,\boldsymbol{X}_2,\cdots,\boldsymbol{X}_s$ 是 $\boldsymbol{AX}=\boldsymbol{0}$ 的一个**基础解系**。

如果找到了 $\boldsymbol{AX}=\boldsymbol{0}$ 的一个基础解系 $\boldsymbol{X}_1,\boldsymbol{X}_2,\cdots,\boldsymbol{X}_s$，那么 $\boldsymbol{AX}=\boldsymbol{0}$ 的全部解的集合可写成 $\{\boldsymbol{X}\mid\boldsymbol{X}=k_1\boldsymbol{X}_1+k_2\boldsymbol{X}_2+\cdots+k_s\boldsymbol{X}_s;\ k_1,k_2,\cdots,k_s$ 为任意实数$\}$。

定理3 设 $\boldsymbol{A}$ 是 $m\times n$ 矩阵，若 $r(\boldsymbol{A})=r<n$，则齐次线性方程组 $\boldsymbol{AX}=\boldsymbol{0}$ 存在基础解系，且基础解系含 $n-r$ 个线性无关的解向量。

如果 $\boldsymbol{\eta}_{r+1},\boldsymbol{\eta}_{r+2},\cdots,\boldsymbol{\eta}_n$ 是齐次线性方程组 $\boldsymbol{AX}=\boldsymbol{0}$ 的一个基础解系，则其所有的线性组合 $\boldsymbol{X}=k_{r+1}\boldsymbol{\eta}_{r+1}+k_{r+2}\boldsymbol{\eta}_{r+2}+\cdots+k_n\boldsymbol{\eta}_n$ 即为齐次线性方程组的**通解**。

关于齐次线性方程组解的判定：齐次线性方程组总有零解；若齐次线性方程组的系数矩阵的秩 $r(\boldsymbol{A})=r=n$，则方程组有唯一零解；若 $r(\boldsymbol{A})=r<n$，则方程组有非零解且为无穷多解，此时方程组的基础解系中含 $n-r$ 个解向量。

如果齐次线性方程组中方程的个数等于未知量的个数，则方程组有非零解的充要条件是系数行列式 $|\boldsymbol{A}|=0$；如果齐次线性方程组中方程的个数小于未知量的个数，则方程组一定有非零解。

3. 非齐次线性方程组

定理4 对于非齐次线性方程组 $\boldsymbol{AX}=\boldsymbol{b}$，下列条件等价：

(1) $\boldsymbol{AX}=\boldsymbol{b}$ 有解（或相容）；

(2) $\boldsymbol{b}$ 可以由 $\boldsymbol{A}$ 的列向量线性表示；

(3) 增广矩阵 $(\boldsymbol{A},\boldsymbol{b})$ 的秩等于系数矩阵 $\boldsymbol{A}$ 的秩。

定理5 若 $\boldsymbol{AX}=\boldsymbol{b}$ 有解，则其全部解为

$$\boldsymbol{X}=\boldsymbol{X}_0+\boldsymbol{X}^*$$

其中 $\boldsymbol{X}_0$ 是 $\boldsymbol{AX}=\boldsymbol{b}$ 的一个特解，而 $\boldsymbol{X}^*=k_1\boldsymbol{X}_1+k_2\boldsymbol{X}_2+\cdots+k_{n-r}\boldsymbol{X}_{n-r}$ 是 $\boldsymbol{AX}=\boldsymbol{0}$ 的通解。

非齐次线性方程组的解的结构定理充分说明，为了求非齐次线性方程组的通解，只要求出它的一个特解，再求出其对应的齐次线性方程组的一个基础解系，就可得到非齐次线性方程组的通解。

关于非齐次线性方程组解的判定：对于非齐次线性方程组 $\boldsymbol{AX}=\boldsymbol{b}$，若系数矩阵的秩与增广矩阵的秩满足 $r(\boldsymbol{A})=r(\bar{\boldsymbol{A}})=n$，则方程组有唯一解；若 $r(\boldsymbol{A})=r(\bar{\boldsymbol{A}})<n$，则方程组有无穷多解；若 $r(\boldsymbol{A})\neq r(\bar{\boldsymbol{A}})$时，方程组无解。

4. 齐次与非齐次线性方程组解的解法

(1) 齐次线性方程组 $\boldsymbol{AX}=\boldsymbol{0}$。对其系数矩阵作初等行变换

$$\boldsymbol{A}=\begin{pmatrix} a_{11} & a_{12} & \cdots & a_{1n} \\ a_{21} & a_{22} & \cdots & a_{2n} \\ \cdots & \cdots & \cdots & \cdots \\ a_{m1} & a_{m2} & \cdots & a_{mn} \end{pmatrix} \longrightarrow \boldsymbol{R}=\begin{pmatrix} 1 & 0 & \cdots & 0 & c_{1,r+1} & \cdots & c_{1n} \\ 0 & 1 & \cdots & 0 & c_{2,r+1} & \cdots & c_{2n} \\ \cdots & \cdots & \cdots & \cdots & \cdots & \cdots & \cdots \\ 0 & 0 & \cdots & 1 & c_{r,r+1} & \cdots & c_{rn} \\ 0 & 0 & \cdots & 0 & 0 & \cdots & 0 \\ \cdots & \cdots & \cdots & \cdots & \cdots & \cdots & \cdots \\ 0 & 0 & \cdots & 0 & 0 & \cdots & 0 \end{pmatrix} \begin{matrix} \\ \\ r\text{ 行} \\ \\ \\ m-r\text{行} \end{matrix}$$

把 $x_1,x_2,\cdots,x_r$ 作为解变量，$x_{r+1},x_{r+2},\cdots,x_n$ 作为自由变量，于是得到与原方程组等价的线性方程组（补充了后 $n-r$ 个等式）

$$\begin{cases} x_1=-c_{1,r+1}x_{r+1}-c_{1,r+2}x_{r+2}-\cdots-c_{1n}x_n \\ x_2=-c_{2,r+1}x_{r+1}-c_{2,r+2}x_{r+2}-\cdots-c_{2n}x_n \\ \cdots\cdots \\ x_r=-c_{r,r+1}x_{r+1}-c_{r,r+2}x_{r+2}-\cdots-c_{rn}x_n \\ x_{r+1}=\quad x_{r+1} \\ x_{r+2}=\quad x_{r+2} \\ \cdots\cdots \\ x_n=\quad x_n \end{cases}$$

即

$$\begin{pmatrix} x_1 \\ x_2 \\ \vdots \\ x_r \\ x_{r+1} \\ x_{r+2} \\ \vdots \\ x_n \end{pmatrix}=x_{r+1}\begin{pmatrix} -c_{1,r+1} \\ -c_{2,r+1} \\ \vdots \\ -c_{r,r+1} \\ 1 \\ 0 \\ \vdots \\ 0 \end{pmatrix}+x_{r+2}\begin{pmatrix} -c_{1,r+2} \\ -c_{2,r+2} \\ \vdots \\ -c_{r,r+2} \\ 0 \\ 1 \\ \vdots \\ 0 \end{pmatrix}+\cdots+x_n\begin{pmatrix} -c_{1n} \\ -c_{2n} \\ \vdots \\ -c_{r,n} \\ 0 \\ 0 \\ \vdots \\ 1 \end{pmatrix} \tag{4.1}$$

于是得到原齐次线性方程组的通解

$$\boldsymbol{X}=k_1\boldsymbol{\xi}_1+k_2\boldsymbol{\xi}_2+\cdots+k_{n-r}\boldsymbol{\xi}_{n-r}$$

其中 $\boldsymbol{\xi}_1,\boldsymbol{\xi}_2,\boldsymbol{\xi}_{n-r}$ 即为式(4.1) 中未知量 $x_{r+1},x_{r+2},\cdots,x_n$ 后面的系数向量。

(2) 非齐次线性方程组 $\boldsymbol{AX}=\boldsymbol{b}$。对其增广矩阵（$\boldsymbol{A}|\boldsymbol{b}$）作初等行变换

$$(\boldsymbol{A}\mid\boldsymbol{b})\longrightarrow\boldsymbol{R}=\begin{pmatrix} 1 & 0 & \cdots & 0 & c_{1,r+1} & \cdots & c_{1n} & \eta_1 \\ 0 & 1 & \cdots & 0 & c_{2,r+1} & \cdots & c_{2n} & \eta_2 \\ \cdots & \cdots & \cdots & \cdots & \cdots & \cdots & \cdots & \cdots \\ 0 & 0 & \cdots & 1 & c_{r,r+1} & \cdots & c_{rn} & \eta_r \\ 0 & 0 & \cdots & 0 & 0 & \cdots & 0 & 0 \\ \cdots & \cdots & \cdots & \cdots & \cdots & \cdots & \cdots & \cdots \\ 0 & 0 & \cdots & 0 & 0 & \cdots & 0 & 0 \end{pmatrix}$$

同样把 $x_1,x_2,\cdots,x_r$ 作为解变量，$x_{r+1},x_{r+2},\cdots,x_n$ 作为自由变量，于是得到与原方程组等价的线性方程组（补充后 $n-r$ 个等式）

$$\begin{cases} x_1=\eta_1-c_{1,r+1}x_{r+1}-c_{1,r+2}x_{r+2}-\cdots-c_{1n}x_n \\ x_2=\eta_2-c_{2,r+1}x_{r+1}-c_{2,r+2}x_{r+2}-\cdots-c_{2n}x_n \\ \cdots\cdots\cdots\cdots\cdots\cdots\cdots\cdots\cdots\cdots\cdots\cdots \\ x_r=\eta_r-c_{r,r+1}x_{r+1}-c_{r,r+2}x_{r+2}-\cdots-c_{rn}x_n \\ x_{r+1}=\quad 1\cdot x_{r+1} \\ x_{r+2}=\qquad\qquad 1\cdot x_{r+2} \\ \cdots\cdots\cdots\cdots\cdots\cdots\cdots\cdots\cdots\cdots\cdots\cdots \\ x_n=\qquad\qquad\qquad\qquad 1\cdot x_n \end{cases}$$

即

$$\begin{pmatrix} x_1 \\ x_2 \\ \vdots \\ x_r \\ x_{r+1} \\ x_{r+2} \\ \vdots \\ x_n \end{pmatrix}=\begin{pmatrix} \eta_1 \\ \eta_2 \\ \vdots \\ \eta_r \\ 0 \\ 0 \\ \vdots \\ 0 \end{pmatrix}+x_{r+1}\begin{pmatrix} -c_{1,r+1} \\ -c_{2,r+1} \\ \vdots \\ -c_{r,r+1} \\ 1 \\ 0 \\ \vdots \\ 0 \end{pmatrix}+x_{r+2}\begin{pmatrix} -c_{1,r+2} \\ -c_{2,r+2} \\ \vdots \\ -c_{r,r+2} \\ 0 \\ 1 \\ \vdots \\ 0 \end{pmatrix}+\cdots+x_n\begin{pmatrix} -c_{1n} \\ -c_{2n} \\ \vdots \\ -c_{r,n} \\ 0 \\ 0 \\ \vdots \\ 1 \end{pmatrix} \tag{4.2}$$

于是得到原非齐次线性方程组的通解

$$\boldsymbol{X}=\boldsymbol{\eta}+\{k_1\boldsymbol{\xi}_1+k_2\boldsymbol{\xi}_2+\cdots+k_{n-r}\boldsymbol{\xi}_{n-r}\}$$

其中 $\boldsymbol{\eta}$ 和 $\boldsymbol{\xi}_1,\boldsymbol{\xi}_2,\boldsymbol{\xi}_{n-r}$ 即为式(4.2) 中的常数列向量与未知量 $x_{r+1},x_{r+2},\cdots,x_n$ 后面的系数向量。

第二节 典型例题

本章的主要问题是线性方程组的有解判定与求解，方程组具体又包括系数矩阵是数字矩阵或系数中带有参数的线性方程组两种情况。线性方程组解空间理论也有一些扩展性的应用。本章主要题型可归结为以下几类：

- 求齐次或非齐次线性方程组的通解；
- 含参数的线性方程组的求解；
- 与线性方程组基础解系相关的问题；
- 线性方程组有解的条件与判定。

1. 求齐次或非齐次线性方程组的通解

【例 1】 求下列齐次线性方程组的基础解系

$$\begin{cases} x_1+x_2 \qquad\qquad -3x_4-x_5=0 \\ x_1-x_2+2x_3-x_4 \qquad\quad =0 \\ 4x_1-2x_2+6x_3+3x_4-4x_5=0 \\ 2x_1+4x_2-2x_3+4x_4-7x_5=0 \end{cases}$$

解　将其系数矩阵 $\boldsymbol{A}$ 用初等行变换化成简化阶梯形矩阵为

$$\boldsymbol{A}\to\boldsymbol{R}=\begin{pmatrix} 1 & 0 & 1 & 0 & -7/6 \\ 0 & 1 & -1 & 0 & -5/6 \\ 0 & 0 & 0 & 1 & -1/3 \\ 0 & 0 & 0 & 0 & 0 \end{pmatrix}$$

且 $r(\boldsymbol{A})=3$，而 $n=5$。并且与原齐次线性方程组等价的方程组为

$$\begin{cases} x_1=-x_3+\dfrac{7}{6}x_5 \\ x_2=\quad x_3+\dfrac{5}{6}x_5 \\ x_3=\quad x_3 \\ x_4=\ 0x_3+\dfrac{1}{3}x_5 \\ x_5=\qquad\quad x_5 \end{cases}$$

从而可得到其基础解系为

$$\boldsymbol{\alpha}_1=\begin{pmatrix} -1 \\ 1 \\ 1 \\ 0 \\ 0 \end{pmatrix},\ \boldsymbol{\alpha}_2=\begin{pmatrix} 7/6 \\ 5/6 \\ 0 \\ 1/3 \\ 1 \end{pmatrix}$$

【例 2】 求解下列非齐次线性方程组

$$\begin{cases} 2x_1+x_2-x_3+x_4=1 \\ 4x_1+2x_2-2x_3+x_4=2 \\ 2x_1+x_2-x_3-x_4=1 \end{cases}$$

解　用初等行变换将其增广矩阵化为简化阶梯形

$$\overline{\boldsymbol{A}}=(\boldsymbol{A}\mid\boldsymbol{b})\to\boldsymbol{R}=\left(\begin{array}{cccc|c} 1 & 1/2 & -1/2 & 0 & 1/2 \\ 0 & 0 & 0 & 1 & 0 \\ 0 & 0 & 0 & 0 & 0 \end{array}\right)$$

可知 $r(\overline{\boldsymbol{A}})=r(\boldsymbol{A})=2<n=5$，非齐次线性方程组有无穷多解。因为与原齐

次线性方程组等价的方程组为

$$\begin{cases} x_1=\frac{1}{2}-\frac{1}{2}x_2+\frac{1}{2}x_3 \\ x_2=0+x_2 \\ x_3=0 \qquad\quad +x_3 \\ x_4=0+0x_2+0x_3 \end{cases}$$

所以非齐次线性方程组的通解为 $\boldsymbol{X}=k_1\boldsymbol{\alpha}_1+k_2\boldsymbol{\alpha}_2+\boldsymbol{X}_0$，其中

$$\boldsymbol{X}_0=\begin{pmatrix}1/2\\0\\0\\0\end{pmatrix},\ \boldsymbol{\alpha}_1=\begin{pmatrix}-1/2\\1\\0\\0\end{pmatrix},\ \boldsymbol{\alpha}_2=\begin{pmatrix}1/2\\0\\1\\0\end{pmatrix}$$

而 k_1,k_2 为任意实数。

【例 3】 求以 $\boldsymbol{\alpha}_1=(1,-1,1,0)$，$\boldsymbol{\alpha}_2=(1,1,0,1)$，$\boldsymbol{\alpha}_3=(2,0,1,1)$ 为解向量的齐次线性方程组。

解 $\boldsymbol{\alpha}_1,\boldsymbol{\alpha}_2,\boldsymbol{\alpha}_3$ 的一个极大无关组为 $\boldsymbol{\alpha}_1,\boldsymbol{\alpha}_2$，作矩阵 $\boldsymbol{B}=\begin{pmatrix}\boldsymbol{\alpha}_1\\\boldsymbol{\alpha}_2\end{pmatrix}$，解齐次线性方程组 $\boldsymbol{BX}=\boldsymbol{0}$，得一基础解系

$$\boldsymbol{\beta}_1=\begin{pmatrix}1\\0\\-1\\-1\end{pmatrix},\ \boldsymbol{\beta}_2=\begin{pmatrix}0\\1\\1\\-1\end{pmatrix}$$

因此，所求系数矩阵之一为

$$\boldsymbol{A}=\begin{pmatrix}\boldsymbol{\beta}_1^{\mathrm{T}}\\\boldsymbol{\beta}_2^{\mathrm{T}}\end{pmatrix}=\begin{pmatrix}1&0&-1&-1\\0&1&1&-1\end{pmatrix}$$

注意该题属于已知基础解系，要求齐次线性方程组的反问题。其求解的关键是，作以矩阵 $\boldsymbol{B}$ 为系数矩阵的齐次线性方程组 $\boldsymbol{BX}=\boldsymbol{0}$，通过求它的基础解系而获得所要求的方程组的系数矩阵。

2. 含参数的线性方程组的求解

【例 4】 设

$$\begin{cases} x_1+3x_2+2x_3+x_4=1 \\ \qquad x_2+ax_3-ax_4=-1 \\ x_1+2x_2 \qquad\quad +3x_4=3 \end{cases}$$

问 a 为何值时，该方程组有解？并在有解时求出方程组的通解。

解 对于方程个数与未知量个数不相等的线性方程组，采用初等行变换将增广矩阵 $\overline{\boldsymbol{A}}$ 化为阶梯形矩阵的方法，有

$$\bar{A}\to R=\left(\begin{array}{cccc:c}1&3&2&1&1\\0&-1&-2&2&2\\0&0&a-2&2-a&1\end{array}\right)$$

所以

（1）当 $a=2$ 时，因为 $r(\mathbf{A})=2<r(\bar{\mathbf{A}})=3$，所以这时方程组无解；

（2）当 $a\neq2$ 时，因为 $r(\mathbf{A})=r(\bar{\mathbf{A}})=3<n=4$，方程组有解，且为无穷多解。此时，用初等行变换，将 $\boldsymbol{R}$ 进一步化为

$$\bar{A}\to W=\left(\begin{array}{ccc:cc}1&0&0&3&(7a-10)/(a-2)\\0&1&0&0&(2-2a)/(a-2)\\0&0&1&-1&1/(a-2)\end{array}\right)$$

这样，可得基础解系和特解分别为

$$\boldsymbol{\alpha}_1=\begin{pmatrix}-3\\0\\1\\1\end{pmatrix},\quad \boldsymbol{X}_0=\begin{pmatrix}(7a-10)/(a-2)\\(2-2a)/(a-2)\\1/(a-2)\\0\end{pmatrix}$$

而所求通解为 $\boldsymbol{X}=k\boldsymbol{\alpha}_1+\boldsymbol{X}_0$，其中 k 为任意实数。

【例 5】 问 a,b 为何值时，线性方程组

$$\begin{cases}x_1+x_2+x_3+x_4=0\\x_2+2x_3+2x_4=1\\-x_2+(a-3)x_3-2x_4=b\\3x_1+2x_2+x_3+ax_4=-1\end{cases}$$

无解、有唯一解、或有无穷多解？在有解时，求出其解。

解　对增广矩阵进行初等行变换将它化为阶梯形矩阵

$$\bar{A}\to R=\left(\begin{array}{cccc:c}1&1&1&1&0\\0&1&2&2&1\\0&0&a-1&0&b+1\\0&0&0&a-1&0\end{array}\right)$$

可知：(1) 当 $a\neq1$ 时，$r(\bar{\mathbf{A}})=r(\mathbf{A})=4=n$，方程组有唯一解。这时再用初等行变换将 $\bar{\mathbf{A}}$ 进一步化为

$$\bar{A}\to W=\left(\begin{array}{cccc:c}1&0&0&0&(-a+b+2)/(a-1)\\0&1&0&0&(a-2b-3)/(a-1)\\0&0&1&0&(b+1)/(a-1)\\0&0&0&1&0\end{array}\right)$$

于是方程组的唯一解 $\boldsymbol{X}$ 即为矩阵 $\boldsymbol{W}$ 的最后一个列向量。

(2) 当 $a=1$，$b\neq-1$ 时，$r(\bar{\mathbf{A}})=3>r(\mathbf{A})=2$，方程组无解；

(3) 当 $a=1$，$b=-1$ 时，$r(\bar{\boldsymbol{A}})=r(\boldsymbol{A})=2<n=4$，方程组有无穷多解。此时将 $\bar{A}$ 化为简化阶梯形

$$\bar{\boldsymbol{A}}\to\boldsymbol{W}=\left(\begin{array}{cccc:c}1&0&-1&-1&-1\\0&1&2&2&1\\0&0&0&0&0\\0&0&0&0&0\end{array}\right)$$

则其对应的齐次方程组的基础解系和它本身的一个特解分别为

$$\boldsymbol{\alpha}_1=\begin{pmatrix}1\\-2\\1\\0\end{pmatrix},\ \boldsymbol{\alpha}_2=\begin{pmatrix}1\\-2\\0\\1\end{pmatrix},\ \boldsymbol{X}_0=\begin{pmatrix}-1\\1\\0\\0\end{pmatrix}$$

非齐次线性方程组的通解为

$$\boldsymbol{X}=k_1\begin{pmatrix}1\\-2\\1\\0\end{pmatrix}+k_2\begin{pmatrix}1\\-2\\0\\1\end{pmatrix}+\begin{pmatrix}-1\\1\\0\\0\end{pmatrix}$$

其中 k_1,k_2 为任意实数。

对于方程个数与未知量个数相等的线性方程组，既可采用初等行变换将增广矩阵化为阶梯形矩阵的方法进行求解，有时也可以考虑采用行列式法（即克兰姆法则）来求解。

【例 6】 当 k 为何值时，方程组

$$\begin{cases}x_1+x_2+kx_3=4\\-x_1+kx_2+x_3=k^2\\x_1-x_2+2x_3=-4\end{cases}$$

无解、有唯一解或有无穷多组解？在有无穷多解时，并求出其通解。

解 方程组的系数行列式

$$D=\begin{vmatrix}1&1&k\\-1&k&1\\1&-1&2\end{vmatrix}=-(k+1)(k-4)$$

(1) 当 $k\neq-1$ 且 $k\neq4$ 时，$D\neq0$，方程组有唯一解；

(2) 当 $k=-1$ 时，增广矩阵为

$$\bar{\boldsymbol{A}}=\left(\begin{array}{ccc:c}1&1&-1&4\\-1&-1&1&1\\1&-1&2&-4\end{array}\right)\to\left(\begin{array}{ccc:c}1&1&-1&4\\0&-2&3&-3\\0&0&0&5\end{array}\right)$$

此时 $r(\bar{\boldsymbol{A}})=3>r(\boldsymbol{A})=2$，方程组无解；

（3）当 $k=4$ 时，增广矩阵为

$$\bar{\mathbf{A}}=\left(\begin{array}{ccc|c}1 & 1 & 4 & 4\\ -1 & 4 & 1 & 16\\ 1 & -1 & 2 & -4\end{array}\right)\rightarrow\left(\begin{array}{ccc|c}1 & 0 & 3 & 0\\ 0 & 1 & 1 & 4\\ 0 & 0 & 0 & 0\end{array}\right)$$

$r(\mathbf{A})=r(\bar{\mathbf{A}})=2<n=3$，方程组有无穷多解，且易得通解为

$$\mathbf{X}=k\begin{pmatrix}-3\\ -1\\ 1\end{pmatrix}+\begin{pmatrix}0\\ 4\\ 0\end{pmatrix}$$

其中 k 为任意实数。

【例 7】 设有齐次线性方程组

$$\begin{cases}(1+a)x_1+x_2+\cdots+x_n=0\\ 2x_1+(2+a)x_2+\cdots+2x_n=0\\ \cdots\cdots\cdots\cdots\cdots\cdots\\ nx_1+nx_2+\cdots+(n+a)x_n=0\end{cases}\quad(n\geqslant 2)$$

试问 a 取何值时，该方程组有非零解，并求出其通解。

解 这是 2004 年全国研究生入学考试试题，对方程组的系数矩阵 $\mathbf{A}$ 作初等行变换，有

$$\mathbf{A}=\begin{pmatrix}1+a & 1 & 1 & \cdots & 1\\ 2 & 2+a & 2 & \cdots & 2\\ \cdots & \cdots & \cdots & \cdots & \cdots\\ n & n & n & \cdots & n+a\end{pmatrix}\rightarrow\begin{pmatrix}1+a & 1 & 1 & \cdots & 1\\ -2a & a & 0 & \cdots & 0\\ \cdots & \cdots & \cdots & \cdots & \cdots\\ -na & 0 & 0 & \cdots & a\end{pmatrix}=\mathbf{B}$$

（1）当 $a=0$ 时，$r(\mathbf{A})=1<n$，故方程组有非零解，其同解方程组为

$$x_1+x_2+\cdots+x_n=0$$

由此得基础解系为

$$\boldsymbol{\eta}_1=(-1,1,0,\cdots,0)^{\mathrm{T}},\ \boldsymbol{\eta}_2=(-1,0,1,\cdots,0)^{\mathrm{T}},\ \cdots,\ \boldsymbol{\eta}_{n-1}=(-1,0,0,\cdots,1)^{\mathrm{T}}$$

于是方程组的通解为

$$\boldsymbol{x}=k_1\boldsymbol{\eta}_1+\cdots+k_{n-1}\boldsymbol{\eta}_{n-1}$$

其中 $k_1,\cdots,k_{n-1}$ 为任意常数。

（2）当 $a\neq 0$ 时，对矩阵 $\mathbf{B}$ 作初等行变换，有

$$\mathbf{B}\rightarrow\begin{pmatrix}1+a & 1 & 1 & \cdots & 1\\ -2 & 1 & 0 & \cdots & 0\\ \cdots & \cdots & \cdots & \cdots & \cdots\\ -n & 0 & 0 & \cdots & 1\end{pmatrix}\rightarrow\begin{pmatrix}a+\dfrac{n(n+1)}{2} & 0 & 0 & \cdots & 0\\ -2 & 1 & 0 & \cdots & 0\\ \cdots & \cdots & \cdots & \cdots & \cdots\\ -n & 0 & 0 & \cdots & 1\end{pmatrix}$$

可知 $a=-\dfrac{n(n+1)}{2}$ 时，$r(\mathbf{A})=n-1<n$，故方程组也有非零解，其同解方程组为

$$\begin{cases} -2x_1+x_2=0, \\ -3x_1+x_3=0, \\ \cdots\cdots\cdots\cdots \\ -nx_1+x_n=0, \end{cases}$$

由此得基础解系为 $\boldsymbol{\eta}=(1,2,\cdots,n)^{\mathrm{T}}$，于是方程组的通解为 $\boldsymbol{x}=k\boldsymbol{\eta}$，其中 k 为任意常数。

3. 与线性方程组基础解系相关的问题

【例 8】 设 n 阶矩阵 $\boldsymbol{A}$ 各行元素之和均为零，$r(\boldsymbol{A})=n-1$，求线性方程组 $\boldsymbol{AX}=0$ 的通解。

解 因为 $\boldsymbol{X}$ 的维数为 n，$r(\boldsymbol{A})=n-1$，所以线性方程组 $\boldsymbol{AX}=\boldsymbol{0}$ 的一个基础解系只含有 $n-r=n-(n-1)=1$ 个解向量。

又由于 n 阶矩阵 $\boldsymbol{A}$ 的各行元素之和为零，因此，非零向量 $\boldsymbol{\alpha}=(1,1,\cdots,1)^{\mathrm{T}}$ 满足方程组 $\boldsymbol{AX}=\boldsymbol{0}$。这样，$\boldsymbol{\alpha}$ 即构成 $\boldsymbol{AX}=\boldsymbol{0}$ 的一个基础解系。从而线性方程组 $\boldsymbol{AX}=\boldsymbol{0}$ 的通解为 $\boldsymbol{\beta}=k\boldsymbol{\alpha}$，其中 k 为任意实数。

【例 9】 已知 $\boldsymbol{\alpha}_1,\boldsymbol{\alpha}_2,\boldsymbol{\alpha}_3,\boldsymbol{\alpha}_4$ 为齐次线性方程组 $\boldsymbol{AX}=\boldsymbol{0}$ 的一个基础解系，若 $\boldsymbol{\beta}_1=\boldsymbol{\alpha}_1+t\boldsymbol{\alpha}_2$，$\boldsymbol{\beta}_2=\boldsymbol{\alpha}_2+t\boldsymbol{\alpha}_3$，$\boldsymbol{\beta}_3=\boldsymbol{\alpha}_3+t\boldsymbol{\alpha}_4$，$\boldsymbol{\beta}_4=\boldsymbol{\alpha}_4+t\boldsymbol{\alpha}_1$。讨论当 t 满足什么关系时，$\boldsymbol{\beta}_1,\boldsymbol{\beta}_2,\boldsymbol{\beta}_3,\boldsymbol{\beta}_4$ 也是 $\boldsymbol{AX}=\boldsymbol{0}$ 的一个基础解系。

解 应用齐次线性方程组解的性质进行分析。由于齐次线性方程组解的线性组合仍是该方程组的解，故 $\boldsymbol{\beta}_1,\boldsymbol{\beta}_2,\boldsymbol{\beta}_3,\boldsymbol{\beta}_4$ 是 $\boldsymbol{AX}=\boldsymbol{0}$ 的解向量。因此，当 $\boldsymbol{\beta}_1,\boldsymbol{\beta}_2,\boldsymbol{\beta}_3,\boldsymbol{\beta}_4$ 线性无关时，$\boldsymbol{\beta}_1,\boldsymbol{\beta}_2,\boldsymbol{\beta}_3,\boldsymbol{\beta}_4$ 也是基础解系。又因为

$$(\boldsymbol{\beta}_1,\boldsymbol{\beta}_2,\boldsymbol{\beta}_3,\boldsymbol{\beta}_4)=(\boldsymbol{\alpha}_1,\boldsymbol{\alpha}_2,\boldsymbol{\alpha}_3\boldsymbol{\alpha}_4)\begin{pmatrix}1&0&0&t\\t&1&0&0\\0&t&1&0\\0&0&t&1\end{pmatrix}$$

所以 $\boldsymbol{\beta}_1,\boldsymbol{\beta}_2,\boldsymbol{\beta}_3,\boldsymbol{\beta}_4$ 线性无关当且仅当 $\begin{vmatrix}1&0&0&t\\t&1&0&0\\0&t&1&0\\0&0&t&1\end{vmatrix}\neq 0$，即 $t^4-1\neq 0$，也就有 $t\neq\pm 1$。因此，当 $t\neq\pm 1$ 时，$\boldsymbol{\beta}_1,\boldsymbol{\beta}_2,\boldsymbol{\beta}_3,\boldsymbol{\beta}_4$ 是 $\boldsymbol{AX}=\boldsymbol{0}$ 的一个基础解系。

【例 10】 设 $m\times n$ 阶矩阵 $\boldsymbol{A}$ 与 $n\times p$ 阶矩阵 $\boldsymbol{B}$ 满足 $\boldsymbol{AB}=\boldsymbol{0}$，证明

$$r(\boldsymbol{A})+r(\boldsymbol{B})\leqslant n$$

证明 将矩阵按列分块为 $\boldsymbol{B}=(\boldsymbol{\beta}_1,\boldsymbol{\beta}_2,\cdots,\boldsymbol{\beta}_p)$，则 $\boldsymbol{AB}=\boldsymbol{0}$ 等价于

$$\boldsymbol{A\beta}_i=\boldsymbol{0},\ \forall i=1,2,\cdots,p \tag{4.3}$$

现作齐次线性方程组 $\boldsymbol{AX}=\boldsymbol{0}$，并设 $r(\boldsymbol{A})=r$。则该齐次线性方程组的基础解系中含有 $n-r$ 个线性无关解向量。又由式(4.3)，矩阵 $\boldsymbol{B}$ 的每个列向量都是

这个齐次线性方程组的解，所以 $\boldsymbol{B}$ 的列向量组的秩

$$r(\boldsymbol{\beta}_1,\boldsymbol{\beta}_2,\cdots,\boldsymbol{\beta}_p)=r(\boldsymbol{B})\leqslant n-r \tag{4.4}$$

移项，即得 $r(\boldsymbol{A})+r(\boldsymbol{B})\leqslant n$。

需要说明的是，上述例子中的结论也是线性代数中的一个基本结论，在解决其他相关性问题时常常会用到。

【例 11】 设 $\boldsymbol{A}$ 为 $m\times n$ 阶的任意矩阵，证明：$r(\boldsymbol{A}^{\mathrm{T}}\boldsymbol{A})=r(\boldsymbol{A})$。

证明 直接证明矩阵 $\boldsymbol{A}^{\mathrm{T}}\boldsymbol{A}$ 与矩阵 $\boldsymbol{A}$ 的秩相等，困难很大。现构造两个齐次线性方程组 $\boldsymbol{A}^{\mathrm{T}}\boldsymbol{A}\boldsymbol{X}=\boldsymbol{0}$ 与 $\boldsymbol{A}\boldsymbol{X}=\boldsymbol{0}$，下面先证明这两个方程组是同解的，或称为是等价的。

事实上，若设向量 $\boldsymbol{X}$ 使 $\boldsymbol{A}\boldsymbol{X}=\boldsymbol{0}$，则显然有 $\boldsymbol{A}^{\mathrm{T}}\boldsymbol{A}\boldsymbol{X}=\boldsymbol{0}$；反过来，若设向量 $\boldsymbol{X}$ 使 $\boldsymbol{A}^{\mathrm{T}}\boldsymbol{A}\boldsymbol{X}=\boldsymbol{0}$，则

$$\boldsymbol{X}^{\mathrm{T}}(\boldsymbol{A}^{\mathrm{T}}\boldsymbol{A}\boldsymbol{X})=(\boldsymbol{A}\boldsymbol{X})^{\mathrm{T}}(\boldsymbol{A}\boldsymbol{X})=\boldsymbol{0}$$

于是必有 $\boldsymbol{A}\boldsymbol{X}=\boldsymbol{0}$。即方程组 $\boldsymbol{A}^{\mathrm{T}}\boldsymbol{A}\boldsymbol{X}=\boldsymbol{0}$ 与 $\boldsymbol{A}\boldsymbol{X}=\boldsymbol{0}$ 确实是等价的。

由齐次线性方程组 $\boldsymbol{A}^{\mathrm{T}}\boldsymbol{A}\boldsymbol{X}=\boldsymbol{0}$ 与 $\boldsymbol{A}\boldsymbol{X}=\boldsymbol{0}$ 的等价性，其解空间一定有相同的维数。又它们解空间的维数分别是 $n-r(\boldsymbol{A}^{\mathrm{T}}\boldsymbol{A})$ 和 $n-r(\boldsymbol{A})$，从而它们的系数矩阵一定有相同的秩，即 $r(\boldsymbol{A}^{\mathrm{T}}\boldsymbol{A})=r(\boldsymbol{A})$。

【例 12】 已知线性方程组（Ⅰ）

$$(\text{Ⅰ})\begin{cases}a_{11}x_1+a_{12}x_2+\cdots+a_{1,2n}x_{2n}=0\\ a_{21}x_1+a_{22}x_2+\cdots+a_{2,2n}x_{2n}=0\\ \cdots\cdots\cdots\cdots\cdots\cdots\cdots\cdots\\ a_{n1}x_1+a_{n2}x_2+\cdots+a_{n,2n}x_{2n}=0\end{cases}$$

的一个基础解系为 $(b_{11},b_{12},\cdots,b_{1,2n})^{\mathrm{T}}$，$(b_{21},b_{22},\cdots,b_{2,2n})^{\mathrm{T}}$，$\cdots$，$(b_{n1},b_{n2},\cdots,b_{n,2n})^{\mathrm{T}}$，试写出下列线性方程组（Ⅱ）的通解，并说明理由。

$$(\text{Ⅱ})\begin{cases}b_{11}y_1+b_{12}y_2+\cdots+b_{1,2n}y_{2n}=0\\ b_{21}y_1+b_{22}y_2+\cdots+b_{2,2n}y_{2n}=0\\ \cdots\cdots\cdots\cdots\cdots\cdots\cdots\cdots\\ b_{n1}y_1+b_{n2}y_2+\cdots+a_{n,2n}y_{2n}=0\end{cases}$$

解 为了求（Ⅱ）的通解，关键在于求出其一个基础解系。现令 $\boldsymbol{\alpha}_i=(a_{i1},a_{i2},\cdots,a_{i,in})$，$\boldsymbol{\beta}_i=(b_{i1},b_{i2},\cdots,b_{i,in})^{\mathrm{T}}(i=1,2,\cdots,n)$。又设（Ⅰ）和（Ⅱ）的系数矩阵分别为 $\boldsymbol{A},\boldsymbol{B}$，则

$$\boldsymbol{A}=\begin{pmatrix}\boldsymbol{\alpha}_1^{\mathrm{T}}\\ \vdots\\ \boldsymbol{\alpha}_n^{\mathrm{T}}\end{pmatrix},\ \boldsymbol{B}=\begin{pmatrix}\boldsymbol{\beta}_1^{\mathrm{T}}\\ \vdots\\ \boldsymbol{\beta}_n^{\mathrm{T}}\end{pmatrix}$$

从而 $\boldsymbol{A}^{\mathrm{T}}=(\boldsymbol{\alpha}_1,\boldsymbol{\alpha}_2,\cdots,\boldsymbol{\alpha}_n)$，$\boldsymbol{B}^{\mathrm{T}}=(\boldsymbol{\beta}_1,\boldsymbol{\beta}_2,\cdots,\boldsymbol{\beta}_n)$。因为 $\boldsymbol{\beta}_1,\boldsymbol{\beta}_2,\cdots,\boldsymbol{\beta}_n$ 为（Ⅰ）

的解向量，所以 $\boldsymbol{A}(\boldsymbol{\beta}_1,\boldsymbol{\beta}_2,\cdots,\boldsymbol{\beta}_n)=\boldsymbol{0}$，即 $\boldsymbol{AB}^{\mathrm{T}}=\boldsymbol{0}$，于是

$$(\boldsymbol{AB}^{\mathrm{T}})^{\mathrm{T}}=\boldsymbol{BA}^{\mathrm{T}}=\boldsymbol{B}(\boldsymbol{\alpha}_1,\boldsymbol{\alpha}_2,\cdots,\boldsymbol{\alpha}_n)=\boldsymbol{0}$$

得知 $\boldsymbol{\alpha}_1,\boldsymbol{\alpha}_2,\cdots,\boldsymbol{\alpha}_n$ 为（Ⅱ）的解向量。

又因为组（Ⅰ）的一个基础解系含 n 个解向量，未知量个数为 $2n$，所以其系数矩阵的秩为 $2n-n=n$。这样，$\boldsymbol{A}$ 的 n 个行向量即 $\boldsymbol{\alpha}_1,\boldsymbol{\alpha}_2,\cdots,\boldsymbol{\alpha}_n$ 线性无关。

下证（Ⅱ）的一个基础解系含 n 个解向量。因为 $r(\boldsymbol{B})=r(\boldsymbol{B}^{\mathrm{T}})=r(\boldsymbol{\beta}_1,\boldsymbol{\beta}_2,\cdots,\boldsymbol{\beta}_n)=n$，（Ⅱ）的未知量个数为 $2n$，所以它的一个基础解系也应含 $2n-n=n$ 个解向量，而 $\boldsymbol{\alpha}_1,\boldsymbol{\alpha}_2,\cdots,\boldsymbol{\alpha}_n$ 恰为（Ⅱ）的 n 个线性无关的解向量，从而可知 $\boldsymbol{\alpha}_1,\boldsymbol{\alpha}_2,\cdots,\boldsymbol{\alpha}_n$ 为（Ⅱ）的一个基础解系，因此，（Ⅱ）的所求通解为

$$\boldsymbol{\eta}=k_1\boldsymbol{\alpha}_1+k_2\boldsymbol{\alpha}_2+\cdots+k_n\boldsymbol{\alpha}_n\text{，其中 }k_1,k_2,\cdots,k_n\text{ 为任意实数}$$

关于基础解系的证明方法归纳起来主要有以下两种方法：一是根据定义证明；第二种方法是证明所给的线性无关的向量组与基础解系等价。

【例 13】 设 $\boldsymbol{\alpha}_0,\boldsymbol{\alpha}_1,\cdots,\boldsymbol{\alpha}_{n-r}$ 为 $\boldsymbol{AX}=\boldsymbol{b}$（$\boldsymbol{b}\neq\boldsymbol{0}$）的 $n-r+1$ 个线性无关的解向量，$\boldsymbol{A}$ 的秩为 r，证明

$$\boldsymbol{\alpha}_1-\boldsymbol{\alpha}_0,\ \boldsymbol{\alpha}_2-\boldsymbol{\alpha}_0,\ \cdots,\ \boldsymbol{\alpha}_{n-r}-\boldsymbol{\alpha}_0$$

是对应齐次线性方程组 $\boldsymbol{AX}=\boldsymbol{0}$ 的基础解系。

证明 向量组含 $n-r$ 个向量，下面证明它们是 $\boldsymbol{AX}=\boldsymbol{0}$ 的解向量，且线性无关。因为

$$\boldsymbol{A\alpha}_1=\boldsymbol{b},\ \boldsymbol{A\alpha}_0=\boldsymbol{b},\ \cdots,\ \boldsymbol{A\alpha}_{n-r}=\boldsymbol{b}$$

所以 $\boldsymbol{A}(\boldsymbol{\alpha}_i-\boldsymbol{\alpha}_0)=\boldsymbol{A\alpha}_i-\boldsymbol{A\alpha}_0=\boldsymbol{b}-\boldsymbol{b}=\boldsymbol{0}(i=1,2,\cdots,n-r)$。即 $\boldsymbol{\alpha}_i-\boldsymbol{\alpha}_0$ 为 $\boldsymbol{AX}=\boldsymbol{0}$ 的解向量。下面再证明这些解向量线性无关。

事实上，设 $k_1(\boldsymbol{\alpha}_1-\boldsymbol{\alpha}_0)+k_2(\boldsymbol{\alpha}_2-\boldsymbol{\alpha}_0)+\cdots+k_{n-r}(\boldsymbol{\alpha}_{n-r}-\boldsymbol{\alpha}_0)=\boldsymbol{0}$，即

$$k_1\boldsymbol{\alpha}_1+k_2\boldsymbol{\alpha}_2+\cdots+k_{n-r}\boldsymbol{\alpha}_{n-r}+(-k_1-k_2-\cdots-k_{n-r})\boldsymbol{\alpha}_0=\boldsymbol{0}$$

因为 $\boldsymbol{\alpha}_0,\boldsymbol{\alpha}_1,\cdots,\boldsymbol{\alpha}_{n-r}$ 线性无关，所以仅当 $k_1=k_2=\cdots=k_{n-r}=0$ 时，上述等式才能成立。从而 $\boldsymbol{\alpha}_1-\boldsymbol{\alpha}_0,\boldsymbol{\alpha}_2-\boldsymbol{\alpha}_0,\cdots,\boldsymbol{\alpha}_{n-r}-\boldsymbol{\alpha}_0$ 线性无关。

综上，本题得证。

4. 线性方程组有解的条件与判定

【例 14】 设

$$\begin{cases}x_1-x_2=a_1\\x_2-x_3=a_2\\x_3-x_4=a_3\\x_4-x_5=a_4\\x_5-x_1=a_5\end{cases}$$

证明：这个方程组有解的充分必要条件为 $\sum_{i=1}^{5}a_i=0$。在有解的情形，求出它的

通解。

证明 利用初等行变换，得

$$\bar{A}\rightarrow\left(\begin{array}{ccccc:l}1&0&0&0&-1&a_1+a_2+a_3+a_4\\0&1&0&0&-1&a_2+a_3+a_4\\0&0&1&0&-1&a_3+a_4\\0&0&0&1&-1&a_4\\0&0&0&0&0&a_1+a_2+a_3+a_4+a_5\end{array}\right)$$

当且仅当 $\sum_{i=1}^{5}a_i=0$ 时，$r(\bar{\boldsymbol{A}})=r(\boldsymbol{A})=4$，故所给方程组有解的充要条件是 $\sum_{i=1}^{5}a_i=0$，且由上式可得原方程组的一个特解

$$\boldsymbol{X}_0=\begin{pmatrix}a_1+a_2+a_3+a_4\\a_2+a_3+a_4\\a_3+a_4\\a_4\\0\end{pmatrix}$$

和对应的齐次方程组的基础解系为 $\boldsymbol{\alpha}=(1\quad 1\quad 1\quad 1\quad 1)^{\mathrm{T}}$，故原方程组的一般解为

$$\boldsymbol{X}=k\begin{pmatrix}1\\1\\1\\1\\1\end{pmatrix}+\begin{pmatrix}a_1+a_2+a_3+a_4\\a_2+a_3+a_4\\a_3+a_4\\a_4\\0\end{pmatrix}$$

其中 k 为任意实数。

【例 15】 设 n 阶矩阵 $\boldsymbol{A}$ 的 n 个列向量为 $\boldsymbol{\alpha}_i=(\boldsymbol{\alpha}_{1i},\boldsymbol{\alpha}_{2i},\cdots,\boldsymbol{\alpha}_{ni})^{\mathrm{T}}(i=1,2,\cdots,n)$。$n$ 阶矩阵 $\boldsymbol{B}$ 的 n 个列向量为 $\boldsymbol{\alpha}_1+\boldsymbol{\alpha}_2,\boldsymbol{\alpha}_2+\boldsymbol{\alpha}_3,\cdots,\boldsymbol{\alpha}_{n-1}+\boldsymbol{\alpha}_n,\boldsymbol{\alpha}_n+\boldsymbol{\alpha}_1$。试问当 $r(\boldsymbol{A})=n$ 时，齐次线性方程组 $\boldsymbol{BX}=\boldsymbol{0}$ 是否有非零解，并证明你的结论。

解 关于本题亦可参见第三章例 7，现直接讨论。由于

$$\boldsymbol{B}=(\boldsymbol{\alpha}_1+\boldsymbol{\alpha}_2,\boldsymbol{\alpha}_2+\boldsymbol{\alpha}_3,\cdots,\boldsymbol{\alpha}_{n-1}+\boldsymbol{\alpha}_n,\boldsymbol{\alpha}_n+\boldsymbol{\alpha}_1)$$

$$=(\boldsymbol{\alpha}_1,\boldsymbol{\alpha}_2,\cdots,\boldsymbol{\alpha}_n)\begin{pmatrix}1&0&\cdots&1\\1&1&\cdots&0\\&\cdots\cdots\cdots&&\\0&0&\cdots&1\end{pmatrix}=\boldsymbol{AC}$$

因为 $r(\boldsymbol{A})=n$，所以 $\boldsymbol{BX}=\boldsymbol{0}$ 有非零解的充要条件为：$|\boldsymbol{B}|=0$，即

$$|\boldsymbol{C}|=1+(-1)^{n+1}=0$$

所以齐次线性方程组 $\boldsymbol{BX}=\boldsymbol{0}$ 有非零解的充要条件为 n 是偶数。

【例 16】 证明方程组

$$(\text{Ⅰ})\begin{cases}a_{11}y_1+a_{12}y_2+\cdots+a_{1n}y_n=b_1\\a_{21}y_1+a_{22}y_2+\cdots+a_{2n}y_n=b_2\\\cdots\cdots\cdots\cdots\cdots\cdots\cdots\cdots\cdots\cdots\\a_{m1}y_1+a_{m2}y_2+\cdots+a_{mn}y_n=b_m\end{cases}$$

有解的充要条件是方程组

$$(\text{Ⅱ})\begin{cases}a_{11}x_1+a_{21}x_2+\cdots+a_{m1}x_m=0\\a_{12}x_1+a_{22}x_2+\cdots+a_{m2}x_m=0\\\cdots\cdots\cdots\cdots\cdots\cdots\cdots\cdots\cdots\cdots\\a_{1n}x_1+a_{2n}x_2+\cdots+a_{mn}x_m=0\end{cases}$$

的解全是方程组 $b_1x_1+b_2x_2+\cdots+b_mx_m=0$ 的解。

证明 首先我们需要搞清楚一个问题：方程组（Ⅱ）的解全是方程 $b_1x_1+b_2x_2+\cdots+b_mx_m=0$ 的解，它的含义大家都是清楚的，但其实质意义是什么？我们从此能得出什么结论呢？

现在我们这么来理解，如果将两个方程（组）合并，构成一个新的齐次线性方程组

$$(\text{Ⅲ})\begin{cases}\begin{cases}a_{11}x_1+a_{21}x_2+\cdots+a_{m1}x_m=0\\a_{12}x_1+a_{22}x_2+\cdots+a_{m2}x_m=0\\\cdots\cdots\cdots\cdots\cdots\cdots\cdots\cdots\cdots\cdots\\a_{1n}x_1+a_{2n}x_2+\cdots+a_{mn}x_m=0\end{cases}\\b_1x_1+b_2x_2+\cdots+b_mx_m=0\end{cases}$$

则这个新的方程组（Ⅲ）与方程组（Ⅱ）是同解（或称之为等价）的。即把行向量 $\boldsymbol{b}=(b_1,b_2,\cdots,b_m)$添加到方程组（Ⅱ）的系数矩阵 $\boldsymbol{A}$ 上去以后，新的方程组的系数矩阵秩一定不改变。

于是若假设方程组（Ⅱ）的系数矩阵 $\boldsymbol{A}$ 的秩为 r，且不妨设 $\boldsymbol{A}$ 的前 r 个行向量线性无关，则新构成方程组（Ⅲ）的系数矩阵 $\begin{pmatrix}\boldsymbol{A}\\\boldsymbol{b}\end{pmatrix}$ 的秩仍然是 r，且该矩阵的前 r 个行向量仍然线性无关。所以新添加上去的行向量 $\boldsymbol{b}=(b_1,b_2,\cdots,b_m)$ 一定可以用方程组（Ⅱ）的系数矩阵 $\boldsymbol{A}$ 的行向量组（准确地说，能用它的前 r 个线性无关的行向量）来线性表示。

有了这个结论，我们就可以去完成本题的证明了：

方程组（Ⅱ）的解全是 $b_1x_1+b_2x_2+\cdots+b_mx_m=0$ 的解

$\Leftrightarrow\boldsymbol{b}=(b_1,b_2,\cdots,b_m)$是 $\boldsymbol{\alpha}_i=(\boldsymbol{\alpha}_{1i},\boldsymbol{\alpha}_{2i},\cdots,\boldsymbol{\alpha}_{ni})$ 的线性组合

$\Leftrightarrow$存在 $k_1,k_2,\cdots,k_n$ 使 $\boldsymbol{b}=k_1\boldsymbol{\alpha}_1+k_2\boldsymbol{\alpha}_2+\cdots+k_n\boldsymbol{\alpha}_n$

$$\Leftrightarrow\begin{pmatrix}b_1\\b_2\\\vdots\\b_n\end{pmatrix}=k_1\begin{pmatrix}a_{11}\\a_{21}\\\vdots\\a_{m1}\end{pmatrix}+k_2\begin{pmatrix}a_{12}\\a_{22}\\\vdots\\a_{m2}\end{pmatrix}+\cdots+k_n\begin{pmatrix}a_{1n}\\a_{2n}\\\vdots\\a_{mn}\end{pmatrix}$$

⇔方程组（Ⅰ）有解。

综上，命题得证。

第三节 编程应用

对线性方程组 $\boldsymbol{AX}=\boldsymbol{b}$ 的求解，其中 $\boldsymbol{A}$ 是一般的 $m\times n$ 矩阵，MATLAB 有一个常用的函数命令：X＝A \ b。当 $\boldsymbol{b}=\boldsymbol{0}$ 时，“\”算法只会给出一个零解；当$m<n$ 时，算法或者给出方程组的一个特解，或者给出系数矩阵不是行满秩的提示；当 $m>n$ 时，算法给出的一般是该方程组的最小二乘解。所以上面介绍的解方程组的函数命令“\”，不能直接应用于求线性方程组的基础解系或通解。

【例 17】 用编程方法求解下列齐次线性方程组

$$\begin{cases}x_1+2x_2+x_3+x_4+x_5=0\\2x_1+4x_2+3x_3+x_4+x_5=0\\-x_1-2x_2+x_3+3x_4-3x_5=0\\2x_3+5x_4-2x_5=0\end{cases}$$

解 用手工计算的方法求其解，总有一定的计算工作量。现在我们借助于用初等行变换化矩阵为简化阶梯形的函数 rref，直接给出方程组的基础解向量。编程的一个小的“技术”因素是如何从简化阶梯形矩阵 $\boldsymbol{R}$ 来自动生成基础解向量。

编程（prog17）如下：

```
% 求齐次线性方程组 AX=0 的基础解向量
clear all
A=[1 2 1 1 1; 2 4 3 1 1; -1 -2 1 3 -3; 0 0 2 5 -2];      %输入系数矩阵
[m,n]=size(A);
if A==0
    disp('输入的系数矩阵为零矩阵!')
    return
  else
    disp('齐次线性方程组的系数矩阵是:')
        A
    [R,s]=rref(A);                          % 调用初等行变换子函数
    disp('经过初等行变换,系数矩阵 A 化为如下'简化阶梯形':')
```

```
        R
    disp('系数矩阵 A 的秩为:')
        r=length(s)
    if r==n
        disp('线性方程组 AX=0 只有唯一零解!')
    else
        %------------------------------
        % 从矩阵 R 构成基础解向量
        t=0;
        for i=1:r
            h(i)=s(i);                    % 确定解向量 X 的分量次序
        end
        for j=1:n
        k=0;
        for i=1:r
            if j==s(i)  k=1;  break;  end
        end
        if k==0
            t=t+1;    h(r+t)=j;           % 确定解向量 X 的分量次序
            B(:,t)=(-1).*R(:,j);
        end
    end
    B(r+1:n,1:n-r)=eye(n-r,n-r);
    for i=1:n
        C(h(i),:)=B(i,:);                 % 按变量原次序构成基础解向量
    end
    %------------------------------
    disp('线性方程组 AX=0 的基础解向量为:')
        X=C
  end
end
```

程序执行后的输出结果是:

齐次线性方程组的系数矩阵是:

```
A=
     1     2     1     1     1
```

```
    2    4    3    1    1
   -1   -2    1    3   -3
    0    0    2    5   -2
```

经过初等行变换，系数矩阵 **A** 化为如下‘简化阶梯形’：

```
R=
    1    2    0    0    2
    0    0    1    0   -1
    0    0    0    1    0
    0    0    0    0    0
```

系数矩阵 **A** 的秩为：

```
r=
     3
```

线性方程组 $\boldsymbol{AX}=\boldsymbol{0}$ 的基础解（列）向量为：

```
X=
   -2   -2
    1    0
    0    1
    0    0
    0    1
```

对不同的齐次线性方程组，只要相应改变系数矩阵的输入就行了。

【例 18】 用编程方法求解下列非齐次线性方程组

$$\begin{cases} x_1+x_2+x_3=0 \\ x_1+x_2-x_3-x_4-2x_5=1 \\ 2x_1+2x_2-x_4-2x_5=1 \\ 5x_1+5x_2-3x_3-4x_4-8x_5=4 \end{cases}$$

解 我们同样借助于用初等行变换化矩阵为简化阶梯形的函数 rref，给出方程组的特解与对应的齐次方程组基础解向量。编程的“技术处理”与齐次线性方程组（见例 17）类似。

编程（prog18）如下：

```
% 求解非齐次线性方程组AX=b,给出其特解与对应的齐次方程基础解向量
clear all
A=[1 1 1 0 0;1 1 -1 -1 -2; 2 2 0 -1 -2; 5 5 -3 -4 -8];
                                                % 输入系数矩阵
[m,n]=size(A);
b=[0 1 1 4];                                    % 输入常数向量
```

```
b=b(:);      p=size(b,1);
if m~=p
    disp('输入的(系数)矩阵或常数列向量有错误!')              % 输入检查
    return
else
    disp('输入的增广矩阵 Ab 为:')
    Ab(:,1:n)=A;     Ab(:,n+1)=b                          % 构成增广矩阵
    [R,s]=rref(Ab);                                 % 调用初等行变换子函数
    disp('经过初等行变换,增广矩阵 Ab 化为如下'简化阶梯形':')
        R
    disp('增广矩阵 Ab 的秩为:')
        r=length(s)
    if s(r)==n+1                      % 常数列向量不能增加增广矩阵的秩
        disp('非齐次线性方程组 AX=b 无解!')
    else
        %-----------------------------------------------
        % 从简化阶梯形矩阵 R 给出方程特解,构成对应的齐次方程组的基
        础解向量
        if r==n
            disp('非齐次线性方程组 AX=b 有唯一解,解为:')
            X0=R(:,n+1)
        else
            t=0;
        for i=1:r   h(i)=s(i);   end             % 确定解向量 X 的分量次序
        B(1:r,1)=R(1:r,n+1);
        for j=1:n
            k=0;
            for i=1:r
                if j==s(i) k=1; break; end
            end
            if k==0
                t=t+1;   h(r+t)=j;          % 确定解向量 X 的分量次序
                B(1:r,t+1)=(-1).*R(1:r,j);
            end
        end
```

```
        B(r+1:n,1)=zeros(n-r,1);
        B(r+1:n,2:n-r+1)=eye(n-r,n-r);
        for i=1:n
            C(h(i),:)=B(i,:);            % 按原次序构成基础解向量
          end
    %-----------------------------------------------
    disp('非齐次线性方程组AX=b的特解为:')
        X0=C(:,1)
    disp('对应齐次线性方程组AX=0的基础解向量为:')
        X=C(:,2:n-r+1)
    end
  end
end
```

程序执行后的输出结果是:

输入的增广矩阵 ***Ab*** 为:

```
Ab=
     1     1     1     0     0     0
     1     1    -1    -1    -2     1
     2     2     0    -1    -2     1
     5     5    -3    -4    -8     4
```

经过初等行变换，增广矩阵 ***Ab*** 化为如下“简化阶梯形”:

```
R=
    1.0000    1.0000         0   -0.5000   -1.0000    0.5000
         0         0    1.0000    0.5000    1.0000   -0.5000
         0         0         0         0         0         0
         0         0         0         0         0         0
```

增广矩阵 ***Ab*** 的秩为:

```
r=
   2
```

非齐次线性方程组 ***AX***=***b*** 的特解为:

```
X0=
    0.5000
         0
   -0.5000
         0
```

```
     0
```

对应齐次线性方程组 $\boldsymbol{AX}=\mathbf{0}$ 的基础解向量为：(按列)

```
X =
   -1.0000    0.5000    1.0000
    1.0000         0         0
         0   -0.5000   -1.0000
         0    1.0000         0
         0         0    1.0000
```

如果方程组无解或只有唯一解，上述算法同样会给出提示说明或最终结果。当然，对线性方程组求解，也可以借助于 null 函数，但这要牵涉到第七章线性变换核空间的概念。

【例 19】 给定齐次线性方程组

$$\begin{cases}(1-a)x_1 - 2x_2 + 4x_3 = 0\\ 2x_1 + (3-a)x_2 + x_3 = 0\\ x_1 + x_2 + (1-a)x_3 = 0\end{cases}$$

问：当参数 a 取何值时方程组有非零解？在有解时，求出其基础解向量。

解 该齐次线性方程组的系数行列式是参数 a 的三次多项式，用手工方法求其零点本已很麻烦，再求对应的齐次方程组的基础解向量工作量更大！这时用 MATLAB 编程方法去求解，更显出其优势。

编程（prog19）如下：

```
% 解带参数“a”的齐次方程组 Aa X=0
% 问：何时有非零解？在有解时，并求其基础解向量
clear all
syms a
disp('方程组的系数矩阵为：')
Aa=[1-a -2 4; 2 3-a 1; 1 1 1-a]          % 输入系数矩阵,a 为符号参数
disp(' ')
D=det(Aa);
p=sym2poly(D);                            % 符号多项式转换为数值多项式
y=roots(p)                                % 求系数矩阵行列式的零点
mm=length(y);                             % 求多项式的零点个数
if mm>=1
    for i=1:mm
        disp('------------------------ ')
        disp('当系数矩阵 Aa 中参数的值为：')
```

```
        k=y(i)
        A=subs(Aa,a,k);                          % 计算系数矩阵
        prog41              % 调用齐次线性方程组求解的子程序!
        disp('------------------------ ')
    end
end
```

说明：调用齐次线性方程组求解子程序（prog18）时，要去掉子程序中矩阵输入及之前的两个语句，否则无法正常调用。

程序执行后的输出结果是：

```
方程组的系数矩阵为：
Aa=
    [1-a,    -2,     4]
    [  2,   3-a,     1]
    [  1,     1,   1-a]
------------------------------------
当系数矩阵 Aa 中参数的值为：
a=
  0
齐次线性方程组的系数矩阵是：
A=
    1  -2   4
    2   3   1
    1   1   1
经过初等行变换，系数矩阵 A 化为如下‘简化阶梯形’：
R=
    1   0   2
    0   1  -1
    0   0   0
线性方程组 AX=0 的基础解向量为：
X =
  -2
   1
   1
------------------------------------
------------------------------------
```

当系数矩阵 **A**a 中参数的值为：

```
a=
  3.0000
```

齐次线性方程组的系数矩阵是：

```
A =
  -2.0000  -2.0000   4.0000
   2.0000  -0.0000   1.0000
   1.0000   1.0000  -2.0000
```

经过初等行变换，系数矩阵 **A** 化为如下‘简化阶梯形’：

```
R=
   1.0000        0   0.5000
        0   1.0000  -2.5000
        0        0        0
```

线性方程组 **AX**=**0** 的基础解向量为：

```
X =
  -0.5000
   2.5000
   1.0000
```

当系数矩阵 **A**a 中参数的值为：

```
a=
  2.0000
```

齐次线性方程组的系数矩阵是：

```
A =
  -1.0000  -2.0000   4.0000
   2.0000   1.0000   1.0000
   1.0000   1.0000  -1.0000
```

经过初等行变换，系数矩阵 **A** 化为如下‘简化阶梯形’：

```
R=
   1.0000        0   2.0000
        0   1.0000  -3.0000
        0        0        0
```

线性方程组 **AX**=**0** 的基础解向量为：

```
X =
```

```
  -2.0000
   3.0000
   1.0000
```

本题中的算法求出了齐次线性方程组有非零解的三种可能的情况，并且在各种情况下给出了齐次线性方程组的基础解系。对于像本章例 4、例 6 那样的带有参数的非齐次线性方程组的求解问题照样可以通过编程的方法加以解决。这留作练习（参见习题 13）。

至此，我们很“轻松地”就解决了上述只带一个参数的齐次线性方程组的求解问题。体现了用 MATLAB 编程方法求解线性代数问题的巨大的优越性。也许在学习编程过程中大家会花费一些时间，但是当你能够通过 MATLAB 编程去解决你自己感兴趣的实际问题时，这样的努力又是多么的值得呢？

【例 20】 当参数 a，b 取何值时，下列线性方程组无解、有唯一解、或有无穷多组解？在有解时，求出其解。

$$\begin{cases} x_1 + x_2 + x_3 + x_4 = 0 \\ x_2 + 2x_3 + 2x_4 = 1 \\ -x_2 + (a-3)x_3 - 2x_4 = b \\ 3x_1 + 2x_2 + x_3 + ax_4 = -1 \end{cases}$$

解 本题在前面例 5 中用手工分析方法曾作求解。对带有二个以上参数的非齐次线性方程组，用手工方法求解有很大的计算困难，完全依靠编程计算也很难实现。这时用 MATLAB 编程方法，并与手工分析相互结合，也是可行的。

用 MATLAB 中的 sym/rref 内部函数只能得到对增广矩阵作初等行变换的一个最终的结果，无法完整解答本题。这时需要自编程序，显示初等行变换每一步的过程，并在一些关键步骤之后对参数的情况作出相应的分类讨论。

编程（prog20）因为程序比较复杂，在这里就不把程序完整输出了。需要了解程序执行细节的读者可以从本书相关网址或邮箱下载。下面只是给出程序执行的一个简要过程。

对输入的增广矩阵（矩阵最后一列对应线性方程组右端的常数列）

```
[1,   1,   1,  1,  0]
[0,   1,   2,  2,  1]
[0,  -1,a-3, -2,  b]
[3,   2,   1,  a, -1]
```

作初等行变换并逐步显示。首先把矩阵的第 1 行元素的 −3 倍，加到矩阵的第 4 行上去

```
[1,    1,    1,    1,  0]
[0,    1,    2,    2,  1]
[0,   -1,a-3,   -2,  b]
[0,   -1,   -2,a-3,-1]
```

接着再把矩阵的第2行每个元素的-1倍，加到矩阵的第1行，把矩阵第2行元素的1倍，加到矩阵的第3行，以及把矩阵第2行元素的1倍，加到矩阵的第4行上去，就得到

```
[1,  0,    -1,  -1,  -1]
[0,  1,     2,   2,   1]
[0,  0,  a-1,    0,b+1]
[0,  0,     0,a-1,    0]
```

这时，程序报告对参数 a，b 的取值分类情况需要作一次手工分析。因为是多参数情况，编程无法实现。从上面的行变换输出结果，不难看出：

当 $a=1$，$b\neq -1$ 时，增广矩阵的秩大于系数矩阵的秩，此时方程组无解；

当 $a=1$，$b=-1$ 时，增广矩阵的秩等于系数矩阵的秩，但是小于未知量个数4，此时方程组有无穷多组，将参数 a，b 的值代入增广矩阵，从上面矩阵也可以看到其基础解向量与通解为

$$\begin{pmatrix}-1\\1\\0\\0\end{pmatrix}+k_1\begin{pmatrix}1\\-2\\1\\0\end{pmatrix}+k_2\begin{pmatrix}1\\-2\\0\\1\end{pmatrix}$$

式中，k_1，k_2 为任意常数。

而当 $a\neq 1$ 时，增广矩阵的秩等于系数矩阵的秩，并且就等于未知量个数4，此时方程组有唯一解。对增广矩阵继续作初等行变换，最终得到（省去了若干过程！）

```
[1,  0,  0,  0,  (b+1)/(a - 1) - 1]
[0,  1,  0,  0,  1-(2(b+1))/(a-1)]
[0,  0,  1,  0,        (b+1)/(a-1)]
[0,  0,  0,  1,                  0]
```

上述矩阵的最后一列就是此时方程组的唯一解。

用编程方法求解带有多个参数的非线性方程组，除了情况分类讨论需要人工介入外，其余复杂的符号计算结果都是可以通过编程方法得到的。程序求解中也有更多的例子可供参考。

第四节 习 题

1. 填充题

① 设 $x_1-x_2=a$，$x_2-x_3=2a$，$x_3-x_4=3a$，$x_4-x_1=1$，该方程组有解的充分必要条件为 $a=$________。

② 对于线性方程组 $\begin{cases}kx_1+x_2+x_3=1\\x_1+kx_2+x_3=k\\x_1+x_2+kx_3=k^2\end{cases}$，当 $k=$__________时无解，当 $k=$__________时有无穷多解。

③ 设齐次线性方程组为 $x_1+2x_2+\cdots+nx_n=0$，则它的基础解系中所含向量的个数为__________。

④ 设 n 阶矩阵 $\boldsymbol{A}$ 的各行元素之和均为零，且 $\boldsymbol{A}$ 的秩为 $n-1$，则线性方程组 $\boldsymbol{AX}=\boldsymbol{0}$ 的通解为__________。

⑤ 设 $\boldsymbol{A}$ 为 $m\times n$ 矩阵，齐次线性方程组 $\boldsymbol{AX}=\boldsymbol{0}$ 仅有零解的充分条件是 $\boldsymbol{A}$ 的列向量__________（填线性相关或线性无关）。

2. 选择题

① 设 n 元齐次线性方程组 $\boldsymbol{AX}=\boldsymbol{0}$ 的系数矩阵 $\boldsymbol{A}$ 的秩为 r，则 $\boldsymbol{AX}=\boldsymbol{0}$ 有非零解的充分必要条件是（　　）。

(A) $r=n$　　(B) $r\geqslant n$　　(C) $r<n$　　(D) $r>n$

② 设 $\boldsymbol{A}$ 为 $m\times n$ 矩阵，$\boldsymbol{AX}=\boldsymbol{0}$ 是非齐次线性方程组 $\boldsymbol{AX}=\boldsymbol{b}$ 所对应的齐次线性方程组，则下列结论正确的是（　　）。

(A) 若 $\boldsymbol{AX}=\boldsymbol{0}$ 仅有零解，则 $\boldsymbol{AX}=\boldsymbol{b}$ 有唯一解

(B) 若 $\boldsymbol{AX}=\boldsymbol{0}$ 有非零解，则 $\boldsymbol{AX}=\boldsymbol{b}$ 有无穷多解

(C) 若 $\boldsymbol{AX}=\boldsymbol{0}$ 有无穷多个解，则 $\boldsymbol{AX}=\boldsymbol{b}$ 仅有零解

(D) 若 $\boldsymbol{AX}=\boldsymbol{0}$ 有无穷多个解，则 $\boldsymbol{AX}=\boldsymbol{b}$ 有非零解

③ 设 n 元齐次线性方程组的一个基础解系为 $\boldsymbol{\alpha}_1,\boldsymbol{\alpha}_2,\boldsymbol{\alpha}_3,\boldsymbol{\alpha}_4$，则（　　）也是该齐次线性方程组的基础解系。

(A) $\boldsymbol{\alpha}_1-\boldsymbol{\alpha}_2$，$\boldsymbol{\alpha}_2-\boldsymbol{\alpha}_3$，$\boldsymbol{\alpha}_3-\boldsymbol{\alpha}_4$，$\boldsymbol{\alpha}_4-\boldsymbol{\alpha}_1$

(B) $\boldsymbol{\alpha}_1+\boldsymbol{\alpha}_2$，$\boldsymbol{\alpha}_2+\boldsymbol{\alpha}_3$，$\boldsymbol{\alpha}_3+\boldsymbol{\alpha}_4$，$\boldsymbol{\alpha}_4+\boldsymbol{\alpha}_1$

(C) $\boldsymbol{\alpha}_1$，$\boldsymbol{\alpha}_1+\boldsymbol{\alpha}_2$，$\boldsymbol{\alpha}_1+\boldsymbol{\alpha}_2+\boldsymbol{\alpha}_3$，$\boldsymbol{\alpha}_1+\boldsymbol{\alpha}_2+\boldsymbol{\alpha}_3+\boldsymbol{\alpha}_4$

(D) $\boldsymbol{\alpha}_1+\boldsymbol{\alpha}_2$，$\boldsymbol{\alpha}_2+\boldsymbol{\alpha}_3$，$\boldsymbol{\alpha}_3-\boldsymbol{\alpha}_4$，$\boldsymbol{\alpha}_4-\boldsymbol{\alpha}_1$

④ 当系数矩阵 $\boldsymbol{A}$ 为（　　）时，$\boldsymbol{\alpha}_1=(1,0,2)^{\mathrm{T}}$，$\boldsymbol{\alpha}_2=(0,1,-1)^{\mathrm{T}}$ 都是线性方程组 $\boldsymbol{AX}=\boldsymbol{0}$ 的解向量。

(A) $(-2,1,1)$ (B) $\begin{pmatrix} 2 & 0 & -1 \\ 0 & 1 & 1 \end{pmatrix}$

(C) $\begin{pmatrix} -1 & 0 & 2 \\ 0 & 1 & -1 \end{pmatrix}$ (D) $\begin{pmatrix} 0 & 1 & -1 \\ 4 & -2 & -2 \\ 0 & 1 & 1 \end{pmatrix}$

⑤ 设 $\boldsymbol{A}$，$\boldsymbol{B}$ 为满足 $\boldsymbol{AB}=\boldsymbol{0}$ 的任意两个非零矩阵，则必有（　　）。

(A) $\boldsymbol{A}$ 的列向量组线性相关，$\boldsymbol{B}$ 的行向量组线性相关

(B) $\boldsymbol{A}$ 的列向量组线性相关，$\boldsymbol{B}$ 的列向量组线性相关

(C) $\boldsymbol{A}$ 的行向量组线性相关，$\boldsymbol{B}$ 的行向量组线性相关

(D) $\boldsymbol{A}$ 的行向量组线性相关，$\boldsymbol{B}$ 的列向量组线性相关

⑥ 设 n 阶矩阵 $\boldsymbol{A}$ 的伴随矩阵 $\boldsymbol{A}^*\neq\boldsymbol{0}$，若 $\boldsymbol{\xi}_1,\boldsymbol{\xi}_2,\boldsymbol{\xi}_3,\boldsymbol{\xi}_4$ 是非齐次线性方程组 $\boldsymbol{AX}=\boldsymbol{b}$ 的互不相等的解，则对应的齐次线性方程组 $\boldsymbol{AX}=\boldsymbol{0}$ 的基础解系（　　）。

(A) 不存在 (B) 仅含一个非零解向量

(C) 含有两个线性无关的解向量 (D) 含有三个线性无关的解向量

3. 求下列齐次线性方程组的基础解系

$$\begin{cases} x_1+2x_2+x_3+x_4-x_5=0 \\ x_2+x_3+x_4+x_5+x_6=0 \\ x_1+x_2+x_4+2x_6=0 \\ 2x_2+2x_3-x_6=0 \end{cases}$$

4. 设齐次线性方程组 $\boldsymbol{AX}=\boldsymbol{0}$ 以 $\boldsymbol{\alpha}_1=(1,0,1)^{\mathrm{T}}$，$\boldsymbol{\alpha}_2=(0,1,-1)^{\mathrm{T}}$ 为基础解系，求该方程组。

5. 求 a 和 b 的值，使齐次线性方程组

$$\begin{cases} ax_1+x_2+x_3=0 \\ x_1+bx_2+x_3=0 \\ x_1+2bx_2+x_3=0 \end{cases}$$

有非零解，并求它的一般解。

6. 设线性方程组为

$$\begin{cases} 3ax_1+(2a+1)x_2+(a+1)x_3=a \\ (2a-1)x_1+(2a-1)x_2+(a-2)x_3=a+1 \\ (4a-1)x_1+3ax_2+2ax_3=1 \end{cases}$$

(1) 问 a 取何值时，此方程组有解？有无穷多解？无解？

(2) 当方程组有无穷多解时，试用基础解系表示其全部解。

7. 设四元线性齐次方程组（Ⅰ）为

$$(\text{Ⅰ})\begin{cases} x_1+x_2=0 \\ x_2-x_4=0 \end{cases}$$

又已知某齐次线性方程组（Ⅱ）的通解为

$$k_1\begin{pmatrix}0\\1\\1\\0\end{pmatrix}+k_2\begin{pmatrix}-1\\2\\2\\1\end{pmatrix}$$

(1) 求方程组（Ⅰ）的一个基础解系；

(2) 问方程组（Ⅱ）与（Ⅰ）有没有非零公共解。若有，则求出全部非零公共解；若没有，则说明理由。

8. 已知下列非齐次线性方程组（Ⅰ）与（Ⅱ）

$$(\text{Ⅰ})\begin{cases}x_1+x_2-2x_4=-6\\4x_1-x_2-x_3-x_4=1\\3x_1-x_2-x_3=3\end{cases}$$

$$(\text{Ⅱ})\begin{cases}x_1+mx_2-x_3-x_4=-5\\nx_2-x_3-2x_4=-11\\x_3-2x_4=-t+1\end{cases}$$

(1) 求方程组（Ⅰ）的通解；

(2) 当方程组（Ⅱ）中参数 m,n,t 为何值时，方程组（Ⅰ）与（Ⅱ）同解。

9. 试求下列线性方程组有解的充要条件

$$\begin{cases}x_1-x_2=a_1\\x_2-x_3=a_2\\\cdots\cdots\\x_{n-1}-x_n=a_{n-1}\\-x_1+x_n=a_n\end{cases}$$

10. 设 $\boldsymbol{\alpha}_1=(1,2,0)^T$，$\boldsymbol{\alpha}_2=(1,a+2,-3a)^T$，$\boldsymbol{\alpha}_3=(-1,-b-2,a+2b)^T$，$\boldsymbol{\beta}=(1,3,-3)^T$，试讨论当 a,b 为何值时

(1) $\boldsymbol{\beta}$ 不能由 $\boldsymbol{\alpha}_1,\boldsymbol{\alpha}_2,\boldsymbol{\alpha}_3$ 线性表示；

(2) $\boldsymbol{\beta}$ 可由 $\boldsymbol{\alpha}_1,\boldsymbol{\alpha}_2,\boldsymbol{\alpha}_3$ 唯一线性表示，并求出表示式；

(3) $\boldsymbol{\beta}$ 可由 $\boldsymbol{\alpha}_1,\boldsymbol{\alpha}_2,\boldsymbol{\alpha}_3$ 线性表示，但表示式不唯一，并求出表示式。

11. 设齐次线性方程组

$$\begin{cases}a_{11}x_1+a_{12}x_2+\cdots+a_{1n}x_n=0\\a_{21}x_1+a_{22}x_2+\cdots+a_{2n}x_n=0\\\cdots\cdots\\a_{n1}x_1+a_{n2}x_2+\cdots+a_{nn}x_n=0\end{cases}$$

的系数矩阵的行列式 $|\boldsymbol{A}|=0$，则 $\boldsymbol{A}$ 中某一元素 a_{ki} 的代数余子式 $A_{ki}\neq0$，证明：$(A_{k1},A_{k2},\cdots,A_{kn})$ 构成这个齐次线性方程组的一个基础解系。

12. 给定齐次线性方程组

$$\begin{cases}(1+a)x_1- & 2x_2+x_3=0\\ ax_1+(1+2a)x_2+x_3=0\\ x_1 & +x_3=0\end{cases}$$

问：当参数 a 取何值时方程组有非零解？在有解时，求出其基础解向量。

13. 用MATLAB编程方法求解：当 k 为何值时，方程组

$$\begin{cases}x_1+x_2+kx_3=4\\ -x_1+kx_2+x_3=k^2\\ x_1-x_2+2x_3=-4\end{cases}$$

无解、有唯一解或有无穷多组解？在有解时，并求出其解。

习题答案与解法提示

1. 填充题

① $-1/6$　② -2，1；提示：可以用行列式法或初等行变换法求解

③ $n-1$　④ $k(1,1,\cdots,1)^{\mathrm{T}}$，其中 k 为任意实数　⑤ 线性无关

2. 选择题

①（C）　②（D）；提示：必须在 $\boldsymbol{AX}=\boldsymbol{b}$ 有解的前提下考察某些结论是否成立。首先可排除（A）和（B），又因为 $\boldsymbol{AX}=\boldsymbol{b}$ 的任意两个解之差仍是 $\boldsymbol{AX}=\boldsymbol{0}$ 的解，所以应选（D）　③（C）　④（A）

⑤（A）；提示：设 $\boldsymbol{A}$ 为 $m\times n$ 矩阵，$\boldsymbol{B}$ 为 $n\times s$ 矩阵，则由 $\boldsymbol{AB}=\boldsymbol{0}$ 可知，$r(\boldsymbol{A})+r(\boldsymbol{B})<n$，又 $\boldsymbol{A}$，$\boldsymbol{B}$ 为非零矩阵，必有 $r(\boldsymbol{A})>0$，$r(\boldsymbol{B})>0$。可见 $r(\boldsymbol{A})<n$，$r(\boldsymbol{B})<n$，即 $\boldsymbol{A}$ 的列向量组线性相关，$\boldsymbol{B}$ 的行向量组线性相关，故应选（A）。本题也可以用另一种方法求解，由 $\boldsymbol{AB}=\boldsymbol{0}$ 知，$\boldsymbol{B}$ 的每一列均为 $\boldsymbol{AB}=\boldsymbol{0}$ 的解，而 $\boldsymbol{B}$ 为非零矩阵，即 $\boldsymbol{AB}=\boldsymbol{0}$ 存在非零解，可见 $\boldsymbol{A}$ 的列向量组线性相关。同理，由 $\boldsymbol{AB}=\boldsymbol{0}$ 知，$\boldsymbol{B}^{\mathrm{T}}\boldsymbol{A}^{\mathrm{T}}=\boldsymbol{0}$，于是有 $\boldsymbol{B}^{\mathrm{T}}$ 的列向量组，即 $\boldsymbol{B}$ 的行向量组线性相关，故应选（A）。

⑥（B）；因为基础解系含向量的个数为 $n-r(\boldsymbol{A})$，而且

$$r(\boldsymbol{A}^*)=\begin{cases}n,r(\boldsymbol{A})=n\\ 1,r(\boldsymbol{A})=n-1\\ 0,r(\boldsymbol{A})<n-1\end{cases}$$，根据已知条件 $\boldsymbol{A}^*\neq 0$，可得 $r(\boldsymbol{A})$ 等于 n 或 $n-1$。

又 $\boldsymbol{AX}=\boldsymbol{b}$ 有互不相等的解，即解不唯一，所以 $r(\boldsymbol{A})=n-1$，即基础解系仅含一个解向量，即选（B）。

3. $\boldsymbol{\alpha}_1=(-1,1,-1,0,0,0)^{\mathrm{T}}$，$\boldsymbol{\alpha}_2=(2,0,1,-2,1,0)^{\mathrm{T}}$，$\boldsymbol{\alpha}_3=(1,0,2,-3,0,1)^{\mathrm{T}}$。

4. $\boldsymbol{A}=(-1,1,1)$。

5. 当 $a=1$ 或 $b=0$ 时，方程组有非零解；

当 $a=1$ 时，一般解为 $k(-1,0,1)^T$，k 为任意常数；

当 $b=0$ 时，一般解为 $k(-1,a-1,1)^T$，k 为任意常数。

6. (1) 当 $a=\pm1$ 时，方程组有唯一解；当 $a=1$ 时，方程组有无穷多解；当 $a=-1$ 时，方程组无解；

(2) 当 $a=1$ 时，方程组的全部解为 $\boldsymbol{X}=(1,0,-1)^T+k(-1,1,0)^T$，$k$ 为任意常数。

7. (1) 对方程组（Ⅰ）的系数矩阵进行行初等变换，得（Ⅰ）的一个基础解系为

$$\boldsymbol{\alpha}_1=\begin{pmatrix}0\\0\\1\\0\end{pmatrix},\ \boldsymbol{\alpha}_2=\begin{pmatrix}-1\\1\\0\\1\end{pmatrix};$$

(2) 将方程组（Ⅱ）的通解代入方程组（Ⅰ），得

$$\begin{cases}k_1+k_2=0\\k_1+k_2=0\end{cases}$$

从而 $k_2=-k_1$，再代入（Ⅱ）的通解表达式，得

$$k_1\begin{pmatrix}-1\\1\\1\\1\end{pmatrix},\ k_1 \text{ 为任意常数}$$

当 $k_1\neq0$ 时，此即方程组（Ⅰ）与（Ⅱ）的全部非零公共解。

8. (1) 方程组（Ⅰ）的通解为

$$\boldsymbol{X}=\begin{pmatrix}-2\\-4\\-5\\0\end{pmatrix}+k\begin{pmatrix}1\\1\\2\\1\end{pmatrix},\ k \text{ 为任意常数}$$

(2) 将（Ⅰ）的通解分别代入（Ⅱ）的三个方程，有 $m=2$，$n=4$，$t=6$。且当 $m=2$，$n=4$，$t=6$ 时，方程组（Ⅱ）的增广矩阵

$$\begin{pmatrix}1&2&-1&-1&-5\\0&4&-1&-2&-11\\0&0&1&2&-5\end{pmatrix}\to\begin{pmatrix}1&0&0&-1&-2\\0&1&0&-1&-4\\0&0&1&-2&-5\end{pmatrix}$$

此时方程组（Ⅰ）与（Ⅱ）同解。

9. 方程组有解的充要条件为 $\sum\limits_{i=1}^{n}a_i=0$；提示：对方程组的增广矩阵进行行

初等变换，可得到 $r(\boldsymbol{A})=n-1$。

10. 提示：将 $\boldsymbol{\beta}$ 可否由 $\boldsymbol{\alpha}_1,\boldsymbol{\alpha}_2,\boldsymbol{\alpha}_3$ 线性表示转化为线性方程组 $k_1\boldsymbol{\alpha}_1+k_2\boldsymbol{\alpha}_2+k_3\boldsymbol{\alpha}_3=\boldsymbol{\beta}$ 是否有解的问题求解。(1) 当 $a=0$ 时，$\boldsymbol{\beta}$ 不能由 $\boldsymbol{\alpha}_1,\boldsymbol{\alpha}_2,\boldsymbol{\alpha}_3$ 线性表示；(2) 当 $a\neq 0$ 且 $a\neq b$ 时，$\boldsymbol{\beta}$ 可由 $\boldsymbol{\alpha}_1,\boldsymbol{\alpha}_2,\boldsymbol{\alpha}_3$ 唯一地线性表示，其表示式为 $\boldsymbol{\beta}=\left(1-\dfrac{1}{a}\right)\boldsymbol{\alpha}_1+\dfrac{1}{a}\boldsymbol{\alpha}_2$；(3) 当 $a=b\neq 0$ 时，$\boldsymbol{\beta}$ 可由 $\boldsymbol{\alpha}_1,\boldsymbol{\alpha}_2,\boldsymbol{\alpha}_3$ 线性表示，但不唯一，其表示式为 $\boldsymbol{\beta}=\left(1-\dfrac{1}{a}\right)\boldsymbol{\alpha}_1+\left(\dfrac{1}{a}+c\right)\boldsymbol{\alpha}_2+c\boldsymbol{\alpha}_3$。

11. 提示：$|\boldsymbol{A}|=0$，$A_{ki}\neq 0$，故 $r(\boldsymbol{A})=n-1$，因而方程组的基础解系只含一个解向量。由

$$a_{j1}A_{k1}+a_{j2}A_{k2}+\cdots+a_{jn}A_{kn}=\begin{cases}0, & j\neq k\\ |\boldsymbol{A}|=0, & j=k\end{cases}$$

可知 $(A_{k1},A_{k2},\cdots,A_{kn})$ 为方程组的解。又因为 $A_{ki}\neq 0$，此解为非零解向量，且线性无关，所以 $(A_{k1},A_{k2},\cdots,A_{kn})$ 为方程组的基础解系。

12. 提示：本题可以用手工计算或编程求解两种方法去完成。相应修改 prog43 中的矩阵输入（见 prog44)，则有下列结果输出：

```
方程组的系数矩阵为：
Aa=
    [1+a,     -2,   1]
    [  a, 1+2*a,   1]
    [  1,      0,   1]
------------------------------------
当系数矩阵 Aa 中参数的值为：
a=
   -2
齐次线性方程组的系数矩阵是：
A=
   -1  -2   1
   -2  -3   1
    1   0   1
经过初等行变换，系数矩阵 A 化为如下‘简化阶梯形’：
R=
   1   0   1
   0   1  -1
   0   0   0
系数矩阵 A 的秩为：
```

```
r=
   2
```

线性方程组 **AX**=**0** 的基础解向量为：

```
X=
    -1
     1
     1
--------------------------------------
--------------------------------------
```

当系数矩阵 **A**a 中参数的值为：

```
a=
   0.5000
```

齐次线性方程组的系数矩阵是：

```
A=
    1.5000   -2.0000    1.0000
    0.5000    2.0000    1.0000
    1.0000         0    1.0000
```

经过初等行变换，系数矩阵 **A** 化为如下‘简化阶梯形’：

```
R=
    1.0000         0    1.0000
         0    1.0000    0.2500
         0         0         0
```

系数矩阵 **A** 的秩为：

```
r=
   2
```

线性方程组 **AX**=**0** 的基础解向量为：

```
X=
    -1.0000
    -0.2500
     1.0000
```

13. 提示：只要对程序（prog43）作几点简单修改，修改后的程序为（prog45）。执行（prog45）后有下列结果输出：

方程组的系数矩阵与常数列向量为：

```
Aa=
    [ 1,    1,    a]
```

```
    [-1,    a,    1]
    [ 1,   -1,    2]
ba=
    [4,  a^2,  -4]
```

当系数矩阵 **A***a* 中参数的值不等于：

```
y=
     4
    -1
```

时，非齐次方程组 **A***a***X**=**b***a* 有唯一解，为：

```
x=
   [      a*(2+a)/(a+1)]
   [(2*a+a^2+4)/(a+1)]
   [         -2*a/(a+1)]
```

当系数矩阵 **A***a* 中参数的值为：

```
a=
   4
```

输入的增广矩阵 **Ab** 为：

```
Ab=
       1     1     4     4
      -1     4     1    16
       1    -1     2    -4
```

经过初等行变换，增广矩阵 **Ab** 化为如下'简化阶梯形'：

```
R=
    1    0    3    0
    0    1    1    4
    0    0    0    0
```

增广矩阵 **Ab** 的秩为：

```
r=
   2
```

非齐次线性方程组 **AX**=**b** 的特解为：

```
X0=
     0
     4
     0
```

对应齐次线性方程组 $\boldsymbol{AX}=\mathbf{0}$ 的基础解向量为：(按列)

```
X=

   -3
   -1
    1
```

当系数矩阵 $\boldsymbol{A}a$ 中参数的值为：

```
a=

  -1
```

输入的增广矩阵 $\boldsymbol{Ab}$ 为：

```
Ab=

     1    1   -1    4
    -1   -1    1    1
     1   -1    2   -4
```

经过初等行变换，增广矩阵 $\boldsymbol{Ab}$ 化为如下‘简化阶梯形’：

```
R=

   1.0000        0   0.5000        0
        0   1.0000  -1.5000        0
        0        0        0   1.0000
```

增广矩阵 $\boldsymbol{Ab}$ 的秩为：

```
r=

   3
```

非齐次线性方程组 $\boldsymbol{AX}=\boldsymbol{b}$ 无解！

第五章 特征值与特征向量 矩阵的对角化

第一节 内容提要

1. 矩阵的特征值与特征向量

定义 1 设 $\boldsymbol{A}$ 是 n 阶方阵，如果存在数 λ 和非零的 n 维向量 $\boldsymbol{\alpha}$，使得 $\boldsymbol{A\alpha}=\lambda\boldsymbol{\alpha}$。那么，称 λ 为矩阵 $\boldsymbol{A}$ 的一个**特征值**，而称 $\boldsymbol{\alpha}$ 为 $\boldsymbol{A}$ 的属于特征值 λ 的一个**特征向量**。

属于同一特征值的特征向量不是唯一的。但是，任一个特征向量只能属于唯一的一个特征值。

定义 2 对于 n 阶矩阵 $\boldsymbol{A}=(a_{ij})$，记

$$f(\lambda)=|\boldsymbol{A}-\lambda\boldsymbol{E}|=\begin{vmatrix} a_{11}-\lambda & a_{12} & \cdots & a_{1n} \\ a_{21} & a_{22}-\lambda & \cdots & a_{2n} \\ \cdots & \cdots & \cdots & \cdots \\ a_{n1} & a_{n2} & \cdots & a_{nn}-\lambda \end{vmatrix}$$

它是 λ 的 n 次多项式，称为方阵 $\boldsymbol{A}$ 的**特征多项式**，方程 $f(\lambda)=0$ 称为方阵 $\boldsymbol{A}$ 的**特征方程**。

求矩阵 $\boldsymbol{A}$ 的特征值和特征向量的具体步骤：

(1) 求矩阵 $\boldsymbol{A}$ 的特征多项式 $f(\lambda)=|\boldsymbol{A}-\lambda\boldsymbol{E}|$；

(2) 求出特征方程 $f(\lambda)=0$ 的全部根，这些根就是 $\boldsymbol{A}$ 的全部特征值；

(3) 对所求得的每一个特征值 λ，代入齐次线性方程组 $(\boldsymbol{A}-\lambda\boldsymbol{E})\boldsymbol{X}=\boldsymbol{0}$，求出对应的基础解系：$\boldsymbol{\eta}_1,\boldsymbol{\eta}_2,\cdots,\boldsymbol{\eta}_r$。则 $k_1\boldsymbol{\eta}_1+k_2\boldsymbol{\eta}_2+\cdots+k_r\boldsymbol{\eta}_r$ ($k_1,k_2,\cdots,k_r$ 不全为 0)便是 $\boldsymbol{A}$ 的属于特征值 λ 的全部特征向量。

设 n 阶矩阵 $\boldsymbol{A}=(a_{ij})$ 有 n 个特征值为 $\lambda_1,\lambda_2,\cdots,\lambda_n$（$k$ 重特征值算作 k 个特征值），则

(1) $\sum\limits_{i=1}^{n}\lambda_i=\sum\limits_{i=1}^{n}a_{ii}$；　　(2) $\prod\limits_{i=1}^{n}\lambda_i=|\boldsymbol{A}|$。

其中 $\sum\limits_{i=1}^{n}a_{ii}$ 是 $\boldsymbol{A}$ 的主对角线元素之和，称为矩阵 $\boldsymbol{A}$ 的迹，记作 $\mathrm{tr}(\boldsymbol{A})$。

定理 1 设 $\lambda_1,\lambda_2,\cdots,\lambda_s$ 是矩阵 $\boldsymbol{A}$ 的互不相同的特征值，$\boldsymbol{\alpha}_1,\boldsymbol{\alpha}_2,\cdots,\boldsymbol{\alpha}_s$ 是其对应的特征向量，则 $\boldsymbol{\alpha}_1,\boldsymbol{\alpha}_2,\cdots,\boldsymbol{\alpha}_s$ 是线性无关的。

推论 1　设 $\lambda_1,\lambda_2,\cdots,\lambda_s$ 是 n 阶矩阵 $\boldsymbol{A}$ 的 s 个互不相同的特征值，对应于 λ_i 的线性无关的特征向量为 $\boldsymbol{\alpha}_{i1},\boldsymbol{\alpha}_{i2},\cdots,\boldsymbol{\alpha}_{ir_i}(\boldsymbol{i}=1,2,\cdots,\boldsymbol{s})$，则由所有这些特征向量构成的向量组 $\boldsymbol{\alpha}_{11},\boldsymbol{\alpha}_{12},\cdots,\boldsymbol{\alpha}_{1r_1},\boldsymbol{\alpha}_{21},\boldsymbol{\alpha}_{22},\cdots,\boldsymbol{\alpha}_{2r_2},\cdots,\boldsymbol{\alpha}_{s1},\boldsymbol{\alpha}_{s2},\cdots,\boldsymbol{\alpha}_{sr_s}$ 线性无关。

2. 相似矩阵和矩阵的对角化

定义 3　设 $\boldsymbol{A}$，$\boldsymbol{B}$ 都是 n 阶方阵，若存在可逆矩阵 $\boldsymbol{P}$，使

$$\boldsymbol{P}^{-1}\boldsymbol{AP}=\boldsymbol{B}$$

则称矩阵 $\boldsymbol{A}$ 与 $\boldsymbol{B}$ 相似，或 $\boldsymbol{A},\boldsymbol{B}$ 是**相似矩阵**，记为 $\boldsymbol{A}\sim\boldsymbol{B}$，可逆矩阵 $\boldsymbol{P}$ 称为将 $\boldsymbol{A}$ 变换成 $\boldsymbol{B}$ 的**相似变换矩阵**。

由定义可知，矩阵的相似关系是一种特殊的等价关系，具有如下性质：

（1）反身性　$\boldsymbol{A}\sim\boldsymbol{A}$；

（2）对称性　若 $\boldsymbol{A}\sim\boldsymbol{B}$，则 $\boldsymbol{B}\sim\boldsymbol{A}$；

（3）传递性　若 $\boldsymbol{A}\sim\boldsymbol{B}$，$\boldsymbol{B}\sim\boldsymbol{C}$，则 $\boldsymbol{A}\sim\boldsymbol{C}$。

定理 2　相似矩阵有相同的特征多项式，从而也有相同的特征值。

推论 2　相似矩阵的行列式相同，迹相同，秩也相同。

下面的定理和推论给出矩阵可对角化，即相似于对角矩阵的条件。

定理 3　n 阶矩阵 $\boldsymbol{A}$ 可对角化的充分必要条件是 $\boldsymbol{A}$ 有 n 个线性无关的特征向量。

推论 3　如果 n 阶方阵 $\boldsymbol{A}$ 有 n 个互异的特征值，那么 $\boldsymbol{A}$ 与对角阵相似。

推论 4　n 阶矩阵 $\boldsymbol{A}$ 的每一个 r_i 重特征值对应有 r_i（$i=1,2,\cdots,s$）个线性无关的特征向量的充要条件是 $\boldsymbol{A}$ 相似于对角矩阵。

3. 实对称矩阵的对角化

矩阵（包括向量）的共轭运算概念：设 $\boldsymbol{A}=(a_{ij})_{m\times n}$ 是复数域上的矩阵，则称 $\overline{\boldsymbol{A}}=(\overline{a}_{ij})_{m\times n}$ 是 $\boldsymbol{A}$ 的共轭矩阵，其中 $\overline{a}_{ij}$ 是 a_{ij} 的共轭复数。

共轭运算具有以下性质：

（1）$\overline{\boldsymbol{A}\pm\boldsymbol{B}}=\overline{\boldsymbol{A}}\pm\overline{\boldsymbol{B}}$；　（2）$\overline{\boldsymbol{AB}}=\overline{\boldsymbol{A}}\,\overline{\boldsymbol{B}}$；

（3）$\overline{k\boldsymbol{A}}=\overline{k}\,\overline{\boldsymbol{A}}$　（4）$(\overline{\boldsymbol{A}})'=\overline{\boldsymbol{A}'}$。

定理 4　实对称矩阵 $\boldsymbol{A}_{n\times n}$ 的特征值都是实数。

定理 5　实对称矩阵 $\boldsymbol{A}$ 不同特征值对应的特征向量 $\boldsymbol{\alpha}_1,\boldsymbol{\alpha}_2$ 必正交。

定理 6　对于任一个 n 阶实对称矩阵 $\boldsymbol{A}$，都存在正交矩阵 $\boldsymbol{Q}$，使得

$$\boldsymbol{Q}^{-1}\boldsymbol{AQ}=\boldsymbol{Q}'\boldsymbol{AQ}=\boldsymbol{\Lambda}$$

其中对角矩阵 $\boldsymbol{\Lambda}=\mathrm{diag}(\lambda_1,\lambda_2,\cdots,\lambda_n)$，$\lambda_i$（$i=1,2,\cdots,n$）是 $\boldsymbol{A}$ 的特征值。

推论 5　实对称矩阵的每一个 r_i（$i=1,2,\cdots,s$）重特征值恰有 r_i 个线性无关的特征向量。

用正交矩阵将 n 阶实对称矩阵 $\boldsymbol{A}$ 对角化的具体步骤：

（1）求出特征多项式 $f(\lambda)=|\boldsymbol{A}-\lambda\boldsymbol{E}|=0$ 所有的根，即 $\boldsymbol{A}$ 的特征值，设为

$\lambda_1,\lambda_2,\cdots,\lambda_s$，其重数分别为 $r_1,r_2,\cdots,r_s$，其中 $r_1+r_2+\cdots+r_s=n$；

(2) 对每个 $\lambda_i(i=1,2,\cdots,s)$ 求出 r_i 个线性无关的特征向量，利用正交化方法，把它们正交单位化，得到 r_i 个相互正交的单位特征向量；

(3) 把属于每个特征值 $\lambda_i(i=1,2,\cdots,s)$ 的正交单位特征向量放在一起，得到 $\boldsymbol{A}$ 的 n 个相互正交的单位特征向量，以它们作为列，得正交矩阵 $\boldsymbol{Q}$，且

$$\boldsymbol{Q}^{-1}\boldsymbol{A}\boldsymbol{Q}=\boldsymbol{Q}'\boldsymbol{A}\boldsymbol{Q}=\mathrm{diag}(\lambda_1,\cdots,\lambda_1,\cdots,\lambda_s,\cdots,\lambda_s)$$

其中 $\lambda_1,\lambda_2,\cdots,\lambda_s$ 出现的次数即为它们各自的重数。

第二节 典型例题

本章主要题型可以归结为以下几类：

· 矩阵特征值与特征向量的计算与证明；

· 矩阵的相似关系与矩阵的对角化；

· 正交矩阵与正交变换。

1. 矩阵特征值与特征向量的计算与证明

【例1】 设3阶矩阵 $\boldsymbol{A}$ 满足每一行的和为3，则 $\boldsymbol{A}$ 的一个特征值为________，对应的特征向量为________。

解 因为矩阵 $\boldsymbol{A}$ 满足每一行的和为3，取 $\boldsymbol{x}=\begin{pmatrix}1\\1\\1\end{pmatrix}$，则

$$\boldsymbol{A}\begin{pmatrix}1\\1\\1\end{pmatrix}=3\begin{pmatrix}1\\1\\1\end{pmatrix}$$

因而 $\lambda=3$ 是 $\boldsymbol{A}$ 的一个特征值，$k\boldsymbol{x}=k\begin{pmatrix}1\\1\\1\end{pmatrix}(k\neq0)$ 是对应的特征向量。

【例2】 设 $\boldsymbol{A}$ 是三阶矩阵，已知 $|\boldsymbol{A}+i\boldsymbol{E}|=0\ (i=1,2,3)$，$\boldsymbol{E}$ 是三阶单位矩阵，则秩 $(\boldsymbol{A}+4\boldsymbol{E})=$______。

解 因为 $|\boldsymbol{A}+i\boldsymbol{E}|=0\ (i=1,2,3)$，所以 $-1,-2,-3$ 为 $\boldsymbol{A}$ 的特征值，又 $\boldsymbol{A}$ 为3阶阵，所以 -4 肯定不是 $\boldsymbol{A}$ 的特征值，从而 $|\boldsymbol{A}+4\boldsymbol{E}|\neq0$，即 $r(\boldsymbol{A}+4\boldsymbol{E})=3$。

【例3】 已知矩阵 $\boldsymbol{A}=\begin{pmatrix}2&3&-1&-4\\0&-1&-2&1\\0&1&2&-2\\0&1&1&2\end{pmatrix}$，求 $\boldsymbol{A}$ 的特征值与特征向量。

解 $\boldsymbol{A}$ 的特征多项式为

$$|\lambda \boldsymbol{E}-\boldsymbol{A}|=\begin{vmatrix}\lambda-2 & -3 & 1 & 4\\ 0 & \lambda+1 & 2 & -1\\ 0 & -1 & \lambda-2 & 2\\ 0 & -1 & -1 & \lambda-2\end{vmatrix}=(\lambda-2)\begin{vmatrix}\lambda+1 & 2 & -1\\ -1 & \lambda-2 & 2\\ -1 & -1 & \lambda-2\end{vmatrix}$$

$$\xlongequal{c_1-c_2}(\lambda-2)\begin{vmatrix}\lambda-1 & 2 & -1\\ 1-\lambda & \lambda-2 & 2\\ 0 & -1 & \lambda-2\end{vmatrix}$$

$$\xlongequal{r_2+r_1}(\lambda-2)\begin{vmatrix}\lambda-1 & 2 & -1\\ 0 & \lambda & 1\\ 0 & -1 & \lambda-2\end{vmatrix}=(\lambda-2)(\lambda-1)^3$$

得矩阵 $\boldsymbol{A}$ 的特征值为 $\lambda_1=2$，$\lambda_2=1$（三重）。

（1）对于特征值 $\lambda_1=2$，解齐次线性方程组 $(2\boldsymbol{E}-\boldsymbol{A})\boldsymbol{X}=\boldsymbol{0}$，求其基础解系

$$2\boldsymbol{E}-\boldsymbol{A}=\begin{pmatrix}0 & -3 & 1 & 4\\ 0 & 3 & 2 & -1\\ 0 & -1 & 0 & 2\\ 0 & -1 & -1 & 0\end{pmatrix}\rightarrow\begin{pmatrix}0 & -1 & -1 & 0\\ 0 & 0 & -1 & -1\\ 0 & 0 & 1 & 2\\ 0 & 0 & 4 & 4\end{pmatrix}\rightarrow\begin{pmatrix}0 & 1 & 0 & 0\\ 0 & 0 & 1 & 0\\ 0 & 0 & 0 & 1\\ 0 & 0 & 0 & 0\end{pmatrix}$$

故基础解系为 $\boldsymbol{\alpha}_1=\begin{pmatrix}1\\0\\0\\0\end{pmatrix}$，所以 $\boldsymbol{A}$ 的属于特征值 $\lambda_1=2$ 的特征向量为 $k_1\boldsymbol{\alpha}_1(k_1\neq0)$。

（2）对于特征值 $\lambda_2=1$，解齐次线性方程组 $(\boldsymbol{E}-\boldsymbol{A})\boldsymbol{X}=\boldsymbol{0}$，求其基础解系。

和上述过程类似，可得基础解系为 $\boldsymbol{\alpha}_2=\begin{pmatrix}4\\-1\\1\\0\end{pmatrix}$，所以 $\boldsymbol{A}$ 的属于特征值 $\lambda_1=1$ 的特征向量为 $k_2\boldsymbol{\alpha}_2$ $(k_2\neq0)$。

【例 4】 设 λ 是 n 阶矩阵 $\boldsymbol{A}$ 的一个特征值，试证：

（1）λ 也是 n 阶矩阵 $\boldsymbol{A}'$ 的一个特征值；

（2）$k-\lambda$ 是矩阵 $k\boldsymbol{E}-\boldsymbol{A}$ 的特征值（k 为常数）；

（3）如果 $\boldsymbol{A}$ 可逆，则 $\dfrac{1}{\lambda}$ 是 $\boldsymbol{A}^{-1}$ 的特征值；

（4）如果 $\boldsymbol{A}$ 可逆，则 $\dfrac{|\boldsymbol{A}|}{\lambda}$ 是 $\boldsymbol{A}^*$ 的特征值。

证明 设 $\boldsymbol{\alpha}$ 是 $\boldsymbol{A}$ 的属于 λ 的特征向量，即 $\boldsymbol{A\alpha}=\lambda\boldsymbol{\alpha}$ $(\boldsymbol{\alpha}\neq0)$。

（1）要证明矩阵 $\boldsymbol{A}$ 与 $\boldsymbol{A}'$ 有相同的特征值，可以证明两矩阵具有相同的特征多项式。分别设 $f(\lambda)$ 与 $f_1(\lambda)$ 为矩阵 $\boldsymbol{A}$ 与 $\boldsymbol{A}'$ 的特征多项式，则

$$f_1(\lambda)=|\boldsymbol{A}'-\lambda\boldsymbol{E}|=|(\boldsymbol{A}-\lambda\boldsymbol{E})'|=|\boldsymbol{A}-\lambda\boldsymbol{E}|=f(\lambda)$$

这样，$\boldsymbol{A}$ 与 $\boldsymbol{A}'$ 有相同的特征多项式，所以有相同的特征值。

应该注意的是，虽然矩阵 $\boldsymbol{A}$ 与其转置矩阵 $\boldsymbol{A}'$ 有相同的特征多项式，从而也有相同的特征值，但对任一相等的特征值而言，分别属于 $\boldsymbol{A}$ 与 $\boldsymbol{A}'$ 的，与这个特征值对应的特征向量一般是不同的。可以举一个具体的例子来说明这一点。

下三角矩阵 $\boldsymbol{A}=\begin{pmatrix}1&0\\1&2\end{pmatrix}$ 与其转置矩阵 $\boldsymbol{A}'=\begin{pmatrix}1&1\\0&2\end{pmatrix}$ 显然有两个相同的特征值 $\lambda_1=1$ 和 $\lambda_2=2$。就特征值 $\lambda_1=1$ 而言，属于 $\boldsymbol{A}$ 的，与特征值 $\lambda_1=1$ 对应的特征向量是 $\boldsymbol{p}=\begin{pmatrix}1\\-1\end{pmatrix}$；而属于 $\boldsymbol{A}'$ 的，与特征值 $\lambda_1=1$ 对应的特征向量是 $\boldsymbol{q}=\begin{pmatrix}1\\0\end{pmatrix}$。并且 $\boldsymbol{p}$ 不再是 $\boldsymbol{A}'$ 的特征向量，同样 $\boldsymbol{q}$ 也不是 $\boldsymbol{A}$ 的特征向量。即分别属于 $\boldsymbol{A}$ 与 $\boldsymbol{A}'$ 的、与同一个特征值对应的特征向量是不同的。

(2) 因为 λ 是 n 阶矩阵 $\boldsymbol{A}$ 的特征值，所以 $|\lambda\boldsymbol{E}-\boldsymbol{A}|=0$。又由于

$$\begin{aligned}|\lambda\boldsymbol{E}-\boldsymbol{A}|&=|\lambda\boldsymbol{E}-k\boldsymbol{E}+k\boldsymbol{E}-\boldsymbol{A}|=|-[(k-\lambda)\boldsymbol{E}-(k\boldsymbol{E}-\boldsymbol{A})]|\\&=(-1)^n|(k-\lambda)\boldsymbol{E}-(k\boldsymbol{E}-\boldsymbol{A})|\end{aligned}$$

因此可得 $|(k-\lambda)\boldsymbol{E}-(k\boldsymbol{E}-\boldsymbol{A})|=0$，即 $k-\lambda$ 是矩阵 $k\boldsymbol{E}-\boldsymbol{A}$ 的特征值。

(3) 先证明若 $\boldsymbol{A}$ 可逆，则 $\boldsymbol{A}$ 的任一特征值不等于零。事实上，设 $\boldsymbol{A}$ 的全部特征值为 $\lambda_1,\lambda_2,\cdots,\lambda_n$，则 $|\boldsymbol{A}|=\lambda_1,\lambda_2\cdots\lambda_n\neq0$，因此，$\boldsymbol{A}$ 的任一特征值不等于零；

再由 $\boldsymbol{A\alpha}=\lambda\boldsymbol{\alpha}$ 且 $\boldsymbol{A}$ 可逆，可知 $\lambda\neq0$。在 $\boldsymbol{A\alpha}=\lambda\boldsymbol{\alpha}$ 两边左乘 $\boldsymbol{A}^{-1}$，得

$$\boldsymbol{A}^{-1}\boldsymbol{A\alpha}=\lambda\boldsymbol{A}^{-1}\boldsymbol{\alpha}$$

即

$$\boldsymbol{A}^{-1}\boldsymbol{\alpha}=\frac{1}{\lambda}\boldsymbol{\alpha}$$

所以 $\frac{1}{\lambda}$ 是 $\boldsymbol{A}^{-1}$ 的特征值。

(4) 在 $\boldsymbol{A\alpha}=\lambda\boldsymbol{\alpha}$ 两边左乘 $\boldsymbol{A}^*$，并注意到 $\boldsymbol{A}^*\boldsymbol{A}=|\boldsymbol{A}|\boldsymbol{E}$，可得

$$|\boldsymbol{A}|\boldsymbol{E\alpha}=\lambda\boldsymbol{A}^*\boldsymbol{\alpha}$$

所以 $\boldsymbol{A}^*\boldsymbol{\alpha}=\frac{|\boldsymbol{A}|}{\lambda}\boldsymbol{\alpha}$，即 $\frac{|\boldsymbol{A}|}{\lambda}$ 是 $\boldsymbol{A}^*$ 的特征值。

注意：证明数 λ 是矩阵 $\boldsymbol{A}$ 的特征值，可直接利用定义 $\boldsymbol{A\alpha}=\lambda\boldsymbol{\alpha}$ 或证明 $|\lambda\boldsymbol{E}-\boldsymbol{A}|=0$，在证明向量不是特征向量时一般也是采用这两种方法。

【例5】 设 λ_1,λ_2 是 n 阶矩阵 $\boldsymbol{A}$ 的两个不同的特征值，$\boldsymbol{\alpha}_1,\boldsymbol{\alpha}_2$ 分别是 $\boldsymbol{A}$ 的属于 λ_1,λ_2 的特征向量，证明 $\boldsymbol{\alpha}_1+\boldsymbol{\alpha}_2$ 不是 $\boldsymbol{A}$ 的特征向量。

证明 用反证法。假设 $\boldsymbol{\alpha}_1+\boldsymbol{\alpha}_2$ 是 $\boldsymbol{A}$ 的属于特征值 λ 特征向量，则

$$\boldsymbol{A}(\boldsymbol{\alpha}_1+\boldsymbol{\alpha}_2)=\lambda(\boldsymbol{\alpha}_1+\boldsymbol{\alpha}_2)=\lambda\boldsymbol{\alpha}_1+\lambda\boldsymbol{\alpha}_2$$

又

$$\boldsymbol{A}(\boldsymbol{\alpha}_1+\boldsymbol{\alpha}_2)=\boldsymbol{A\alpha}_1+\boldsymbol{A\alpha}_2=\lambda_1\boldsymbol{\alpha}_1+\lambda_2\boldsymbol{\alpha}_2$$

上面两式相减，得

$$(\lambda-\lambda_1)\boldsymbol{\alpha}_1+(\lambda-\lambda_2)\boldsymbol{\alpha}_2=\mathbf{0}$$

由于 $\boldsymbol{\alpha}_1$ 与 $\boldsymbol{\alpha}_2$ 线性无关，故 $\lambda-\lambda_1=\lambda-\lambda_2=0$，从而 $\lambda_1=\lambda_2$。这与 $\lambda_1\neq\lambda_2$ 矛盾，所以 $\boldsymbol{\alpha}_1+\boldsymbol{\alpha}_2$ 不是 $\boldsymbol{A}$ 的特征向量。

【例 6】 设 $\boldsymbol{A}$ 是 n 阶正交矩阵，且 $|\boldsymbol{A}|=-1$，则 -1 是 $\boldsymbol{A}$ 的一个特征值。

证明 只需证明 $|-\boldsymbol{E}-\boldsymbol{A}|=0$。事实上，由于 $\boldsymbol{A}^{\mathrm{T}}\boldsymbol{A}=\boldsymbol{E}$，$|\boldsymbol{A}^{\mathrm{T}}|=|\boldsymbol{A}|=-1$，从而有

$$|-\boldsymbol{E}-\boldsymbol{A}|=|-\boldsymbol{A}^{\mathrm{T}}\boldsymbol{A}-\boldsymbol{A}|=|-\boldsymbol{A}^{\mathrm{T}}-\boldsymbol{E}|\cdot|\boldsymbol{A}|=-|-\boldsymbol{E}-\boldsymbol{A}|$$

所以 $2|-\boldsymbol{E}-\boldsymbol{A}|=0$，也就是 $|-\boldsymbol{E}-\boldsymbol{A}|=0$，即 -1 是 $\boldsymbol{A}$ 的一个特征值。

【例 7】 已知实矩阵 $\boldsymbol{A}$ 是 n 阶反对称矩阵。证明

(1) $\boldsymbol{E}+\boldsymbol{A}$，$\boldsymbol{E}-\boldsymbol{A}$ 都是可逆矩阵；

(2) 令 $\boldsymbol{C}=(\boldsymbol{E}-\boldsymbol{A})(\boldsymbol{E}+\boldsymbol{A})^{-1}$，则 $\boldsymbol{E}+\boldsymbol{C}$ 为可逆矩阵。

证明 (1) 首先我们要证明一个重要结论：**实的反对称矩阵其特征值只能是零或纯虚数**。

事实上，若设复数 λ 是矩阵 $\boldsymbol{A}$ 的任一特征值，$\boldsymbol{\alpha}=(a_1,a_2,\cdots,a_n)^{\mathrm{T}}$ 为 $\boldsymbol{A}$ 的属于 λ 的特征向量，则

$$\boldsymbol{A\alpha}=\lambda\boldsymbol{\alpha}$$

两边取转置，再取共轭，得

$$\overline{\boldsymbol{\alpha}'}\,\overline{\boldsymbol{A}'}=\bar{\lambda}\,\overline{\boldsymbol{\alpha}'}$$

因为 $\boldsymbol{A}$ 是反对称实矩阵，所以 $\overline{\boldsymbol{A}'}=-\boldsymbol{A}$，从而

$$-\overline{\boldsymbol{\alpha}'}\boldsymbol{A}=\bar{\lambda}\,\overline{\boldsymbol{\alpha}'}$$

两边右乘 $\boldsymbol{\alpha}$ 得

$$-\overline{\boldsymbol{\alpha}'}\boldsymbol{A\alpha}=\bar{\lambda}\,\overline{\boldsymbol{\alpha}'}\boldsymbol{\alpha}$$

移项，即

$$(\lambda+\bar{\lambda})\overline{\boldsymbol{\alpha}'}\boldsymbol{\alpha}=0$$

因为 $\boldsymbol{\alpha}\neq 0$，所以

$$\overline{\boldsymbol{\alpha}'}\boldsymbol{\alpha}=\overline{a_1}a_1+\overline{a_2}a_2+\cdots+\overline{a_n}a_n>0$$

因此 $\lambda+\bar{\lambda}=0$，所以 λ 的实部必为零，即 λ 只能是零或纯虚数。

接着我们来证明结论 (1)。因为实矩阵 $\boldsymbol{A}$ 是 n 阶反对称矩阵，其特征值只能是零或纯虚数，因而 1 和 -1 都不可能是 $\boldsymbol{A}$ 的特征值，即

$$|\boldsymbol{E}-\boldsymbol{A}|=|1\cdot\boldsymbol{E}-\boldsymbol{A}|\neq 0,\ |(-1)\boldsymbol{E}-\boldsymbol{A}|=(-1)^n|\boldsymbol{E}+\boldsymbol{A}|\neq 0$$

所以 $\boldsymbol{E}+\boldsymbol{A}$，$\boldsymbol{E}-\boldsymbol{A}$ 都是可逆矩阵；

(2) 为证 $\boldsymbol{E}+\boldsymbol{C}$ 是可逆矩阵，只需证 $|\boldsymbol{E}+\boldsymbol{C}|\neq 0$，因为

$$\begin{aligned}|\boldsymbol{E}+\boldsymbol{C}|&=|(\boldsymbol{E}+\boldsymbol{A})(\boldsymbol{E}+\boldsymbol{A})^{-1}+(\boldsymbol{E}-\boldsymbol{A})(\boldsymbol{E}+\boldsymbol{A})^{-1}|\\&=|(\boldsymbol{E}+\boldsymbol{A}+\boldsymbol{E}-\boldsymbol{A})(\boldsymbol{E}+\boldsymbol{A})^{-1}|=|2\boldsymbol{E}|\cdot|\boldsymbol{E}+\boldsymbol{A}|^{-1}\end{aligned}$$

而 $|E+A|\neq 0$，$|2E|=2^n\neq 0$，故 $|E+C|\neq 0$。

【例 8】 设矩阵

$$A=\begin{pmatrix} a & -1 & c \\ 5 & b & 3 \\ 1-c & 0 & -a \end{pmatrix}$$

其行列式 $|A|=-1$，又已知 A 的伴随矩阵 A^* 有一个特征值 λ_0，属于 λ_0 的一个特征向量为 $\boldsymbol{\alpha}=(-1,-1,1)^{\mathrm{T}}$，求 a,b,c 和 λ_0 的值。

解 由题设有 $A^*\boldsymbol{\alpha}=\lambda_0\boldsymbol{\alpha}$，在等式两端左乘 A，有 $AA^*\boldsymbol{\alpha}=\lambda_0 A\boldsymbol{\alpha}$，再利用 $AA^*=|A|E$ 和 $|A|=-1$，又得到 $|A|\boldsymbol{\alpha}=\lambda_0 A\boldsymbol{\alpha}$，即 $\lambda_0 A\boldsymbol{\alpha}=-\boldsymbol{\alpha}$，也就是

$$\lambda_0\begin{pmatrix} a & -1 & c \\ 5 & b & 3 \\ 1-c & 0 & -a \end{pmatrix}\begin{pmatrix} -1 \\ -1 \\ 1 \end{pmatrix}=-\begin{pmatrix} -1 \\ -1 \\ 1 \end{pmatrix}$$

于是

$$\begin{cases} \lambda_0(-a+1+c)=1 \\ \lambda_0(-5-b+3)=1 \\ \lambda_0(-1+c-a)=1 \end{cases}$$

由以上方程组可解得 $\lambda_0=1$，$c=a$，$b=-3$。再由 $|A|=-1$ 得

$$\begin{vmatrix} a & -1 & c \\ 5 & b & 3 \\ 1-c & 0 & -a \end{vmatrix}=a-3=-1$$

即 $a=c=2$，$b=-3$ 和 $\lambda_0=1$ 为所求。

【例 9】 设矩阵

$$A=\begin{pmatrix} -1 & 2 & 2 \\ 2 & -1 & -2 \\ 2 & -2 & -1 \end{pmatrix}$$

(1) 试求 A 的特征值；

(2) 利用 (1) 的结果，求矩阵 $E+A^{-1}$ 的特征值，其中 E 为 3 阶单位矩阵。

解 (1) 因为

$$f(\lambda)=|\lambda E-A|=\begin{vmatrix} \lambda+1 & -2 & -2 \\ -2 & \lambda+1 & 2 \\ -2 & 2 & \lambda+1 \end{vmatrix}\xlongequal{r_1+r_2}\begin{vmatrix} \lambda-1 & \lambda-1 & 0 \\ -2 & \lambda+1 & 2 \\ -2 & 2 & \lambda+1 \end{vmatrix}$$

$$\xlongequal{c_2-c_1}\begin{vmatrix} \lambda-1 & 0 & 0 \\ -2 & \lambda+3 & 2 \\ -2 & 4 & \lambda+1 \end{vmatrix}=(\lambda+5)(\lambda-1)^2$$

得矩阵 A 的特征值为 $\lambda_1=-5$，$\lambda_2=1$（二重）。

（2）由矩阵 $\boldsymbol{A}$ 的特征值，即得 $\boldsymbol{A}^{-1}$ 的所有特征值为 $1,1,-\frac{1}{5}$，从而得 $\boldsymbol{E}+\boldsymbol{A}^{-1}$ 的特征值分别为 $2,2,\frac{4}{5}$。

【例 10】 设矩阵

$$\boldsymbol{A}=\begin{pmatrix}0&0&1\\x&1&y\\1&0&0\end{pmatrix}$$

有三个线性无关的特征向量，求 x 和 y 应满足的条件。

解 因为

$$|\lambda\boldsymbol{E}-\boldsymbol{A}|=-\begin{vmatrix}-\lambda&0&1\\x&1-\lambda&y\\1&0&-\lambda\end{vmatrix}=(\lambda-1)^2\cdot(\lambda+1)$$

故 $\boldsymbol{A}$ 的特征值为 $\lambda_1=\lambda_2=1$，$\lambda_3=-1$。又三阶矩阵 $\boldsymbol{A}$ 有三个线性无关的特征向量的充要条件是：特征值 $\lambda_1=\lambda_2=1$ 对应有两个线性无关的特征向量。

欲使 $\lambda_1=\lambda_2=1$ 有两个线性无关的特征向量，矩阵（$\boldsymbol{A}-\lambda_1\boldsymbol{E}$）的秩必须为 1。而

$$\boldsymbol{A}-\lambda_1\boldsymbol{E}=\begin{pmatrix}-1&0&1\\x&0&y\\1&0&-1\end{pmatrix}\rightarrow\begin{pmatrix}-1&0&1\\x&0&y\\0&0&0\end{pmatrix}\rightarrow\begin{pmatrix}-1&0&1\\0&0&x+y\\0&0&0\end{pmatrix}$$

可知仅当 $x+y=0$ 时，$r(\boldsymbol{A}-\lambda_1\boldsymbol{E})=r(\boldsymbol{A}-\boldsymbol{E})=1$，此时 $\boldsymbol{A}$ 有三个线性无关的特征向量。

2. 矩阵的相似关系与矩阵的对角化

【例 11】 设 $\boldsymbol{A}=\begin{pmatrix}0&-1&0\\1&0&0\\0&0&-1\end{pmatrix}$，$\boldsymbol{B}=\boldsymbol{P}^{-1}\boldsymbol{A}\boldsymbol{P}$，其中 $\boldsymbol{P}$ 为三阶可逆矩阵，则 $\boldsymbol{B}^{2004}-2\boldsymbol{A}^2=$__________。

分析 将 $\boldsymbol{B}$ 的幂次转化为 $\boldsymbol{A}$ 的幂次，并注意到 $\boldsymbol{A}^2$ 为对角矩阵即得答案。

解 因为

$$\boldsymbol{A}^2=\begin{pmatrix}-1&0&0\\0&-1&0\\0&0&1\end{pmatrix},\ \boldsymbol{B}^{2004}=\boldsymbol{P}^{-1}\boldsymbol{A}^{2004}\boldsymbol{P}$$

故
$$\boldsymbol{B}^{2004}=\boldsymbol{P}^{-1}(\boldsymbol{A}^2)^{1002}\boldsymbol{P}=\boldsymbol{P}^{-1}\boldsymbol{E}\boldsymbol{P}=\boldsymbol{E}$$

$$B^{2004}-2A^2=\begin{pmatrix}3&0&0\\0&3&0\\0&0&-1\end{pmatrix}$$

【例 12】 设矩阵

$$B=\begin{pmatrix}0&0&1\\0&1&0\\1&0&0\end{pmatrix}$$

已知矩阵 A 相似于 B，则秩（$A-2E$）与秩（$A-E$）之和等于（　　）。

(A) 2　　(B) 3　　(C) 4　　(D) 5

分析 利用相似矩阵有相同的秩计算，秩（$A-2E$）与秩（$A-E$）之和等于秩（$B-2E$）与秩（$B-E$）之和。

解 因为矩阵 A 相似于 B，于是有矩阵 $A-2E$ 与矩阵 $B-2E$ 相似，矩阵 $A-E$ 与矩阵 $B-E$ 相似，且相似矩阵有相同的秩，而

$$秩(B-2E)=秩\begin{pmatrix}-2&0&1\\0&-1&0\\1&0&-2\end{pmatrix}=3,秩(B-E)=秩\begin{pmatrix}-1&0&1\\0&0&0\\1&0&-1\end{pmatrix}=1$$

可见有　秩$(A-2E)$+秩$(A-E)$=秩$(B-2E)$+秩$(B-E)=4$，故应选（C)。

【例 13】 设 A 是 3 阶矩阵，特征值是 $\lambda_1=2$，$\lambda_2=-1$，$\lambda_3=0$，对应的特征向量分别是 a_1,a_2,a_3，若 $P=(a_3,3a_2,-a_1)$，则 $P^{-1}AP=$（　　）。

(A) $\begin{pmatrix}2&&\\&-1&\\&&0\end{pmatrix}$　　(B) $\begin{pmatrix}0&&\\&-3&\\&&-2\end{pmatrix}$

(C) $\begin{pmatrix}0&&\\&-1&\\&&2\end{pmatrix}$　　(D) $\begin{pmatrix}0&&\\&1&\\&&-2\end{pmatrix}$

解 答案（C)。若 a 是矩阵 A 属于特征值 λ 的特征向量，则 $ka(k\neq0)$ 仍是矩阵 A 属于特征值 λ 的特征向量，所以 $3a_2$ 与 $-a_1$ 仍分别是 $\lambda_2=-1$，$\lambda_1=2$ 的特征向量，即

$$A(3a_2)=-(3a_2),\quad A(-a_1)=2(-a_1)$$

那么

$$\begin{aligned}AP&=A(a_3,3a_2,-a_1)=(Aa_3,A(3a_2),A(-a_1))=(0a_3,-3a_2,2(-a_1))\\&=(a_3,3a_2,-a_1)\begin{pmatrix}0&&\\&-1&\\&&2\end{pmatrix}=P\begin{pmatrix}0&&\\&-1&\\&&2\end{pmatrix}\end{aligned}$$

从而 $P^{-1}AP=\begin{pmatrix}0&&\\&-1&\\&&2\end{pmatrix}$，故应选（C）。

【例 14】 设矩阵 A 可逆，且 $A\sim B$，则 $A^*\sim B^*$。

证明 因为 A 可逆，且 $A\sim B$，所以存在可逆矩阵 P，使 $P^{-1}AP=B$，从而 B 也可逆，并且 $|A|=|B|$，另外还有

$$B^{-1}=(P^{-1}AP)^{-1}=P^{-1}A^{-1}P$$

又由 $AA^*=|A|E$，$BB^*=|B|E$，可知

$$A^*=|A|A^{-1},B^*=|B|B^{-1}$$

于是在上式两端同乘以 $|B|$（或 $|A|$），得

$$|B|B^{-1}=P^{-1}|A|A^{-1}P$$

即 $B^*=P^{-1}A^*P$，所以 $A^*\sim B^*$。

【例 15】 判别下列各对矩阵是否相似

（1）$A_1=\begin{pmatrix}1&1&0\\0&2&1\\0&0&3\end{pmatrix}$，$B_1=\begin{pmatrix}3&4&5\\0&2&6\\0&0&1\end{pmatrix}$；

（2）$A_2=\begin{pmatrix}3&1&0\\0&3&1\\0&0&3\end{pmatrix}$，$B_2=\begin{pmatrix}3&0&0\\0&3&0\\0&0&3\end{pmatrix}$；

（3）$A_3=\begin{pmatrix}1&1&1\\1&1&1\\1&1&1\end{pmatrix}$，$B_3=\begin{pmatrix}3&0&0\\1&0&0\\1&0&0\end{pmatrix}$。

解 若 n 阶方阵 A 与 B 有相同的特征值，且都相似于对角阵 Λ，则必有 $A\sim B$。这是判别两个方阵相似经常采用的方法。

（1）A_1 与 B_1 均为上三角阵，故由特征方程可知 A_1 与 B_1 的主对角线上元素 1,2,3 是其特征值，而三个特征值互异，故 $A_1\sim\mathrm{diag}(1,2,3)$，$B_1\sim\mathrm{diag}(1,2,3)$，从而 $A_1\sim B_1$。

（2）易知 A_2 与 B_2 的特征值均为 $\lambda=3$ 且均为三重特征值。A_2 与 B_2 能否相似于对角阵，取决于 A_2 是否有三个线性无关的特征向量，因为 B_2 本身已是对角阵，而

$$A_2-3E=\begin{pmatrix}0&1&0\\0&0&1\\0&0&0\end{pmatrix},\quad r(A_2-3E)=2$$

A_2 仅有一个线性无关的特征向量，所以 A_2 与 B_2 不相似。

（3）因为 $|A_3-\lambda E|=(3-\lambda)(-\lambda)^2$，$A_3$ 的特征值为 $\lambda_1=3$，$\lambda_2=\lambda_3=0$，又

由于 $\boldsymbol{A}_3$ 是实对称矩阵，所以 $\boldsymbol{A}_3\sim\mathrm{diag}(3,0,0)$。此外，可以求得 $|\boldsymbol{B}_3-\lambda\boldsymbol{E}|=(3-\lambda)(-\lambda)^2$，这说明 $\boldsymbol{B}_2$ 与 $\boldsymbol{A}_3$ 有相同的特征值。但对应于 $\lambda_2=\lambda_3=0$ 时，因为

$$\boldsymbol{B}_3-0\boldsymbol{E}=\boldsymbol{B}_3=\begin{pmatrix}3&0&0\\1&0&0\\1&0&0\end{pmatrix}\to\begin{pmatrix}1&0&0\\0&0&0\\0&0&0\end{pmatrix}$$

$r(\boldsymbol{B}_3-0\boldsymbol{E})=1$，对应 $\lambda_2=\lambda_3=0$ 有两个线性无关的特征向量，故 $\boldsymbol{B}_3\sim\mathrm{diag}(3,0,0)$，从而 $\boldsymbol{A}_3\sim\boldsymbol{B}_3$。

【例 16】 当 a,b,c 取何值时，矩阵 $\boldsymbol{A}$ 可以对角化？

$$\boldsymbol{A}=\begin{pmatrix}1&0&0&0\\a&1&0&0\\2&b&2&0\\2&3&c&2\end{pmatrix}$$

解 因为 $|\lambda\boldsymbol{E}-\boldsymbol{A}|=(\lambda-1)^2(\lambda-2)^2$，所以 $\boldsymbol{A}$ 的特征值为 $\lambda_1=\lambda_2=1$，$\lambda_3=\lambda_4=2$，为了使得

$$r(\lambda_1\boldsymbol{E}-\boldsymbol{A})=r(\boldsymbol{E}-\boldsymbol{A})=r\begin{pmatrix}0&0&0&0\\a&0&0&0\\-2&-b&-1&0\\-2&-3&-c&-1\end{pmatrix}=n-k_1=4-2=2$$

必有 $a=0$，b,c 可取任意值。同理，为使

$$r(\lambda_3\boldsymbol{E}-\boldsymbol{A})=r(2\boldsymbol{E}-\boldsymbol{A})=r\begin{pmatrix}-1&0&0&0\\-a&-1&0&0\\-2&-b&0&0\\-2&-3&-c&0\end{pmatrix}=n-k_3=4-2=2$$

必有 $c=0$，a,b 可取任意值。从而当 $a=c=0$，b 为任意值时，矩阵 $\boldsymbol{A}$ 可以对角化。

【例 17】 已知矩阵 $\boldsymbol{A}$ 与 $\boldsymbol{B}$ 相似，其中

$$\boldsymbol{A}=\begin{pmatrix}1&-1&1\\2&4&-2\\-3&-3&x\end{pmatrix},\ \boldsymbol{B}=\begin{pmatrix}2&0&0\\0&2&0\\0&0&y\end{pmatrix}$$

(1) 求 x，y 的值；

(2) 求可逆矩阵 $\boldsymbol{P}$，使 $\boldsymbol{P}^{-1}\boldsymbol{A}\boldsymbol{P}=\boldsymbol{B}$。

解 (1) 因为 $\boldsymbol{A}$ 与 $\boldsymbol{B}$ 相似，所以 $|\boldsymbol{A}-\lambda\boldsymbol{E}|=|\boldsymbol{B}-\lambda\boldsymbol{E}|$，即

$$\begin{vmatrix}1-\lambda&-1&1\\2&4-\lambda&-2\\-3&-3&x-\lambda\end{vmatrix}=\begin{vmatrix}2-\lambda&0&0\\0&2-\lambda&0\\0&0&y-\lambda\end{vmatrix}$$

通过计算可得如下方程

$$(2-\lambda)[\lambda^2-\lambda(x+3)+3(x-1)]=(2-\lambda)^2(y-\lambda)$$

比较等式两边 λ 的同次幂系数得 $x=5$，$y=6$。

（2）由（1）知，$\boldsymbol{A}$ 的特征值 $\lambda_1=\lambda_2=2$，$\lambda_3=6$。当 $\lambda_1=\lambda_2=2$ 时，解齐次线性方程组 $(\boldsymbol{A}-2\boldsymbol{E})\boldsymbol{X}=\boldsymbol{0}$，即

$$\begin{pmatrix}-1 & -1 & 1\\ 2 & 2 & -2\\ -3 & -3 & 3\end{pmatrix}\begin{pmatrix}x_1\\ x_2\\ x_3\end{pmatrix}=\begin{pmatrix}0\\ 0\\ 0\end{pmatrix}$$

得到 $\boldsymbol{A}$ 的与特征值 $\lambda_1=\lambda_2=2$ 对应的两个线性无关的特征向量为

$$\boldsymbol{\alpha}_1=\begin{pmatrix}1\\ -1\\ 0\end{pmatrix},\ \boldsymbol{\alpha}_2=\begin{pmatrix}1\\ 0\\ 1\end{pmatrix}$$

而当 $\lambda_3=6$ 时，解齐次线性方程组 $(\boldsymbol{A}-6\boldsymbol{E})\boldsymbol{X}=\boldsymbol{0}$，得到 $\boldsymbol{A}$ 的对应 $\lambda_3=6$ 的特征向量为

$$\boldsymbol{\alpha}_3=\begin{pmatrix}1\\ -2\\ 3\end{pmatrix}$$

令

$$\boldsymbol{P}=(\boldsymbol{\alpha}_1,\boldsymbol{\alpha}_2,\boldsymbol{\alpha}_3)=\begin{pmatrix}1 & 1 & 1\\ -1 & 0 & -2\\ 0 & 1 & 3\end{pmatrix}$$

则有 $\boldsymbol{P}^{-1}\boldsymbol{AP}=\boldsymbol{B}$。

【例 18】 已知矩阵 $\boldsymbol{A}=\begin{pmatrix}1 & 2\\ 4 & 3\end{pmatrix}$，求 $\boldsymbol{A}^n$。

解 由于

$$|\lambda\boldsymbol{E}-\boldsymbol{A}|=(\lambda-5)(\lambda+1)$$

可得 $\boldsymbol{A}$ 的两个互异的特征值为 $\lambda_1=5$，$\lambda_2=-1$，因此 $\boldsymbol{A}$ 与对角阵相似。求解线性方程组，

$$(\lambda_1\boldsymbol{E}-\boldsymbol{A})\boldsymbol{X}=\boldsymbol{0},\quad (\lambda_2\boldsymbol{E}-\boldsymbol{A})\boldsymbol{X}=\boldsymbol{0}$$

分别得到线性无关的解向量

$$\boldsymbol{\alpha}_1=\begin{pmatrix}1\\ 2\end{pmatrix},\ \boldsymbol{\alpha}_2=\begin{pmatrix}-1\\ 1\end{pmatrix}$$

令 $\boldsymbol{P}=(\boldsymbol{\alpha}_1,\boldsymbol{\alpha}_2)=\begin{pmatrix}1 & -1\\ 2 & 1\end{pmatrix}$，则 $\boldsymbol{P}^{-1}=\dfrac{1}{3}\begin{pmatrix}1 & 1\\ -2 & 1\end{pmatrix}$，这样就有

$$P^{-1}AP=\begin{pmatrix}5 & \\ & -1\end{pmatrix}$$

即

$$A=P\begin{pmatrix}5 & \\ & -1\end{pmatrix}P^{-1}$$

两边取 n 次方，得

$$A^n=P\begin{pmatrix}5 & 0\\ 0 & -1\end{pmatrix}^n P^{-1}=\frac{1}{3}\begin{pmatrix}5^n-2(-1)^{n+1} & 5^n+(-1)^{n+1}\\ 2\cdot 5^n-2(-1)^n & 2\cdot 5^n+(-1)^n\end{pmatrix}$$

【例 19】 设三阶矩阵 A 的特征值为 $\lambda_1=1$，$\lambda_2=2$，$\lambda_3=3$，对应的特征向量依次为

$$\boldsymbol{\alpha}_1=\begin{pmatrix}1\\1\\1\end{pmatrix},\ \boldsymbol{\alpha}_2=\begin{pmatrix}1\\2\\4\end{pmatrix},\ \boldsymbol{\alpha}_3=\begin{pmatrix}1\\3\\9\end{pmatrix}$$

（1）将向量 $\boldsymbol{\beta}=(1,1,1)^{\mathrm{T}}$ 用 $\boldsymbol{\alpha}_1,\boldsymbol{\alpha}_2,\boldsymbol{\alpha}_3$ 线性表示；

（2）求 $A^n\boldsymbol{\beta}$（n 为自然数）。

解 （1）对如下矩阵进行初等变换，有

$$(\boldsymbol{\alpha}_1,\boldsymbol{\alpha}_2,\boldsymbol{\alpha}_3,\boldsymbol{\beta})\to\begin{pmatrix}1 & 0 & 0 & 2\\ 0 & 1 & 0 & -2\\ 0 & 0 & 1 & 1\end{pmatrix}$$

所以向量 $\boldsymbol{\alpha}_1,\boldsymbol{\alpha}_2,\boldsymbol{\alpha}_3$ 线性无关，从而向量 $\boldsymbol{\beta}$ 可以唯一地表示为 $\boldsymbol{\alpha}_1,\boldsymbol{\alpha}_2,\boldsymbol{\alpha}_3$ 的线性组合，$\boldsymbol{\beta}=2\boldsymbol{\alpha}_1-2\boldsymbol{\alpha}_2+\boldsymbol{\alpha}_3$。

（2）由 $A^n\boldsymbol{\alpha}_1=\lambda_1^n\boldsymbol{\alpha}_1$，$A^n\boldsymbol{\alpha}_2=\lambda_2^n\boldsymbol{\alpha}_2$，$A^n\boldsymbol{\alpha}_3=\lambda_3^n\boldsymbol{\alpha}_3$，可得

$$A^n\boldsymbol{\beta}=A^n(2\boldsymbol{\alpha}_1-2\boldsymbol{\alpha}_2+\boldsymbol{\alpha}_3)=2\lambda_1^n\boldsymbol{\alpha}_1-2\lambda_2^n\boldsymbol{\alpha}_2+\lambda_3^n\boldsymbol{\alpha}_3$$

由题设，有

$$\lambda_1^n\boldsymbol{\alpha}_1=\begin{pmatrix}1\\1\\1\end{pmatrix},\ \lambda_2^n\boldsymbol{\alpha}_2=\begin{pmatrix}2^n\\2^{n+1}\\2^{n+2}\end{pmatrix},\ \lambda_3^n\boldsymbol{\alpha}_3=\begin{pmatrix}3^n\\3^{n+1}\\3^{n+2}\end{pmatrix}$$

将它们代入 $A^n\boldsymbol{\beta}$ 的表达式，得

$$A^n\boldsymbol{\beta}=\begin{pmatrix}2-2^{n+1}+3^n\\2-2^{n+2}+3^{n+1}\\2-2^{n+3}+3^{n+2}\end{pmatrix}$$

本题第（2）问也可采用另一种方法进行解答。因为 A 的特征值互异，所以 A 与对角阵相似。令 $P=(\boldsymbol{\alpha}_1,\boldsymbol{\alpha}_2,\boldsymbol{\alpha}_3)$，则 $P^{-1}AP=\mathrm{diag}(1,2,3)$，这样就有

$$A^n\boldsymbol{\beta}=P[\mathrm{diag}(1,2,3)]^nP^{-1}\cdot\boldsymbol{\beta}=\begin{pmatrix}2-2^{n+1}+3^n\\2-2^{n+2}+3^{n+1}\\2-2^{n+3}+3^{n+2}\end{pmatrix}$$

3. 向量正交与正交矩阵

线性无关向量组的施密特正交化与正交矩阵，具有广泛的应用。

【例 20】 设 $\boldsymbol{A}=(a_{ij})_{3\times3}$ 是实正交矩阵，且 $\boldsymbol{a}_{11}=1$，$\boldsymbol{b}=(1,0,0)^{\mathrm{T}}$ 则线性方程组 $\boldsymbol{Ax}=\boldsymbol{b}$ 的解是____________。

分析 利用正交矩阵的性质即可得结果。

解 因为 $\boldsymbol{x}=\boldsymbol{A}^{-1}\boldsymbol{b}$，而且 $\boldsymbol{A}=(a_{ij})_{3\times3}$ 是实正交矩阵，于是 $\boldsymbol{A}^{\mathrm{T}}=\boldsymbol{A}^{-1}$，$\boldsymbol{A}$ 的每一个行（列）向量均为单位向量，所以

$$\boldsymbol{x}=\boldsymbol{A}^{-1}\boldsymbol{b}=\boldsymbol{A}^{\mathrm{T}}\boldsymbol{b}=\begin{pmatrix}a_{11}\\a_{12}\\a_{13}\end{pmatrix}=\begin{pmatrix}1\\0\\0\end{pmatrix}$$

【例 21】 求一个与向量 $\boldsymbol{\alpha}=\begin{pmatrix}1\\2\\-1\end{pmatrix}$，$\boldsymbol{\beta}=\begin{pmatrix}3\\4\\1\end{pmatrix}$ 都正交的单位向量。

解 设与向量 $\boldsymbol{\alpha},\boldsymbol{\beta}$ 都正交的向量为 $\boldsymbol{\gamma}=(x_1,x_2,x_3)^{\mathrm{T}}$，则

$$\begin{cases}(\boldsymbol{\gamma},\boldsymbol{\alpha})=x_1+2x_2-x_3=0\\(\boldsymbol{\gamma},\boldsymbol{\beta})=3x_1+4x_2+x_3=0\end{cases}$$

故 $x_1=-3x_3$，$x_2=2x_3$。得其基础解系为

$$\boldsymbol{\gamma}=\begin{pmatrix}-3\\2\\1\end{pmatrix}$$

单位化得

$$\boldsymbol{\gamma}^0=\begin{pmatrix}-3/\sqrt{14}\\2/\sqrt{14}\\1/\sqrt{14}\end{pmatrix}$$

所以 $\boldsymbol{\gamma}=\pm\boldsymbol{\gamma}^0$ 即为所求的单位向量。

【例 22】 已知 6,3,3 是三阶实对称矩阵 $\boldsymbol{A}$ 的特征值，$\boldsymbol{\alpha}=(1,1,1)^{\mathrm{T}}$ 是属于特征值 6 的特征向量。

（1）问能否由此求出属于特征值 3 的两个线性无关的特征向量？

（2）能否由上述条件求出矩阵 $\boldsymbol{A}$？

解（1）能。设属于特征值 3 的特征向量为 $(x_1,x_2,x_3)^{\mathrm{T}}$，由于属于不同特征值的特征向量相互正交，所以有 $x_1\cdot1+x_2\cdot1+x_3\cdot1=0$，该方程系数矩阵的秩为 1，故属于特征值 3 的两个正交的特征向量分别为

$$\boldsymbol{\alpha}_1=\begin{pmatrix}-1\\0\\1\end{pmatrix},\ \boldsymbol{\alpha}_2=\begin{pmatrix}1\\-2\\1\end{pmatrix}$$

（2）于是由特征向量 $\boldsymbol{\alpha}_1,\boldsymbol{\alpha}_2,\boldsymbol{\alpha}_3$ 组成的正交矩阵为

$$\boldsymbol{P}=\begin{pmatrix}1/\sqrt{3} & -1/\sqrt{2} & 1/\sqrt{6}\\ 1/\sqrt{3} & 0 & -2/\sqrt{6}\\ 1/\sqrt{3} & 1/\sqrt{2} & 1/\sqrt{6}\end{pmatrix}$$

则 $\boldsymbol{P}^{-1}\boldsymbol{AP}=\mathrm{diag}(6,3,3)$，由此可得

$$\boldsymbol{A}=\boldsymbol{P}\begin{pmatrix}6 & & \\ & 3 & \\ & & 3\end{pmatrix}\boldsymbol{P}^{-1}=\boldsymbol{P}\begin{pmatrix}6 & & \\ & 3 & \\ & & 3\end{pmatrix}\boldsymbol{P}'=\begin{pmatrix}4 & 1 & 1\\ 1 & 4 & 1\\ 1 & 1 & 4\end{pmatrix}$$

【例 23】 已知实对称矩阵

$$\boldsymbol{A}=\begin{pmatrix}1 & 1 & 1 & 1\\ 1 & 1 & -1 & -1\\ 1 & -1 & 1 & -1\\ 1 & -1 & -1 & 1\end{pmatrix}$$

试求正交矩阵 $\boldsymbol{Q}$，使得 $\boldsymbol{Q}^{-1}\boldsymbol{AQ}$ 化为对角矩阵。

解 $\boldsymbol{A}$ 的特征多项式为

$$|\lambda\boldsymbol{E}-\boldsymbol{A}|=\begin{vmatrix}\lambda-1 & -1 & -1 & -1\\ -1 & \lambda-1 & 1 & 1\\ -1 & 1 & \lambda-1 & 1\\ -1 & 1 & 1 & \lambda-1\end{vmatrix}\xlongequal{r_1+r_2}\begin{vmatrix}\lambda-2 & \lambda-2 & 0 & 0\\ -1 & \lambda-1 & 1 & 1\\ -1 & 1 & \lambda-1 & 1\\ -1 & 1 & 1 & \lambda-1\end{vmatrix}$$

$$\xlongequal{c_2-c_1}\begin{vmatrix}\lambda-2 & 0 & 0 & 0\\ -1 & \lambda & 1 & 1\\ -1 & 2 & \lambda-1 & 1\\ -1 & 2 & 1 & \lambda-1\end{vmatrix}=(\lambda-2)\begin{vmatrix}\lambda & 1 & 1\\ 2 & \lambda-1 & 1\\ 2 & 1 & \lambda-1\end{vmatrix}$$

$$\xlongequal{c_1+c_2+c_3}(\lambda-2)\begin{vmatrix}\lambda+2 & 1 & 1\\ \lambda+2 & \lambda-1 & 1\\ \lambda+2 & 1 & \lambda-1\end{vmatrix}=(\lambda-2)(\lambda+2)\begin{vmatrix}1 & 1 & 1\\ 1 & \lambda-1 & 1\\ 1 & 1 & \lambda-1\end{vmatrix}$$

$$\xlongequal[r_3-r_1]{r_2-r_1}(\lambda-2)(\lambda+2)\begin{vmatrix}1 & 1 & 1\\ 0 & \lambda-2 & 0\\ 0 & 0 & \lambda-2\end{vmatrix}=(\lambda-2)^3(\lambda+2)$$

故 $\boldsymbol{A}$ 的特征值为 $\lambda_1=2$（三重），$\lambda_2=-2$。对于 $\lambda_1=2$，解齐次线性方程组 $(2\boldsymbol{E}-\boldsymbol{A})\boldsymbol{X}=\boldsymbol{0}$，得其基础解系为

$$\boldsymbol{\alpha}_1=\begin{pmatrix}1\\1\\0\\0\end{pmatrix},\quad \boldsymbol{\alpha}_2=\begin{pmatrix}1\\0\\1\\0\end{pmatrix},\quad \boldsymbol{\alpha}_3=\begin{pmatrix}1\\0\\0\\1\end{pmatrix}$$

对于 $\lambda_2=-2$,解齐次线性方程组$(-2\boldsymbol{E}-\boldsymbol{A})\boldsymbol{X}=\boldsymbol{0}$，易求得其基础解系为

$$\boldsymbol{\alpha}_4=\begin{pmatrix}-1\\1\\1\\1\end{pmatrix}$$

利用施密特正交化方法，将 $\boldsymbol{\alpha}_1,\boldsymbol{\alpha}_2,\boldsymbol{\alpha}_3$ 正交化，且记 $\boldsymbol{\beta}_4=\boldsymbol{\alpha}_4$，有

$$\boldsymbol{\beta}_1=\boldsymbol{\alpha}_1=\begin{pmatrix}1\\1\\0\\0\end{pmatrix}$$

$$\boldsymbol{\beta}_2=\boldsymbol{\alpha}_2-\frac{\boldsymbol{\alpha}_2^{\mathrm{T}}\boldsymbol{\beta}_1}{\boldsymbol{\beta}_1^{\mathrm{T}}\boldsymbol{\beta}_1}\boldsymbol{\beta}_1=\begin{pmatrix}1/2\\-1/2\\1\\0\end{pmatrix}$$

$$\boldsymbol{\beta}_3=\boldsymbol{\alpha}_3-\frac{\boldsymbol{\alpha}_3^{\mathrm{T}}\boldsymbol{\beta}_1}{\boldsymbol{\beta}_1^{\mathrm{T}}\boldsymbol{\beta}_1}\boldsymbol{\beta}_1-\frac{\boldsymbol{\alpha}_3^{\mathrm{T}}\boldsymbol{\beta}_2}{\boldsymbol{\beta}_2^{\mathrm{T}}\boldsymbol{\beta}_2}\boldsymbol{\beta}_2=\begin{pmatrix}1/3\\-1/3\\-1/3\\1\end{pmatrix}$$

再将 $\boldsymbol{\beta}_1,\boldsymbol{\beta}_2,\boldsymbol{\beta}_3,\boldsymbol{\beta}_4$ 单位化，记 $\boldsymbol{\eta}_i=\dfrac{\boldsymbol{\beta}_i}{\|\boldsymbol{\beta}_i\|}(i=1,2,3,4)$，令 $\boldsymbol{Q}=(\boldsymbol{\eta}_1,\boldsymbol{\eta}_2,\boldsymbol{\eta}_3,\boldsymbol{\eta}_4)$，则有

$$\boldsymbol{Q}=\begin{pmatrix}1/\sqrt{2}&1/\sqrt{6}&1/2\sqrt{3}&-1/2\\1/\sqrt{2}&-1/\sqrt{6}&-1/2\sqrt{3}&1/2\\0&2/\sqrt{6}&-1/2\sqrt{3}&1/2\\0&0&3/2\sqrt{3}&1/2\end{pmatrix}$$

而且 $\boldsymbol{Q}^{-1}\boldsymbol{A}\boldsymbol{Q}=\mathrm{diag}(2,2,2,-2)$。

【例 24】 证明：对称且正交的矩阵 $\boldsymbol{A}$ 的特征值必为 1 或 −1。

证明 由于 $\boldsymbol{A}$ 是对称阵，存在正交矩阵 $\boldsymbol{P}$，使

$$\boldsymbol{P}^{-1}\boldsymbol{A}\boldsymbol{P}=\boldsymbol{P}^{\mathrm{T}}\boldsymbol{A}\boldsymbol{P}=\begin{pmatrix}\lambda_1&&&\\&\lambda_2&&\\&&\ddots&\\&&&\lambda_n\end{pmatrix}$$

其中 $\lambda_1,\lambda_2,\cdots,\lambda_n$ 为 $\boldsymbol{A}$ 的 n 个特征值。

因为 $\boldsymbol{A}$ 是正交阵，所以 $\boldsymbol{A}^{\mathrm{T}}\boldsymbol{A}=\boldsymbol{E}$。由 $\boldsymbol{A}^{\mathrm{T}}=\boldsymbol{A}$，可得 $\boldsymbol{A}^2=\boldsymbol{A}^{\mathrm{T}}\boldsymbol{A}=\boldsymbol{E}$，即

$$A^2=P\begin{bmatrix}\lambda_1 & & & \\ & \lambda_2 & & \\ & & \ddots & \\ & & & \lambda_n\end{bmatrix}^2 P^{-1}=P\begin{pmatrix}\lambda_1^2 & & & \\ & \lambda_2^2 & & \\ & & \ddots & \\ & & & \lambda_n^2\end{pmatrix}P^{-1}=E$$

从而有

$$\begin{pmatrix}\lambda_1^2 & & & \\ & \lambda_2^2 & & \\ & & \ddots & \\ & & & \lambda_n^2\end{pmatrix}=E$$

因此 $\lambda_i^2=1$ $(i=1,2,\cdots,n)$，即 $\lambda_i=\pm1$ $(i=1,2,\cdots,n)$。

第三节 编程应用

【例 25】 已知实对称矩阵

$$A=\begin{pmatrix}1 & 1 & -1\\ 1 & 2 & 1\\ -1 & 1 & 2\end{pmatrix}$$

试用 MATLAB 编程方法求正交矩阵 Q，使得 $Q^{-1}AQ$ 化为对角矩阵。

解 用 MATLAB 编程方法求解。编程（prog25）如下：

```
% 求方阵的特征值与特征向量
clear all
A=[1 1 -1;1 2 1;-1 1 2];                % 输入 n 阶方阵
[m,n]=size(A);
if m~=n
    disp('输入的矩阵不是方阵!')           % 输入检查
    return
else
    disp('输入的方阵为:')
      A
    [Q,D]=eig(A);                        % 调用求特征值与特征向量的函数
    disp('A 的特征值是:')
      D=diag(D)'                         % 输出矩阵 D 主对角线上的特征值
    disp('对应的特征(列)向量所构成的矩阵是:')
      Q                                  % 按列输出特征向量
```

```
end
程序执行的结果是:
输入的方阵为:
A=
     1     1    -1
     1     2     1
    -1     1     2
方阵的特征值是:
D =
   -0.4142    2.4142    3.0000
对应的特征(列)向量所构成的矩阵是:
Q=
    0.7071   -0.7071    0.0000
   -0.5000   -0.5000   -0.7071
    0.5000    0.5000   -0.7071
```

不难验证矩阵 $\boldsymbol{Q}$ 确实是即为所要求的正交矩阵。

对本题应该注意到以下两个方面:

一方面,因为所给矩阵有两个特征值是无理数,所以用手工,通过求解齐次方程组的方法来求其对应的特征向量有难以克服的计算困难,而用编程方法由计算机来计算,就没有这个障碍;

另一方面,如果希望输出的特征值与特征向量的元素值不是以实数形式,而是以手工计算时常采用的分数等简单、美化形式输出,也是可以做到的。例如,我们在 MATLAB 命令窗口输入下列两个语句:

```
A=sym([1 1 -1;1 2 1;-1 1 2]);          % 将方阵A"说明"为符号矩阵
[P,D]=eig(A)
```

按回车键,即得矩阵 $\boldsymbol{A}$ 的特征向量与特征值对角矩阵为

```
P=
    [0,         1,                1        ]
    [1,   1/2*2^(1/2),    -1/2*2^(1/2)  ]
    [1,  -1/2*2^(1/2),     1/2*2^(1/2)  ]
D=
    [3,        0,              0      ]
    [0,  2^(1/2)+1,            0      ]
    [0,        0,        1-2^(1/2)   ]
```

输出形式接近我们常用的简化书写格式。但也要指出,这时输出的由特征向量所

构成的矩阵 $\boldsymbol{P}$ 并不是我们所期望的正交矩阵。

【例 26】 设矩阵

$$\boldsymbol{A}=\begin{pmatrix}1&2&-3\\-1&4&-3\\1&a&5\end{pmatrix}$$

的特征方程有二重根，求参数 $\boldsymbol{a}$ 的值，并讨论 $\boldsymbol{A}$ 是否可相似对角化。

解法一 先用分析方法求解。因为 $\boldsymbol{A}$ 的特征多项式

$$|\lambda\boldsymbol{E}-\boldsymbol{A}|=\begin{vmatrix}\lambda-1&-2&3\\1&\lambda-4&3\\-1&-a&\lambda-5\end{vmatrix}=\begin{vmatrix}\lambda-2&-(\lambda-2)&0\\1&\lambda-4&3\\-1&-a&\lambda-5\end{vmatrix}$$

$$=(\lambda-2)\begin{vmatrix}1&-1&0\\1&\lambda-4&3\\-1&-a&\lambda-5\end{vmatrix}=(\lambda-2)(\lambda^2-8\lambda+18+3a)$$

(1) 当 $\lambda=2$ 是特征方程的二重根，则有 $2^2-16+18+3\boldsymbol{a}=0$，解得 $\boldsymbol{a}=-2$。此时，$\boldsymbol{A}$ 的特征值为 2,2,6，而矩阵

$$2\boldsymbol{E}-\boldsymbol{A}=\begin{pmatrix}1&-2&3\\1&-2&3\\-1&2&-3\end{pmatrix}$$

的秩为 1，故 $\lambda=2$ 对应的线性无关的特征向量有两个，从而 $\boldsymbol{A}$ 可相似对角化；

(2) 若 $\lambda=2$ 不是特征方程的二重根，则 $\lambda^2-8\lambda+18+3a$ 为完全平方，从而 $18+3a=16$，解得 $a=-\dfrac{2}{3}$。这时，$\boldsymbol{A}$ 的特征值为 2,4,4，又矩阵

$$4\boldsymbol{E}-\boldsymbol{A}=\begin{pmatrix}3&-2&3\\1&0&3\\-1&\dfrac{2}{3}&-1\end{pmatrix}$$

的秩为 2，故 $\lambda=4$ 对应的线性无关的特征向量只有一个，从而 $\boldsymbol{A}$ 不可相似对角化。

这是 2004 年全国研究生入学考试“数学（一）”中的一道试题，有一定的计算量和复杂性。那么这个问题能否部分或者完全通过 MATLAB 函数命令或编程的方法去求解呢？

解法二 首先在 MATLAB 命令窗口输入下列三个语句：

```
syms a
A=[1,2,-3;-1,4,-3;1,a,5]
```

p=eig (A)′

按回车键，得到 **A** 的特征值为

p=[2,4+conj((−2−3 * a)^(1/2)),4−conj((−2−3 * a)^(1/2))]

令其中任意两个特征值相等，手工计算，不难解得 $a=-2$ 或 $a=-\frac{2}{3}$。

(1) 当 $a=-2$ 时，再接着在 MATLAB 命令窗口输入：

```
subs(p,a,−2)                    %将 a 用−2 来替换
```

回车得到 **A** 的特征值是：2,2,6。计算对应于特征值 2 的特征向量个数，又输入：

```
AA=subs(A,a,−2)
r=rank[2 * eye(3,3)−AA]          % 其中 eye(3,3)是三阶单位矩阵
```

回车得到 $r=1$，即属于特征值 2 的线性无关的特征向量个数有 $3-r=2$ 个，所以当 $a=-2$ 时，矩阵 **A** 可相似对角化；

(2) 当 $a=-\frac{2}{3}$ 时，可以同理讨论。在此略去。

可见，结合使用 MATLAB 函数命令，大大减少了我们的手工计算。实际上，本题还可以完全通过 MATLAB 编程的方法去解决。

解法三 完全用 MATLAB 编程方法求解。编程（prog26）如下：

```
% 判定带一个参数方阵的特征方程何时有重根，方阵可否对角化
clear all
syms a
disp['输入的矩阵是(其中 a 是参数)：']
A=[1,2,−3; −1,4,−3;1,a,5]                    % 输入符号矩阵
[m,n]=size(A);
if m~=n
    disp('矩阵输入有错误！')
    return
else
    disp('该矩阵的特征值为：')
    p=eig(A)′                                 % 求所有特征值
    L=0;
    for i=1:n                      % 下面一段求使特征值相等时的参数 a 的值
      for j=i+1:n
        s=[];
        s=solve(p(i)−p(j));  % 求使特征值相等时的参数 a 的值
        if ~isempty(s)
```

```
            s=s(:)';
            T=L+size(s,2);
            my_a(L+1:T)=s;  % 保存使特征值相等时的所有参数 a 的值
            L=T;
        end
    end
end
if L>0
    disp('---------------')
    q=subs(my_a);              % 将上述参数值从符号形式改变为数值形式
    my_a=unique(q);            % 只保留使特征值相等时的所有不同的参数值
    Lmy_a=length(my_a);
    for i=1:Lmy_a
        disp('当参数的值为')
        b=sym(my_a(i))
        b=my_a(i);
        disp('时,矩阵有特征值为:')
        my_eig=subs(p,a,b)  % 对某个参数取值,计算 A 的所有特征值
        my_eig=unique(my_eig);
        Lmy_eig=length(my_eig);
        m=0;
        for j=1:Lmy_eig
            AA=subs(A,a,b);% 将矩阵 A 从符号形式变为数值形式
            m=m+n-rank[my_eig(j)*eye(n,n)-AA];
              % 求 A 的所有特征向量个数,eye(n,n)是 n 阶单位矩阵
        end
        if m==n                 % 判别矩阵可否对角化
            disp('这时矩阵可以对角化!')
        else
            disp('这时矩阵不能对角化!')
        end
        disp('---------------')
    end
```

```
    end
end
程序执行的结果是：
输入的符号矩阵是（其中 a 是符号参数）：
A=
    [ 1,  2,  -3]
    [-1,  4,  -3]
    [ 1,  a,   5]
该矩阵的特征值为：
p=
   [2，4+conj((-2-3*a)^(1/2))，4-conj((-2-3*a)^(1/2))]
-------------------------------------------------------
当参数 a 的值为：
ans=-2
时,矩阵有特征值为：
my_eig=
          2     6     2
这时矩阵可以对角化!
-------------------------------------------------------
当参数 a 的值为：
ans=-2/3
时,矩阵有特征值为：
my_eig=
          2     4     4
这时矩阵不能对角化!
```

至此，本题带一个参数的、特征方程有重根时方阵可否对角化的问题得到了完整的解决。

【例 27】 求下列 n 阶行列式的值

$$a_n=\begin{vmatrix}1&1&0&0&\cdots&0&0&0\\1&1&1&0&\cdots&0&0&0\\0&1&1&1&\cdots&0&0&0\\\cdots&\cdots&\cdots&\cdots&\cdots&\cdots&\cdots&\cdots\\0&0&0&0&\cdots&1&1&1\\0&0&0&0&\cdots&0&1&1\end{vmatrix}$$

解　这个行列式主对角线上下三个斜行的元素为 1，其余元素都是 0。大家也许会觉得奇怪，这是行列式计算问题，原本应该是本书第一章的内容，为什么要放在本章讨论呢？请看下面的求解过程。

将行列式按其最后一行（或最后一列）展开，不难得到递推关系

$$a_n=a_{n-1}-a_{n-2}\quad (n=3,4,\cdots),\text{且 } a_1=1,\ a_2=0$$

满足上述递推关系的数列 $\{a_n\}$ 的通项公式并不易得到。如果添加上一个恒等关系式

$$a_{n-1}=a_{n-1}$$

上述递推关系（组）就可以用矩阵形式来表示

$$\begin{pmatrix}a_n\\a_{n-1}\end{pmatrix}=\begin{pmatrix}1&-1\\1&0\end{pmatrix}\begin{pmatrix}a_{n-1}\\a_{n-2}\end{pmatrix}\quad (n=3,4,\cdots)$$

若记 $\boldsymbol{y}^{(n)}=\begin{pmatrix}a_n\\a_{n-1}\end{pmatrix}$，和 $\boldsymbol{A}=\begin{pmatrix}1&-1\\1&0\end{pmatrix}$，则 $\boldsymbol{y}^{(3)}=\begin{pmatrix}a_2\\a_1\end{pmatrix}=\begin{pmatrix}0\\1\end{pmatrix}$，有矩阵递推关系

$$\boldsymbol{y}^{(n)}=\begin{pmatrix}a_n\\a_{n-1}\end{pmatrix}=\boldsymbol{A}\boldsymbol{y}^{(n-1)}=\boldsymbol{A}^2\boldsymbol{y}^{(n-2)}=\cdots=\boldsymbol{A}^{n-3}\boldsymbol{y}^{(3)}=\boldsymbol{A}^{n-3}\cdot\begin{pmatrix}0\\1\end{pmatrix}$$

所要求的行列式的值 a_n，也就是上式右端乘积所产生的列向量的第一个分量。于是本题主要是求矩阵 $\boldsymbol{A}=\begin{pmatrix}1&-1\\1&0\end{pmatrix}$ 的 $n-3$ 次方。为减少手工计算量，在 MATLAB 命令窗口输入：

```
>> syms n
>> A = sym([1,-1; 1 0])
>> [P, D] = eig(A)
```

就得到 $\boldsymbol{A}$ 的相似变换矩阵 $\boldsymbol{P}$ 以及与它相似的对角矩阵 $\boldsymbol{D}$ 分别为

```
P =
   [ 1/2 - (3^(1/2) * i)/2, (3^(1/2) * i)/2 + 1/2]
   [                     1,                      1]
D =
   [ 1/2 - (3^(1/2) * i)/2,                      0]
   [                     0, (3^(1/2) * i)/2 + 1/2]
```

它们满足关系式 $\boldsymbol{P}^{-1}\boldsymbol{A}\boldsymbol{P}=\boldsymbol{D}$。继续在 MATLAB 命令窗口输入：

```
>>  Q = P * D^(n-3) * inv(P)  *  [0;1]
```

% 就得到了 $\boldsymbol{A}^{n-3}\cdot\begin{pmatrix}0\\1\end{pmatrix}$

和

```
>>  QQ = simplify(Q(1))
```

% 取出 Q 的第一个分量，并化简回车得到

QQ=(3^(1/2) * ((1/2 - (3^(1/2) * i)/2)^n * i - ((3^(1/2) * i)/2 + 1/2)^n * i))/3

这就是所要求的行列式的值 a_n。将它以手写公式形式书写出来，即

$$a_n=\frac{\sqrt{3}}{3}\left[\left(\frac{1}{2}-\frac{\sqrt{3}}{2}i\right)^n-\left(\frac{1}{2}+\frac{\sqrt{3}}{2}i\right)^n\right]\cdot i\quad (n=3,4,\cdots)$$

且

$$a_1=1,a_2=0$$

如果在命令窗口输入：

```
>> simplify(subs(QQ,n,3))
>> simplify(subs(QQ,n,4))
>> simplify(subs(QQ,n,5))
…………
```

即将符号变量 n 分别用 3,4,5,…来替换，就相应得到 $a_3,a_4,a_5,\cdots$的值为

$$a_3=0,\ a_4=-1,\ a_5=-1,\ a_6=0,\ a_7=1,\ a_8=1,\ \cdots$$

结论是正确无误的。

第四节　习　　题

1. 填充题

① 设矩阵 $\boldsymbol{A}=\begin{pmatrix}5&6&-3\\-1&0&1\\1&2&-1\end{pmatrix}$，则 $\boldsymbol{A}$ 的特征值为__________。

② $\boldsymbol{A}$ 为 n 阶方阵，若存在正整数 k，使 $\boldsymbol{A}^k=\boldsymbol{O}$，则 $|\boldsymbol{A}+\boldsymbol{E}|=$__________。

③ 设 n 维列向量 $\boldsymbol{\alpha}=\begin{pmatrix}a_1\\\vdots\\a_n\end{pmatrix}$，$\boldsymbol{\beta}=\begin{pmatrix}b_1\\\vdots\\b_n\end{pmatrix}$满足 $\boldsymbol{\alpha}^{\mathrm{T}}\boldsymbol{\beta}=0$，记 n 阶矩阵 $\boldsymbol{A}=\boldsymbol{\alpha}\boldsymbol{\beta}^{\mathrm{T}}$，则 $\boldsymbol{A}^2$ 的特征值为__________。

④ 已知 3 阶矩阵 $\boldsymbol{A}$ 的特征值为 1,−1,2，则矩阵 $\boldsymbol{B}=2\boldsymbol{A}+\boldsymbol{E}$（$\boldsymbol{E}$ 为 3 阶单位阵）的特征值为__________。

⑤ 设 $\boldsymbol{A},\boldsymbol{B}$ 为 n 阶正交矩阵，且 $|\boldsymbol{A}|\neq|\boldsymbol{B}|$，则 $\boldsymbol{A}+\boldsymbol{B}$ 为____________矩阵。（填“可逆”或“不可逆”）

2. 选择题

① 对于 n 阶矩阵 $\boldsymbol{A}$，下列说法正确的是（　　）。

(A) 若 $\boldsymbol{\alpha}_1,\boldsymbol{\alpha}_2$ 为方程 $(\lambda_0\boldsymbol{E}-\boldsymbol{A})\boldsymbol{X}=\boldsymbol{0}$ 的一个基础解系，则 $k_1\boldsymbol{\alpha}_1+k_2\boldsymbol{\alpha}_2$

(k_1,k_2 为非零常数）是 $\boldsymbol{A}$ 的属于特征值 λ_0 的全部特征向量

(B) 设 $\boldsymbol{\alpha}_1,\boldsymbol{\alpha}_2$ 为 $\boldsymbol{A}$ 的特征向量，则 $k_1\boldsymbol{\alpha}_1+k_2\boldsymbol{\alpha}_2(k_1,k_2$ 不全为零）也是 $\boldsymbol{A}$ 的特征向量

(C) $\boldsymbol{A}$ 与 $\boldsymbol{A}^{\mathrm{T}}$ 有相同的特征多项式

(D) $\boldsymbol{A}$ 与 $\boldsymbol{A}^{\mathrm{T}}$ 有相同的特征值和特征向量

② 设 $\boldsymbol{A}$ 为 n 阶可逆矩阵，λ 为 $\boldsymbol{A}$ 的一个特征值，则 $\boldsymbol{A}^*$ 的特征值之一是（　　）。

(A) $\lambda^{-1}|\boldsymbol{A}|^n$　　(B) $\lambda^{-1}|\boldsymbol{A}|$　　(C) $\lambda|\boldsymbol{A}|$　　(D) $\lambda|\boldsymbol{A}|^n$

③ 设 n 阶矩阵 $\boldsymbol{A}$ 具有 n 个不同特征值是 $\boldsymbol{A}$ 与对角矩阵相似的（　　）。

(A) 充分必要条件　　(B) 充分而非必要条件

(C) 必要而非充分条件　　(D) 既非充分也非必要条件

④ 与矩阵 $\boldsymbol{A}=\begin{pmatrix}0&0&0\\0&3&0\\0&0&3\end{pmatrix}$ 相似的矩阵是（　　）。

(A) $\begin{pmatrix}0&0&3\\0&3&0\\0&0&0\end{pmatrix}$　　(B) $\begin{pmatrix}0&1&0\\0&3&1\\0&0&3\end{pmatrix}$

(C) $\begin{pmatrix}3&0&0\\0&0&0\\0&0&3\end{pmatrix}$　　(D) $\begin{pmatrix}1&1&0\\0&3&0\\0&0&3\end{pmatrix}$

3. 求矩阵 $\boldsymbol{A}=\begin{pmatrix}-3&-1&2\\0&-1&4\\-1&0&1\end{pmatrix}$ 的实特征值和特征向量。

4. 已知 $\boldsymbol{\alpha}=(1,1,-1)^{\mathrm{T}}$ 是矩阵

$$\boldsymbol{A}=\begin{pmatrix}2&-1&2\\5&a&3\\-1&b&-2\end{pmatrix}$$

的一个特征值，试确定 a,b 及特征向量 $\boldsymbol{\alpha}$ 所对应的特征值。

5. $(2n+1)$ 阶正交矩阵 $\boldsymbol{A}$，如果 $|\boldsymbol{A}|=1$，证明 $\boldsymbol{E}-\boldsymbol{A}$ 为不可逆矩阵。

6. 下述矩阵是否相似？

$$\boldsymbol{A}_1=\begin{pmatrix}2&0&0\\0&2&0\\0&0&3\end{pmatrix},\ \boldsymbol{A}_2=\begin{pmatrix}2&1&0\\0&2&1\\0&0&3\end{pmatrix},\ \boldsymbol{A}_3=\begin{pmatrix}2&0&1\\0&2&0\\0&0&3\end{pmatrix}$$

7. 设矩阵 $\boldsymbol{A}=\begin{pmatrix}1&1&-1\\-2&4&-2\\-2&2&0\end{pmatrix}$，试求 $\boldsymbol{A}^5$。

8. 设矩阵 $\boldsymbol{A}=\begin{pmatrix}1 & a & 1\\ a & 1 & b\\ 1 & b & 1\end{pmatrix}$ 与 $\boldsymbol{B}=\begin{pmatrix}0 & 0 & 0\\ 0 & 1 & 0\\ 0 & 0 & 2\end{pmatrix}$ 相似

（1）求 a,b 的值；

（2）求一正交矩阵 $\boldsymbol{P}$，使得 $\boldsymbol{P}^{-1}\boldsymbol{AP}=\boldsymbol{B}$。

9. 设 $\boldsymbol{A},\boldsymbol{B}$ 为 n 阶正交矩阵，证明 $\boldsymbol{A}^{-1},\boldsymbol{A}^*,\boldsymbol{AB}$ 均为正交矩阵。

10. 设矩阵

$$\boldsymbol{A}=\begin{pmatrix}1 & -1 & 1\\ a & 0 & -1\\ 0 & 1 & 0\end{pmatrix}$$

的特征方程有二重根。分别用分析方法与 MATLAB 编程方法，计算参数 a 的值，并讨论 $\boldsymbol{A}$ 是否可相似对角化。

11. 设矩阵

$$\boldsymbol{A}=\begin{pmatrix}0 & 1 & 0 & 0\\ 1 & 0 & 0 & 0\\ 0 & 0 & a & 1\\ 0 & 0 & 1 & 2\end{pmatrix}$$

（1）已知 $\boldsymbol{A}$ 的一个特征值为 3，求 a；

（2）求矩阵 $\boldsymbol{Q}$，使得 $(\boldsymbol{AQ})^{\mathrm{T}}(\boldsymbol{AQ})$ 为对角阵。

12. 设三阶实对称矩阵 $\boldsymbol{A}$ 的秩为 2，$\lambda_1=\lambda_2=6$ 是 $\boldsymbol{A}$ 的二重特征值。若 $\boldsymbol{\alpha}_1=(1,1,0)^{\mathrm{T}}$，$\boldsymbol{\alpha}_2=(2,1,1)^{\mathrm{T}}$，$\boldsymbol{\alpha}_3=(-1,2,-3)^{\mathrm{T}}$ 都是 $\boldsymbol{A}$ 的属于特征值 6 的特征向量

（1）求 $\boldsymbol{A}$ 的另一特征值和对应的特征向量；

（2）求矩阵 $\boldsymbol{A}$。

习题答案与解法提示

1. 填充题

① 2，$1+\sqrt{3}$，$1-\sqrt{3}$ ② 1；提示：$\boldsymbol{A}$ 的所有特征值都为 0，于是 $\boldsymbol{A}+\boldsymbol{E}$ 的所有特征值全为 1，故 $|\boldsymbol{A}+\boldsymbol{E}|=\lambda_1\lambda_2\cdots\lambda_n=1$

③ 0；提示：由条件有 $\boldsymbol{A}^2=(\boldsymbol{\alpha\beta}^{\mathrm{T}})(\boldsymbol{\alpha\beta}^{\mathrm{T}})=\boldsymbol{\alpha}(\boldsymbol{\beta}^{\mathrm{T}}\boldsymbol{\alpha})\boldsymbol{\beta}^{\mathrm{T}}=0$。若设 λ 为 $\boldsymbol{A}$ 的任一特征值，$\boldsymbol{\xi}$ 为 $\boldsymbol{A}$ 的属于特征值 λ 的特征向量，则可以得到 $\boldsymbol{A}^2\boldsymbol{\xi}=\lambda^2\boldsymbol{\xi}=0$，故 $\lambda^2=0$

④ 3，-1，5

⑤ 不可逆；提示：由于 $\boldsymbol{A}$，$\boldsymbol{B}$ 为正交矩阵，且 $|\boldsymbol{A}|\neq|\boldsymbol{B}|$，则有 $|(\boldsymbol{A}+\boldsymbol{B})\boldsymbol{A}^{\mathrm{T}}|=$

$|\boldsymbol{B}(\boldsymbol{B}+\boldsymbol{A})^{\mathrm{T}}|$，进一步运算即 $(|\boldsymbol{A}|-|\boldsymbol{B}|)|\boldsymbol{A}+\boldsymbol{B}|=0$，故 $|\boldsymbol{A}+\boldsymbol{B}|=0$

2. 选择题

① (C)；提示：(A) 中“k_1，k_2 为非零常数”应改为“k_1，k_2 不全为零”，(B) 未说明 $\boldsymbol{\alpha}_1$，$\boldsymbol{\alpha}_2$ 是否属于同一特征向量，由于 $\boldsymbol{A}$ 与 $\boldsymbol{A}^{\mathrm{T}}$ 有相同的特征值与特征多项式，故选 (C)

② (B)　　③ (B)　　④ (C)

3. $|\lambda\boldsymbol{E}-\boldsymbol{A}|=(\lambda-1)(\lambda^2+4\lambda+5)$，实特征值为 $\lambda=1$，属于 $\lambda=1$ 的所有特征向量为 $\boldsymbol{\alpha}=k(0,2,1)^{\mathrm{T}}(k\neq0)$，$k$ 为任意常数。

4. 设 $\boldsymbol{\alpha}$ 所对应的特征值为 λ，由定义 $\boldsymbol{A\alpha}=\lambda\boldsymbol{\alpha}$ 即 $(\lambda\boldsymbol{E}-\boldsymbol{A})\boldsymbol{\alpha}=\boldsymbol{0}$ 得到

$$\begin{pmatrix}\lambda-2 & 1 & -2\\ -5 & \lambda-a & -3\\ 1 & -b & \lambda+2\end{pmatrix}\begin{pmatrix}1\\ 1\\ -1\end{pmatrix}=\begin{pmatrix}0\\ 0\\ 0\end{pmatrix}$$

由此可解得 $a=-3$，$b=0$，$\lambda=-1$。

5. 提示：$|\boldsymbol{E}-\boldsymbol{A}|=|\boldsymbol{A}\boldsymbol{A}^{\mathrm{T}}-\boldsymbol{E}|=|\boldsymbol{A}||\boldsymbol{A}^{\mathrm{T}}-\boldsymbol{E}|=|\boldsymbol{A}||\boldsymbol{A}-\boldsymbol{E}|=(-1)^{2n+1}|\boldsymbol{E}-\boldsymbol{A}|$，由此可得 $|\boldsymbol{E}-\boldsymbol{A}|=0$，从而 $\boldsymbol{E}-\boldsymbol{A}$ 不可逆。

6. $\boldsymbol{A}_2$ 与 $\boldsymbol{A}_1$ 不相似，$\boldsymbol{A}_3$ 与 $\boldsymbol{A}_1$ 相似；提示：$\boldsymbol{A}_1,\boldsymbol{A}_2,\boldsymbol{A}_3$ 的特征值相同，$\boldsymbol{A}_1$ 是对角阵，$\boldsymbol{A}_3$ 可对角化，而 $\boldsymbol{A}_2$ 不可对角化。

7. 解 $|\lambda\boldsymbol{E}-\boldsymbol{A}|=(\lambda-1)(\lambda-2)^2$，所以 $\boldsymbol{A}$ 的特征根为 $\lambda_1=1$，$\lambda_2=2$（二重）。对于当 $\lambda_1=1$ 时，解齐次线性方程组 $(\boldsymbol{E}-\boldsymbol{A})\boldsymbol{X}=\boldsymbol{0}$，可得 $\boldsymbol{A}$ 的基础解系为 $\boldsymbol{\alpha}_1=\begin{pmatrix}1\\ 2\\ 2\end{pmatrix}$。当 $\lambda_2=2$ 时，解齐次线性方程组 $(2\boldsymbol{E}-\boldsymbol{A})\boldsymbol{X}=\boldsymbol{0}$，得 $\boldsymbol{A}$ 的基础解系为 $\boldsymbol{\alpha}_2=\begin{pmatrix}1\\ 1\\ 0\end{pmatrix}$，$\boldsymbol{\alpha}_3=\begin{pmatrix}-1\\ 0\\ 1\end{pmatrix}$。令

$$\boldsymbol{P}=(\boldsymbol{\alpha}_1,\boldsymbol{\alpha}_2,\boldsymbol{\alpha}_3)=\begin{pmatrix}1 & 1 & -1\\ 2 & 1 & 0\\ 2 & 0 & 1\end{pmatrix},\quad \boldsymbol{\Lambda}=\mathrm{diag}(1,2,2)$$

则有 $\boldsymbol{P}^{-1}\boldsymbol{A}\boldsymbol{P}=\boldsymbol{\Lambda}$。所以 $\boldsymbol{P}^{-1}\boldsymbol{A}^5\boldsymbol{P}=\boldsymbol{\Lambda}^5$，从而

$$\boldsymbol{A}^5=\boldsymbol{P}\boldsymbol{\Lambda}^5\boldsymbol{P}^{-1}=\begin{pmatrix}1 & 1 & -1\\ 2 & 1 & 0\\ 2 & 0 & 1\end{pmatrix}\begin{pmatrix}1 & & \\ & 2^5 & \\ & & 2^5\end{pmatrix}\begin{pmatrix}1 & -1 & 1\\ -2 & 3 & -2\\ -2 & 2 & -1\end{pmatrix}=\begin{pmatrix}1 & 31 & -31\\ -62 & 94 & -62\\ -62 & 62 & -30\end{pmatrix}$$

8. 提示：(1) 由相似矩阵具有相同的行列式，可得 $a=b=0$；(2) 矩阵 $\boldsymbol{A}$ 与 $\boldsymbol{B}$ 具有共同的特征值 0,1,2，相应的特征向量分别为 $\boldsymbol{\alpha}_1=\begin{pmatrix}1\\ 0\\ -1\end{pmatrix}$，$\boldsymbol{\alpha}_2=\begin{pmatrix}0\\ 1\\ 0\end{pmatrix}$，

$\boldsymbol{\alpha}_3=\begin{pmatrix}1\\0\\1\end{pmatrix}$。由 $\boldsymbol{A}$ 的特征值互异可知，$\boldsymbol{\alpha}_1,\boldsymbol{\alpha}_2,\boldsymbol{\alpha}_3$ 相互正交，单位化后得三个相互正交的单位向量，它们组成一个正交矩阵

$$\boldsymbol{P}=\begin{pmatrix}1/\sqrt{2} & 0 & 1/\sqrt{2}\\ 0 & 1 & 0\\ -1/\sqrt{2} & 0 & 1/\sqrt{2}\end{pmatrix}$$

9. 提示：根据正交矩阵的定义进行证明。

10. 解法一　用分析法。因为 $\boldsymbol{A}$ 的特征多项式

$$|\lambda\boldsymbol{E}-\boldsymbol{A}|=\begin{vmatrix}\lambda-1 & 1 & -1\\ -a & \lambda & 1\\ 0 & -1 & \lambda\end{vmatrix}=(\lambda-1)[\lambda^2+(a+1)]$$

(1) 当 $\lambda=1$ 是特征方程的二重根，则有 $1^2+(a+1)=0$，解得 $a=-2$。此时，$\boldsymbol{A}$ 的特征值为 $1,1,-1$，而矩阵

$$1\boldsymbol{E}-\boldsymbol{A}=\begin{pmatrix}0 & 1 & -1\\ 2 & 1 & 1\\ 0 & -1 & 1\end{pmatrix}$$

的秩为 2，故 $\lambda=1$ 对应的线性无关的特征向量只有一个，从而 $\boldsymbol{A}$ 不可相似对角化；

(2) 若 $\lambda=1$ 不是特征方程的二重根，则 $[\lambda^2+(a+1)]$ 为完全平方，从而 $a+1=0$，解得 $a=-1$。这时，$\boldsymbol{A}$ 的特征值为 $1,0,0$，并且矩阵

$$0\boldsymbol{E}-\boldsymbol{A}=\begin{pmatrix}-1 & 1 & -1\\ 2 & 0 & 1\\ 0 & -1 & 0\end{pmatrix}$$

的秩也是 2，故 $\lambda=0$ 对应的线性无关的特征向量也只有一个，从而 $\boldsymbol{A}$ 也不可相似对角化。

解法二　用 MATLAB 编程方法求解。只要相应修改 prog52 中的矩阵输入，则有：

输入的符号矩阵是（其中 a 是符号参数）：

```
A=
    [1,  -1,   1]
    [a,   0,  -1]
    [0,   1,   0]
```

该矩阵的特征值为：

```
p=
    [1,conj((-a-1)^(1/2)),-conj((-a-1)^(1/2))]
----------------------------------------------------
当参数的值为
ans=-2
时,矩阵有特征值为:
my_eig=
          1   1   -1
这时矩阵不能对角化!
----------------------------------------------------
当参数的值为
ans=-1
时,矩阵有特征值为:
my_eig=
          1   0   0
这时矩阵不能对角化!
```

11. 提示:(1) 直接求矩阵 A 的特征多项式可得 $a=2$;(2) 注意到 $A^T=A$,从而有 $(AQ)^T(AQ)=Q^TA^2Q$,又由于 A^2 的特征值为 $\lambda_1=1$(三重),$\lambda_2=9$。这样通过求解相应的齐次线性方程组可得 $Q=\begin{pmatrix}1&0&0&0\\0&1&0&0\\0&0&-1/\sqrt{2}&1/\sqrt{2}\\0&0&1/\sqrt{2}&1/\sqrt{2}\end{pmatrix}$,且 $(AQ)^T(AQ)=\mathrm{diag}(1,1,1,9)$。

12. 提示:这是一个有关特征值和特征向量的逆问题。(1) 因为 $\lambda_1=\lambda_2=6$ 是 A 的二重特征值,故 A 的属于特征值 6 的线性无关的特征向量有 2 个。由题设可知 $\boldsymbol{\alpha}_1=(1,1,0)^T$,$\boldsymbol{\alpha}_2=(2,1,1)^T$ 为 A 的属于特征值 6 的线性无关特征向量。又因为 A 的秩为 2,于是 $|A|=0$,所以 A 的另一特征值 $\lambda_3=0$。设 $\lambda_3=0$ 所对应的特征向量为 $\boldsymbol{\alpha}=(x_1,x_2,x_3)^T$,则有 $\boldsymbol{\alpha}_1^T\boldsymbol{\alpha}=0$,$\boldsymbol{\alpha}_2^T\boldsymbol{\alpha}=0$ 即 $\begin{cases}x_1+x_2=0\\2x_1+x_2+x_3=0\end{cases}$,得基础解系为 $\boldsymbol{\alpha}=(-1,1,1)^T$,故 A 的属于特征值 $\lambda_3=0$ 全部特征向量为 $k\boldsymbol{\alpha}=k(-1,1,1)^T$($k$ 为任意不为零的常数)。

(2) 令矩阵 $P=(\boldsymbol{\alpha}_1,\boldsymbol{\alpha}_2,\boldsymbol{\alpha})$,则 $P^{-1}AP=\begin{pmatrix}6&&\\&6&\\&&0\end{pmatrix}$,所以

$$\boldsymbol{A}=\boldsymbol{P}\begin{pmatrix}6 & & \\ & 6 & \\ & & 0\end{pmatrix}\boldsymbol{P}^{-1}$$

$$=\begin{pmatrix}1 & 2 & -1\\ 1 & 1 & 1\\ 0 & 1 & 1\end{pmatrix}\begin{pmatrix}6 & & \\ & 6 & \\ & & 0\end{pmatrix}\begin{pmatrix}0 & 1 & -1\\ \frac{1}{3} & -\frac{1}{3} & \frac{2}{3}\\ -\frac{1}{3} & \frac{1}{3} & \frac{1}{3}\end{pmatrix}$$

$$=\begin{pmatrix}4 & 2 & 2\\ 2 & 4 & -2\\ 2 & -2 & 4\end{pmatrix}$$

第六章　二　次　型

第一节　内 容 提 要

1. 二次型及其矩阵

n 个变量 $x_1, x_2, \cdots, x_n$ 的二次齐次多项式

$$\begin{aligned} f(x_1, x_2, \cdots, x_n) = a_{11}x_1^2 + 2a_{12}x_1x_2 + 2a_{13}x_1x_3 + \cdots + 2a_{1n}x_1x_n \\ + a_{22}x_2^2 + 2a_{23}x_2x_3 + \cdots + 2a_{2n}x_2x_n \\ + \cdots \\ + a_{nn}x_n^2 \end{aligned} \tag{6.1}$$

称为一个 ***n* 元二次型**，简称**二次型**。当 a_{ij} 都为实数时，f 称为**实二次型**。当所有系数 a_{ij} 为复数时，f 称为**复二次型**。本章中只讨论实二次型。

令 $a_{ji} = a_{ij}$（$i<j$；$i, j = 1, 2, \cdots, n$），则有 $2a_{ij}x_ix_j = a_{ij}x_ix_j + a_{ji}x_jx_i$，从而式(6.1) 可写成

$$\begin{aligned} f(x_1, x_2, \cdots, x_n) &= \sum_{i,j=1}^{n} a_{ij}x_ix_j \\ &= (x_1, x_2, \cdots, x_n)\begin{pmatrix} a_{11} & a_{12} & \cdots & a_{1n} \\ a_{21} & a_{22} & \cdots & a_{2n} \\ \cdots & \cdots & \cdots & \cdots \\ a_{n1} & a_{n2} & \cdots & a_{nn} \end{pmatrix}\begin{pmatrix} x_1 \\ x_2 \\ \vdots \\ x_n \end{pmatrix} \end{aligned}$$

记

$$\boldsymbol{A} = \begin{pmatrix} a_{11} & a_{12} & \cdots & a_{1n} \\ a_{21} & a_{22} & \cdots & a_{2n} \\ \cdots & \cdots & \cdots & \cdots \\ a_{n1} & a_{n2} & \cdots & a_{nn} \end{pmatrix}, \quad \boldsymbol{X} = \begin{pmatrix} x_1 \\ x_2 \\ \vdots \\ x_n \end{pmatrix}$$

则可将二次型式(6.1)用矩阵形式写成

$$f(x_1, x_2, \cdots, x_n) = \boldsymbol{X}'\boldsymbol{A}\boldsymbol{X} \tag{6.2}$$

其中 $\boldsymbol{A} = (a_{ij})_{n\times n}$ 为实对称矩阵，它的主对角线元素 a_{ii} 正是二次型 $f(x_1, x_2, \cdots, x_n)$ 中平方项 x_i^2 的系数，其余元素 $a_{ij} = a_{ji}$（$i \neq j$）是 f 中交叉项 x_ix_j 系数的一半。由此容易看出，二次型与对称矩阵之间存在一一对应的关系，称对称阵 $\boldsymbol{A}$ 为二次型 f 的矩阵，称矩阵 $\boldsymbol{A}$ 的秩为**二次型 f 的秩**。

2. 矩阵合同

定义 1 对于两个 n 阶矩阵 $\boldsymbol{A},\boldsymbol{B}$，若存在 n 阶可逆矩阵 $\boldsymbol{C}$，使

$$\boldsymbol{B}=\boldsymbol{C}'\boldsymbol{A}\boldsymbol{C}$$

则称矩阵 $\boldsymbol{A}$ 与 $\boldsymbol{B}$ **合同**。

二次型 $f=\boldsymbol{X}'\boldsymbol{A}\boldsymbol{X}$ 经可逆线性变换 $\boldsymbol{X}=\boldsymbol{C}\boldsymbol{Y}$ 之后，仍然是一个二次型，且新的二次型的矩阵为 $\boldsymbol{C}'\boldsymbol{A}\boldsymbol{C}$。故经过可逆线性变换后，新旧二次型的矩阵彼此合同，又合同矩阵具有相同的秩，所以可逆线性变换不改变二次型的秩。

3. 二次型的标准形和惯性定理

定义 2 只含平方项而不含交叉项的二次型

$$k_1y_1^2+k_2y_2^2+\cdots+k_ny_n^2$$

称为标准形式的二次型，简称为**标准形。**

定理 1 任何一个二次型都可以经过可逆线性变换化为标准形，但标准形不唯一；任意一个 n 元二次型 $f(x_1,x_2,\cdots,x_n)=\boldsymbol{X}'\boldsymbol{A}\boldsymbol{X}$（$\boldsymbol{A}$ 实对称），总可以经过正交变换 $\boldsymbol{X}=\boldsymbol{Q}\boldsymbol{Y}$（$\boldsymbol{Q}$ 为正交矩阵）化为标准形

$$f=\lambda_1y_1^2+\lambda_2y_2^2+\cdots+\lambda_ny_n^2 \tag{6.3}$$

其中 $\lambda_1,\lambda_2,\cdots,\lambda_n$ 是矩阵 $\boldsymbol{A}=(a_{ij})$ 的全部特征值。式(6.3）称为二次型在正交变换下的标准形。

定理 2（惯性定理） 对于秩为 r 的 n 元二次型 $f=\boldsymbol{X}'\boldsymbol{A}\boldsymbol{X}$，不论用什么可逆线性变换把 f 化为标准形，其中正平方项的个数 p 和负平方项的个数 q 都是唯一确定的，且 $p+q=r$。

称正平方项的个数 p 为二次型 f 的**正惯性指数**，负平方项的个数 $q=r-p$ 为 f 的**负惯性指数**，它们的差 $p-q$ 称为 f 的符号差。

故对于任何二次型 $f(x_1,x_2,\cdots,x_n)=\boldsymbol{X}'\boldsymbol{A}\boldsymbol{X}$，都存在可逆线性变换 $\boldsymbol{X}=\boldsymbol{C}\boldsymbol{Y}$，使

$$f=y_1^2+\cdots+y_p^2-y_{p+1}^2-\cdots-y_{p+q}^2 \tag{6.4}$$

其中 p,q 分别为 f 的正、负惯性指数。上式右端称为二次型 f 的**规范形**，显然，它是唯一的。

推论 对于任意两个二次型 $\boldsymbol{f}(\boldsymbol{X})=\boldsymbol{X}'\boldsymbol{A}\boldsymbol{X}$ 和 $\boldsymbol{g}(\boldsymbol{X})=\boldsymbol{X}'\boldsymbol{B}\boldsymbol{X}$，则二次型的矩阵 $\boldsymbol{A}$ 与 $\boldsymbol{B}$ 合同的充要条件是这两个二次型的正、负惯性指数分别相等。

4. 正定二次型与正定矩阵

定义 3 实二次型 $f=\boldsymbol{X}'\boldsymbol{A}\boldsymbol{X}$，如果对任何非零向量 $\boldsymbol{X}=(x_1,x_2,\cdots,x_n)'$，都恒有 $f(\boldsymbol{X})>0$（或 $f(\boldsymbol{X})<0$），则称二次型 f 为**正定（或负定）二次型**。其对应的矩阵 $\boldsymbol{A}$ 称为**正定（或负定）矩阵**，记为 $\boldsymbol{A}>0$（或 $\boldsymbol{A}<0$）。

类似地，也可以给出二次型半正定，半负定或者二次型不定的定义。

对于 n 元实二次型 $f(x_1,x_2,\cdots,x_n)=\boldsymbol{X}'\boldsymbol{A}\boldsymbol{X}$，以下命题等价：

（1）f 是正定二次型（或 $\boldsymbol{A}$ 是正定矩阵）；

（2）f 的正惯性指数 $p=n$（或 $\boldsymbol{A}$ 合同于单位矩阵 $\boldsymbol{E}$）；

（3）$\boldsymbol{A}$ 的 n 个特征值 $\lambda_1,\lambda_2,\cdots,\lambda_n$ 全大于0；

（4）$\boldsymbol{A}$ 的各阶顺序主子式都大于0，即

$$A_1=a_{11}>0,\ A_2=\begin{vmatrix} a_{11} & a_{12} \\ a_{21} & a_{22} \end{vmatrix}>0,\ \cdots,\ A_n=\begin{vmatrix} a_{11} & a_{12} & \cdots & a_{1n} \\ a_{21} & a_{22} & \cdots & a_{2n} \\ \cdots & \cdots & \cdots & \cdots \\ a_{n1} & a_{n2} & \cdots & a_{nn} \end{vmatrix}>0$$

第二节 典型例题

二次型是应用性很强的一个概念。下面把二次型方面的计算求解问题分为以下几个类型：

· 有关二次型概念的基本问题；

· 求二次型的标准形、规范形和正、负惯性指数；

· 二次型正定性判断或证明。

1. 有关二次型基本概念

【例1】 用矩阵形式表示下列二次型，并求二次型的秩：

$$f(x_1,x_2,x_3,x_4)=x_1^2+x_3^2+2x_4^2-2x_1x_2+6x_2x_3-4x_2x_4$$

解 将二次型 f 用矩阵形式表示，即

$$f(x_1,x_2,x_3,x_4)=(x_1,x_2,x_3,x_4)\begin{pmatrix} 1 & -1 & 0 & 0 \\ -1 & 0 & 3 & -2 \\ 0 & 3 & 1 & 0 \\ 0 & -2 & 0 & 2 \end{pmatrix}\begin{pmatrix} x_1 \\ x_2 \\ x_3 \\ x_4 \end{pmatrix}=\boldsymbol{X}'\boldsymbol{A}\boldsymbol{X}$$

其中二次型 f 的矩阵 $\boldsymbol{A}$ 是秩为4的矩阵（用矩阵的初等行变换），从而二次型 f 的秩即为4。

【例2】 设 $\boldsymbol{A},\boldsymbol{B}$ 都是 n 阶对称矩阵，证明

（1）若对任意的 n 维向量 $\boldsymbol{X}$ 都有 $\boldsymbol{X}'\boldsymbol{A}\boldsymbol{X}=0$，则 $\boldsymbol{A}=\boldsymbol{O}$；

（2）若对任意的 n 维向量都有 $\boldsymbol{X}'\boldsymbol{A}\boldsymbol{X}=\boldsymbol{X}'\boldsymbol{B}\boldsymbol{X}$，则 $\boldsymbol{A}=\boldsymbol{B}$。

证明 （1）要证 $\boldsymbol{A}=(a_{ij})_{n\times n}=\boldsymbol{O}$，即要证明 $a_{ij}=0(i,j=1,2,\cdots,n)$。取 n 维列向量

$$\boldsymbol{\varepsilon}_i=(0,\cdots,0,1,0,\cdots,0)' \quad (i=1,2,\cdots,n)$$

因为对任意 n 维列向量 $\boldsymbol{X}$，都有 $\boldsymbol{X}'\boldsymbol{A}\boldsymbol{X}=0$，所以

$$\boldsymbol{\varepsilon}_i'\boldsymbol{A}\boldsymbol{\varepsilon}_i=a_{ii}=0,\ i=1,2,\cdots,n$$

且

$$\boldsymbol{\varepsilon}_i'\boldsymbol{A}\boldsymbol{\varepsilon}_j=a_{ij}=0,\ \boldsymbol{\varepsilon}_j'\boldsymbol{A}\boldsymbol{\varepsilon}_i=a_{ji}=0,\ i\neq j;\ i,j=1,2,\cdots,n$$

故 $\boldsymbol{A}=\boldsymbol{O}$；

(2) 因对任意 n 维向量 $\boldsymbol{X}$ 都有 $\boldsymbol{X}'\boldsymbol{A}\boldsymbol{X}=\boldsymbol{X}'\boldsymbol{B}\boldsymbol{X}$，即 $\boldsymbol{X}'(\boldsymbol{A}-\boldsymbol{B})\boldsymbol{X}=0$，显然 $\boldsymbol{A}-\boldsymbol{B}$ 是对称矩阵，故由（1）可知，$\boldsymbol{A}-\boldsymbol{B}=\boldsymbol{O}$，即 $\boldsymbol{A}=\boldsymbol{B}$。

【例 3】 设 $\boldsymbol{A}=\begin{pmatrix}\boldsymbol{A}_1 & \boldsymbol{O}\\ \boldsymbol{O} & \boldsymbol{A}_2\end{pmatrix}$，$\boldsymbol{B}=\begin{pmatrix}\boldsymbol{B}_1 & \boldsymbol{O}\\ \boldsymbol{O} & \boldsymbol{B}_2\end{pmatrix}$。证明：如果 $\boldsymbol{A}_1$ 与 $\boldsymbol{B}_1$ 合同，$\boldsymbol{A}_2$ 与 $\boldsymbol{B}_2$ 合同，则 $\boldsymbol{A}$ 与 $\boldsymbol{B}$ 合同。

证明 由于 $\boldsymbol{A}_1$ 与 $\boldsymbol{B}_1$ 合同，$\boldsymbol{A}_2$ 与 $\boldsymbol{B}_2$ 合同，故存在可逆矩阵 $\boldsymbol{C}_1$ 与 $\boldsymbol{C}_2$，使

$$\boldsymbol{B}_1=\boldsymbol{C}_1'\boldsymbol{A}_1\boldsymbol{C}_1,\quad \boldsymbol{B}_2=\boldsymbol{C}_2'\boldsymbol{A}_2\boldsymbol{C}_2$$

于是令

$$\boldsymbol{C}=\begin{pmatrix}\boldsymbol{C}_1 & \boldsymbol{O}\\ \boldsymbol{O} & \boldsymbol{C}_2\end{pmatrix}$$

则有 $\boldsymbol{B}=\boldsymbol{C}'\boldsymbol{A}\boldsymbol{C}$，即 $\boldsymbol{A}$ 与 $\boldsymbol{B}$ 合同。

【例 4】 已知二次型 $f(x_1,x_2,x_3)=5x_1^2+cx_2^2+x_3^2-2x_1x_2+4x_1x_3-4x_2x_3$ 的秩为 2，求参数 c。

解 二次型 f 的矩阵

$$\boldsymbol{A}=\begin{pmatrix}5 & -1 & 2\\ -1 & c & -2\\ 2 & -2 & 1\end{pmatrix}$$

因为二次型 $f(x_1,x_2,x_3)$ 的秩为 2，所以矩阵 $\boldsymbol{A}$ 的秩 $r(\boldsymbol{A})=2$，故 $\boldsymbol{A}$ 的行列式

$$|\boldsymbol{A}|=\begin{pmatrix}5 & -1 & 2\\ -1 & c & -2\\ 2 & -2 & 1\end{pmatrix}=c-13=0$$

解得 $c=13$。而且当 $c=13$ 时，矩阵 $\boldsymbol{A}$ 的秩恰为 2。所以 $c=13$ 即为所求。

2. 求二次型的标准形、规范形和正、负惯性指数

求二次型的标准形、规范形常用的方法是配方法和正交变换法。

(1) 用配方法化二次型为标准形的解题步骤

① 如果二次型中至少有一个平方项不为零，不妨设 $a_{11}\neq 0$，则对所有含 x_1 的项配方（经配方后所余各项中不再含 x_1）。如此继续配方下去，直至每一项都包含在各完全平方项中。引入新变量 $y_1,y_2,\cdots,y_n$，由线性变换 $\boldsymbol{Y}=\boldsymbol{C}^{-1}\boldsymbol{X}$，可得 $\boldsymbol{X}'\boldsymbol{A}\boldsymbol{X}=d_1y_1^2+d_2y_2^2+\cdots+d_ny_n^2$；

② 如果二次型中不含平方项，即只有交叉项，不妨设 $a_{12}\neq 0$，则可令

$$x_1=y_1+y_2,\ x_2=y_1-y_2,\ x_3=y_3,\ \cdots,\ x_n=y_n$$

经此可逆线性变换，二次型中出现 $a_{12}y_1^2-a_{12}y_2^2$ 后，再按①的方法实行配方。

【例 5】 二次型 $f(x_1,x_2,x_3)=(x_1+x_2)^2+(x_2-x_3)^2+(x_3+x_1)^2$ 的秩为____。

分析 二次型的秩即对应的矩阵的秩，亦即标准型中平方项的项数，于是利用初等变换或配方法均可得到答案。

解法一 因为
$$f(x_1,x_2,x_3)=(x_1+x_2)^2+(x_2-x_3)^2+(x_3+x_1)^2=2x_1^2+2x_2^2+2x_3^2+2x_1x_2+2x_1x_3-2x_2x_3$$

于是二次型的矩阵为

$$\boldsymbol{A}=\begin{pmatrix}2&1&1\\1&2&-1\\1&-1&2\end{pmatrix}$$

由初等变换得

$$\boldsymbol{A}\to\begin{pmatrix}1&-1&2\\0&3&-3\\0&3&-3\end{pmatrix}\to\begin{pmatrix}1&-1&2\\0&3&-3\\0&0&0\end{pmatrix}$$

从而 $r(\boldsymbol{A})=2$，即二次型的秩为 2。

解法二 因为

$$\begin{aligned}f(x_1,x_2,x_3)&=(x_1+x_2)^2+(x_2-x_3)^2+(x_3+x_1)^2\\&=2x_1^2+2x_2^2+2x_3^2+2x_1x_2+2x_1x_3-2x_2x_3\\&=2\left(x_1+\frac{1}{2}x_2+\frac{1}{2}x_3\right)^2+\frac{3}{2}(x_2-x_3)^2=2y_1^2+\frac{3}{2}y_2^2\end{aligned}$$

其中
$$y_1=x_1+\frac{1}{2}x_2+\frac{1}{2}x_3,\quad y_2=x_2-x_3$$

所以二次型的秩为 2。

【例 6】 试用配方法将二次型 $f(x_1,x_2,x_3)=x_1^2+x_2^2+3x_3^2+4x_1x_2+2x_1x_3+2x_2x_3$ 化为标准形和规范形。

解法一 先将含有 x_1 的各项合并在一起，配成完全平方项。

$$\begin{aligned}f(x_1,x_2,x_3)&=x_1^2+x_2^2+3x_3^2+4x_1x_2+2x_1x_3+2x_2x_3\\&=(x_1^2+4x_1x_2+2x_1x_3)+x_2^2+3x_3^2+2x_2x_3\\&=(x_1+2x_2+x_3)^2-(2x_2+x_3)^2+x_2^2+3x_3^2+2x_2x_3\\&=(x_1+2x_2+x_3)^2-3x_2^2+2x_3^2-2x_2x_3\end{aligned}$$

再将余下的含有 x_2 的项合并在一起配成完全平方

$$\begin{aligned}f(x_1,x_2,x_3)&=(x_1+2x_2+x_3)^2-3\left(x_2+\frac{1}{3}x_3\right)^2+\frac{1}{3}x_3^2+2x_3^2\\&=(x_1+2x_2+x_3)^2-3\left(x_2+\frac{1}{3}x_3\right)^2+\frac{7}{3}x_3^2\end{aligned}$$

令

$$\begin{cases} y_1 = x_1 + 2x_2 + x_3 \\ y_2 = x_2 + \frac{1}{3}x_3 \\ y_3 = x_3 \end{cases}$$

或

$$\begin{cases} x_1 = y_1 - 2y_2 - 1/3y_3 \\ x_2 = y_2 - 1/3y_3 \\ x_3 = y_3 \end{cases}$$

用矩阵形式表示即为

$$\begin{pmatrix} x_1 \\ x_2 \\ x_3 \end{pmatrix} = \begin{pmatrix} 1 & -2 & -1/3 \\ 0 & 1 & -1/3 \\ 0 & 0 & 1 \end{pmatrix} \begin{pmatrix} y_1 \\ y_2 \\ y_3 \end{pmatrix}$$

记

$$\boldsymbol{X} = \begin{pmatrix} x_1 \\ x_2 \\ x_3 \end{pmatrix}, \boldsymbol{Y} = \begin{pmatrix} y_1 \\ y_2 \\ y_3 \end{pmatrix}, \boldsymbol{C} = \begin{pmatrix} 1 & -2 & -1/3 \\ 0 & 1 & -1/3 \\ 0 & 0 & 1 \end{pmatrix}$$

则$|\boldsymbol{C}| = 1 \neq 0$，故 $\boldsymbol{X} = \boldsymbol{CY}$ 为可逆线性变换，且将二次型 f 化为标准形

$$f = y_1^2 - 3y_2^2 + \frac{7}{3}y_3^2$$

若令

$$\begin{cases} z_1 = x_1 + 2x_2 + x_3 \\ z_2 = \sqrt{\frac{7}{3}}x_3 \\ z_3 = \sqrt{3}\left(x_2 + \frac{1}{3}x_3\right) \end{cases}$$

则得二次型的规范形

$$f = z_1^2 + z_2^2 - z_3^2$$

解法二　解法一在化标准形、规范形时，是按 x 的下标的顺序配完全平方的，也可以不按顺序，而是按配方的难易程度来选择次序。例如本题先按 x_1 配方后，再将余下的含有 x_3 的项合并在一起，配成完全平方。计算过程如下

$$\begin{aligned} f(x_1, x_2, x_3) &= (x_1 + 2x_2 + x_3)^2 - 3x_2^2 + 2x_3^2 - 2x_2x_3 \\ &= (x_1 + 2x_2 + x_3)^2 + 2\left(x_3 - \frac{1}{2}x_2\right)^2 - \frac{1}{2}x_2^2 - 3x_2^2 \\ &= (x_1 + 2x_2 + x_3)^2 + 2\left(x_3 - \frac{1}{2}x_2\right)^2 - \frac{7}{2}x_2^2 \end{aligned}$$

令

$$\begin{cases} y_1 = x_1 + 2x_2 + x_3 \\ y_2 = -\dfrac{1}{2}x_2 + x_3 \\ y_3 = x_2 \end{cases}$$

得二次型的标准形为

$$f = y_1^2 + 2y_2^2 - \frac{7}{2}y_3^2$$

再令

$$\begin{cases} z_1 = x_1 + 2x_2 + x_3 \\ z_2 = \sqrt{2}\left(-\dfrac{1}{2}x_2 + x_3\right) \\ z_3 = \sqrt{\dfrac{7}{2}}x_2 \end{cases}$$

得二次型的规范形为

$$f = z_1^2 + z_2^2 - z_3^2$$

注意：在计算过程中采用不同的配方次序，二次型的标准形是不一样的；当然无论用什么样的配方次序，二次型的规范形在正负惯性指数相同的意义下是唯一的。其次，每一步变换中要保证变换矩阵都为可逆矩阵，否则整个的线性变换就不是可逆的线性变换，所得到的结果也就不是二次型的标准形。

【例 7】 用配方法将二次型

$$f(x_1, x_2, x_3) = x_1x_2 + 2x_2x_3$$

化为标准形。

解 因为二次型 f 中没有平方项，无法像例 5 那样直接配方，所以先作一个可逆线性变换构造出平方项。由于含有 x_1x_2 交叉项，故令

令

$$\begin{cases} x_1 = y_1 + y_2 \\ x_2 = y_1 - y_2 \\ x_3 = y_3 \end{cases}$$

则

$$\begin{aligned} f(x_1, x_2, x_3) &= (y_1 + y_2)(y_1 - y_2) + 2(y_1 - y_2)y_3 \\ &= y_1^2 - y_2^2 + 2y_1y_3 - 2y_2y_3 = (y_1 + y_3)^2 - (y_2 + y_3)^2 \end{aligned}$$

再令

$$\begin{cases} z_1 = y_1 + y_3 \\ z_2 = y_2 + 2y_3 \\ z_3 = y_3 \end{cases}$$

则二次型的标准形是

$$f=z_1^2-z_2^2$$

而所用的可逆变换为

$$\boldsymbol{X}=\begin{pmatrix}x_1\\x_2\\x_3\end{pmatrix}=\begin{pmatrix}1&1&0\\1&-1&0\\0&0&1\end{pmatrix}\begin{pmatrix}y_1\\y_2\\y_3\end{pmatrix}=\begin{pmatrix}1&1&0\\1&-1&0\\0&0&1\end{pmatrix}\begin{pmatrix}1&0&-1\\0&1&-1\\0&0&1\end{pmatrix}\begin{pmatrix}z_1\\z_2\\z_3\end{pmatrix}$$

$$=\begin{pmatrix}1&1&-2\\1&-1&0\\0&0&1\end{pmatrix}\begin{pmatrix}z_1\\z_2\\z_3\end{pmatrix}=\boldsymbol{CZ}$$

(2) 用正交变换化二次型为标准形的步骤

① 写出二次型的矩阵 $\boldsymbol{A}$，求出矩阵 $\boldsymbol{A}$ 的所有特征值 $\lambda_1,\lambda_2,\cdots,\lambda_n$；

② 求每个特征值对应的特征向量。若特征值有重根，则要将对应于重根的特征向量施行施密特（Schmit）单位正交化过程；

③ 如此得到 $\boldsymbol{A}$ 的 n 个单位正交的特征向量。以它们作为列，构成正交矩阵 $\boldsymbol{Q}$；令正交变换 $\boldsymbol{X}=\boldsymbol{QY}$，则二次型化为标准形

$$f(x_1,x_2,\cdots,x_n)=\boldsymbol{X}'\boldsymbol{AX}=\lambda_1y_1^2+\lambda_2y_2^2+\cdots+\lambda_ny_n^2$$

【例 8】 求正交变换化下面二次型为标准形

$$f(x_1,x_2,x_3)=x_1^2+4x_2^2+4x_3^2-4x_1x_2+4x_1x_3-8x_2x_3$$

解　(1) 二次型 f 的矩阵为

$$\boldsymbol{A}=\begin{pmatrix}1&-2&2\\-2&4&-4\\2&-4&4\end{pmatrix}$$

于是 $\boldsymbol{A}$ 的特征多项式

$$f(\lambda)=|\boldsymbol{A}-\lambda\boldsymbol{E}|=\begin{vmatrix}1-\lambda&-2&2\\-2&4-\lambda&-4\\2&-4&4-\lambda\end{vmatrix}=-\lambda^2(\lambda-9)$$

得到 $\boldsymbol{A}$ 的特征值 $\lambda_1=\lambda_2=0$，$\lambda_3=9$；

(2) 对于 $\lambda_1=\lambda_2=0$，解方程组 $(\boldsymbol{A}-0\boldsymbol{E})\boldsymbol{X}=\boldsymbol{0}$，由

$$\boldsymbol{A}-0\boldsymbol{E}=\begin{pmatrix}1&-2&2\\-2&4&-4\\2&-4&4\end{pmatrix}\rightarrow\begin{pmatrix}1&-2&2\\0&0&0\\0&0&0\end{pmatrix}$$

可取两个正交的特征向量

$$\boldsymbol{p}_1=\begin{pmatrix}0\\1\\1\end{pmatrix},\ \boldsymbol{p}_2=\begin{pmatrix}4\\1\\-1\end{pmatrix}$$

对于$\lambda_3=9$，解方程组$(\boldsymbol{A}-9\boldsymbol{E})\boldsymbol{X}=\boldsymbol{0}$，因为

$$\boldsymbol{A}-9\boldsymbol{E}=\begin{pmatrix}-8 & -2 & 2\\ -2 & -5 & -4\\ 2 & -4 & -5\end{pmatrix}\rightarrow\begin{pmatrix}2 & -4 & -5\\ 0 & -9 & -9\\ 0 & 0 & 0\end{pmatrix}$$

得到特征向量

$$\boldsymbol{p}_3=\begin{pmatrix}1\\ -2\\ 2\end{pmatrix}$$

再将上述相互正交的特征向量单位化得

$$\boldsymbol{\gamma}_1=\begin{pmatrix}0\\ \dfrac{1}{\sqrt{2}}\\ \dfrac{1}{\sqrt{2}}\end{pmatrix},\ \boldsymbol{\gamma}_2=\begin{pmatrix}\dfrac{4}{3\sqrt{2}}\\ \dfrac{1}{3\sqrt{2}}\\ -\dfrac{1}{3\sqrt{2}}\end{pmatrix},\ \boldsymbol{\gamma}_3=\begin{pmatrix}\dfrac{1}{3}\\ -\dfrac{2}{3}\\ \dfrac{2}{3}\end{pmatrix}$$

（3）在正交变换

$$\begin{pmatrix}x_1\\ x_2\\ x_3\end{pmatrix}=\begin{pmatrix}0 & \dfrac{4}{3\sqrt{2}} & \dfrac{1}{3}\\ \dfrac{1}{\sqrt{2}} & \dfrac{1}{3\sqrt{2}} & -\dfrac{2}{3}\\ \dfrac{1}{\sqrt{2}} & -\dfrac{1}{3\sqrt{2}} & \dfrac{2}{3}\end{pmatrix}\begin{pmatrix}y_1\\ y_2\\ y_3\end{pmatrix}$$

下原二次型化为

$$f=9y_3^2$$

由本题可见，用正交变换化二次型为标准形时，平方项的系数即为其特征值，因而可以认为标准形是唯一的；而由配方法所得标准形是不唯一的。但不论用哪种可逆变换，二次型的正负惯性指数总是不变的。

【例9】 设二次型

$$f(x_1,x_2,x_3)=\boldsymbol{X}^{\mathrm{T}}\boldsymbol{A}\boldsymbol{X}=ax_1^2+2x_2^2-2x_3^2+2bx_1x_3\quad(b>0)$$

中二次型的矩阵$\boldsymbol{A}$的特征值之和为1，特征值之积为-12。

（1）求a,b的值；

（2）利用正交变换将二次型f化为标准形，并写出所用的正交变换和对应的正交矩阵。

分析 特征值之和为$\boldsymbol{A}$的主对角线上元素之和，特征值之积为$\boldsymbol{A}$的行列式，由此可求出a,b的值；进一步求出$\boldsymbol{A}$的特征值和特征向量，并将相同特征值的

特征向量正交化（若有必要），然后将特征向量单位化并以此为列所构造的矩阵即为所求的正交矩阵。

解 （1）二次型 f 的矩阵为

$$A=\begin{pmatrix} a & 0 & b \\ 0 & 2 & 0 \\ b & 0 & -2 \end{pmatrix}$$

设 A 的特征值为 λ_i（$i=1,2,3$）。由题设，有

$$\lambda_1+\lambda_2+\lambda_3=a+2+(-2)=1$$

$$\lambda_1\lambda_2\lambda_3=\begin{vmatrix} a & 0 & b \\ 0 & 2 & 0 \\ b & 0 & -2 \end{vmatrix}=-4a-2b^2=-12$$

解得 $a=1$，$b=-2$。

（2）由矩阵 A 的特征多项式

$$|\lambda E-A|=\begin{vmatrix} \lambda-1 & 0 & -2 \\ 0 & \lambda-2 & 0 \\ -2 & 0 & \lambda+2 \end{vmatrix}=(\lambda-2)^2(\lambda+3)$$

得 A 的特征值 $\lambda_1=\lambda_2=2$，$\lambda_3=-3$。

对于 $\lambda_1=\lambda_2=2$，解齐次线性方程组 $(2E-A)x=0$，得其基础解系

$$\xi_1=(2,0,1)^T,\quad \xi_2=(0,1,0)^T$$

对于 $\lambda_3=-3$，解齐次线性方程组 $(-3E-A)x=0$，得基础解系

$$\xi_3=(1,0,-2)^T$$

由于 ξ_1,ξ_2,ξ_3 已是正交向量组，为了得到规范正交向量组，只需将 ξ_1,ξ_2,ξ_3 单位化，由此得

$$\eta_1=\left(\frac{2}{\sqrt{5}},0,\frac{1}{\sqrt{5}}\right)^T,\quad \eta_2=(0,1,0)^T,\quad \eta_3=\left(\frac{1}{\sqrt{5}},0,-\frac{2}{\sqrt{5}}\right)^T$$

令矩阵

$$Q=(\eta_1\quad \eta_2\quad \eta_3)=\begin{pmatrix} 2/\sqrt{5} & 0 & 1/\sqrt{5} \\ 0 & 1 & 0 \\ 1/\sqrt{5} & 0 & -2/\sqrt{5} \end{pmatrix}$$

则 Q 为正交矩阵，在正交变换 $X=QY$ 下，有

$$Q^TAQ=\begin{pmatrix} 2 & 0 & 0 \\ 0 & 2 & 0 \\ 0 & 0 & -3 \end{pmatrix}$$

且二次型的标准形为

$$f=2y_1^2+2y_2^2-3y_3^2$$

评注 本题求 a,b，也可先计算特征多项式，再利用根与系数的关系确定：

二次型 f 的矩阵 $\boldsymbol{A}$ 对应特征多项式为

$$|\lambda\boldsymbol{E}-\boldsymbol{A}|=\begin{vmatrix}\lambda-a & 0 & -b\\ 0 & \lambda-2 & 0\\ -b & 0 & \lambda+2\end{vmatrix}=(\lambda-2)[\lambda^2-(a-2)\lambda-(2a+b^2)]$$

设 $\boldsymbol{A}$ 的特征值为 $\lambda_1,\lambda_2,\lambda_3$，则 $\lambda_1=2$，$\lambda_2+\lambda_3=a-2$，$\lambda_2\lambda_3=-(2a+b^2)$。由题设得

$$\lambda_1+\lambda_2+\lambda_3=2+(a-2)=1$$

$$\lambda_1\lambda_2\lambda_3=-2(2a+b^2)=-12$$

解得 $a=1$，$b=2$。

【例 10】 二次型

$$f(x_1,x_2,x_3)=x_1^2+x_2^2+x_3^2+2ax_1x_2+2bx_2x_3+2x_1x_3$$

能经正交变换 $\boldsymbol{x}=\boldsymbol{Q}\boldsymbol{y}$ 化成标准形为 $f=y_2^2+2y_3^2$，试求 f。

解 变换前后二次型的矩阵分别是

$$\boldsymbol{A}=\begin{pmatrix}1 & a & 1\\ a & 1 & b\\ 1 & b & 1\end{pmatrix},\ \boldsymbol{\Lambda}=\begin{pmatrix}0 & & \\ & 1 & \\ & & 2\end{pmatrix}$$

由于 $\boldsymbol{Q}$ 是正交矩阵，$\boldsymbol{A}$ 与 $\boldsymbol{\Lambda}$ 既合同又相似，所以矩阵 $\boldsymbol{A}$ 的特征值是 0,1,2。那么

$$|\boldsymbol{A}-0\boldsymbol{E}|=-(a-b)^2=0,\ |\boldsymbol{A}-\boldsymbol{E}|=2ab=0$$

解出 $a=b=0$。也不难验证 $a=b=0$ 时，二次型 $f(x_1,x_2,x_3)=x_1^2+x_2^2+x_3^2+2x_1x_3$ 确实可以化成给定的标准形，于是上述二次型结果即为所求。

【例 11】 二次型

$$f(x_1,x_2,x_3)=x_1^2+ax_2^2+x_3^2+2x_1x_2-2x_2x_3-2ax_1x_3$$

的正、负惯性指数都是 1，求 f，并求曲面 $f=1$ 在点 (1,1,0) 的切平面方程。

解 二次型 f 的矩阵为

$$\boldsymbol{A}=\begin{pmatrix}1 & 1 & -a\\ 1 & a & -1\\ -a & -1 & 1\end{pmatrix}$$

由于 $r(\boldsymbol{A})=p+q=2$，所以 $|\boldsymbol{A}|=-(a-1)^2(a+2)=0$。

(1) 若 $a=1$，则 $r(\boldsymbol{A})=1$ 不合题意，舍去；

(2) 若 $a=-2$，由特征多项式

$$f(\lambda)=|\boldsymbol{A}-\lambda\boldsymbol{E}|=\begin{vmatrix}1-\lambda & 1 & 2\\ 1 & -2-\lambda & -1\\ 2 & -1 & 1-\lambda\end{vmatrix}=-\lambda(\lambda-3)(\lambda+3)$$

得 $\boldsymbol{A}$ 的特征值 $\lambda_1=3$，$\lambda_2=-3$，$\lambda_3=0$。所以 $p=q=1$，符合题意。故

$$f(x_1,x_2,x_3)=x_1^2-2x_2^2+x_3^2+2x_1x_2-2x_2x_3+4x_1x_3$$

对于曲面 $f(x_1,x_2,x_3)=1$，由于

$$\left.\frac{\partial f}{\partial x_1}\right|_{(1,1,0)}=4,\ \left.\frac{\partial f}{\partial x_2}\right|_{(1,1,0)}=-2,\ \left.\frac{\partial f}{\partial x_3}\right|_{(1,1,0)}=2$$

故切平面方程为 $2x_1-x_2+x_3=1$。

【例 12】 已知

$$\boldsymbol{A}=\begin{pmatrix}1&1&1\\1&1&1\\1&1&1\end{pmatrix},\ \boldsymbol{B}=\begin{pmatrix}1&0&0\\0&0&0\\0&0&0\end{pmatrix},\ \boldsymbol{C}=\begin{pmatrix}3&0&0\\0&0&0\\0&0&0\end{pmatrix}$$

判断矩阵 $\boldsymbol{A},\boldsymbol{B},\boldsymbol{C}$ 是否相似？是否合同？并说明理由。

解 因为 $\boldsymbol{A},\boldsymbol{B},\boldsymbol{C}$ 均为实对称矩阵，所以它们相似的充要条件是特征值相同，合同的充要条件是正负惯性指数相等（想一想，这两个结论对一般 n 阶矩阵是否成立?）。

因为矩阵 $\boldsymbol{A}$ 的秩 $r(\boldsymbol{A})=1$，又 $|\boldsymbol{A}-\lambda\boldsymbol{E}|=-\lambda^2(\lambda-3)$，所以 $\boldsymbol{A}$ 的特征值是 3,0,0。而矩阵 $\boldsymbol{B}$ 与 $\boldsymbol{C}$ 均为对角矩阵，其特征值分别是 1,0,0 与 3,0,0。由前面的分析，实对称矩阵 $\boldsymbol{A}$、$\boldsymbol{C}$ 有相同的特征值，故 $\boldsymbol{A}$ 与 $\boldsymbol{C}$ 相似，而 $\boldsymbol{A}$ 与 $\boldsymbol{B}$ 不相似。

从特征值得知二次型 $\boldsymbol{X}^{\mathrm{T}}\boldsymbol{AX}$，$\boldsymbol{X}^{\mathrm{T}}\boldsymbol{BX}$，$\boldsymbol{X}^{\mathrm{T}}\boldsymbol{CX}$ 的正惯性指数均相同 $p=1$，负惯性指数均为 $q=0$，它们有相同的正负惯性指数，从而 $\boldsymbol{A},\boldsymbol{B},\boldsymbol{C}$ 合同。

3. 正定性判断或证明

判断或证明二次型或矩阵的正定性，通常是应用正定性判定的四个等价命题的结论（见本章内容提要）。

【例 13】 已知二次型 $f(x_1,x_2,x_3)=tx_1^2+tx_2^2+tx_3^2+2x_1x_2-2x_2x_3+2x_1x_3$ 是正定的，试求参数 t 的取值范围。

解 二次型 f 的矩阵为

$$\boldsymbol{A}=\begin{pmatrix}t&1&1\\1&t&-1\\1&-1&t\end{pmatrix}$$

当 $\boldsymbol{A}$ 的各阶顺序主子式都大于 0,即

$$A_1=t>0$$

$$A_2=\begin{vmatrix}t&1\\1&t\end{vmatrix}=t^2-1>0$$

$$A_3=|\boldsymbol{A}|=\begin{vmatrix}t&1&1\\1&t&-1\\1&-1&t\end{vmatrix}=(t-2)(t+1)^2>0$$

即当 $t>2$ 时，二次型 f 是正定的。

【例 14】 设有 n 元实二次型

$f(x_1,x_2,\cdots,x_n)=(x_1+a_1x_2)^2+(x_2+a_2x_3)^2+\cdots+(x_{n-1}+a_{n-1}x_n)^2+(x_n+a_nx_1)^2$

其中 a_i（$i=1,2,\cdots,n$）为实数。试问：当 $a_1,a_2,\cdots,a_n$ 满足何种条件时，二次型 $f(x_1,x_2,\cdots,x_n)$ 为正定二次型？

解 由题设条件知，对于任意的 $x_1,x_2,\cdots,x_n$，有

$$f(x_1,x_2,\cdots,x_n)\geqslant 0$$

其中等号成立当且仅当

$$\begin{cases} x_1+a_1x_2=0 \\ x_2+a_2x_3=0 \\ \cdots\cdots\cdots\cdots \\ x_{n-1}+a_{n-1}x_n=0 \\ x_n+a_nx_1=0 \end{cases}$$

上面方程组仅有零解的充要条件是系数行列式

$$D_n=\begin{vmatrix} 1 & a_1 & \cdots & 0 & 0 \\ 0 & 1 & a_2\cdots & 0 & 0 \\ \cdots & \cdots & \cdots & \cdots & \cdots \\ 0 & 0 & \cdots & 1 & a_{(n-1)} \\ a_n & 0 & \cdots & 0 & 1 \end{vmatrix}=1+(-1)^{n+1}a_1a_2\cdots a_n\neq 0$$

所以，当 $1+(-1)^{n+1}a_1a_2\cdots a_n\neq 0$ 时，对任意不全为零的 $x_1,x_2,\cdots,x_n$，有

$$f(x_1,x_2,\cdots,x_n)>0$$

即此时二次型 $f(x_1,x_2,\cdots,x_n)$ 为正定二次型。

【例 15】 设 $\boldsymbol{A}$ 是 n 阶正定矩阵，则

(1) $\boldsymbol{A}^{-1}$ 是正定矩阵；

(2) $k\boldsymbol{A}(k>0)$ 是正定矩阵；

(3) $\boldsymbol{A}^*$ 是正定矩阵；

(4) $\boldsymbol{B}$ 也是 n 阶正定矩阵，则 $\boldsymbol{A}+\boldsymbol{B}$ 是正定矩阵。

证明 (1) 因 $\boldsymbol{A}$ 为正定阵，则存在可逆阵 $\boldsymbol{C}$，使得 $\boldsymbol{C}^{\mathrm{T}}\boldsymbol{A}\boldsymbol{C}=\boldsymbol{E}$，于是有

$$(\boldsymbol{C}^{\mathrm{T}}\boldsymbol{A}\boldsymbol{C})^{-1}=\boldsymbol{E}^{-1}$$

即
$$\boldsymbol{C}^{-1}\boldsymbol{A}^{-1}(\boldsymbol{C}^{-1})^{\mathrm{T}}=\boldsymbol{E}$$

所以 $\boldsymbol{A}^{-1}$ 与单位阵 $\boldsymbol{E}$ 合同，故 $\boldsymbol{A}^{-1}$ 是正定阵。

(2) 由于 $\boldsymbol{A}$ 是正定阵，对 $\boldsymbol{R}^n$ 中任意非零列向量 $\boldsymbol{X}$，都有 $\boldsymbol{X}^{\mathrm{T}}\boldsymbol{A}\boldsymbol{X}>0$，于是有

$$X^T(kA)X=k(X^TAX)>0 \quad (k>0)$$

所以 kA 是正定阵。

(3) 由于 A 为正定阵，则有 $|A|>0$，又 A^{-1} 是正定阵，于是由 (2) 知，$A^*=|A|A^{-1}$ 是正定阵。

(4) 因 A，B 皆为 n 阶正定阵，则对 R^n 中任一非零列向量 X 有

$$X^TAX>0，且\ X^TBX>0$$

于是有
$$X^T(A+B)X=X^TAX+X^TBX>0$$

所以 $A+B$ 是正定阵。

【例 16】 证明：实对称矩阵 A 正定的充分必要条件是存在可逆矩阵 C，使 $A=C'C$。

证明 **充分性** 假设存在可逆矩阵 C，使 $A=C'C$。则对于任意 $X=(x_1, x_2,\cdots,x_n)'\neq0$，有

$$f(x_1,x_2,\cdots,x_n)=X'AX=X'C'CX=(CX)'(CX)$$

又 C 可逆，所以 $CX\neq0$，从而 $(CX)^T(CX)>0$，即 $X^TAX>0$，A 是正定的。

必要性 已知实对称阵 A 正定，则 A 与单位矩阵 E 合同，即存在可逆矩阵 P，使

$$P'AP=E$$

即
$$A=(P')^{-1}P^{-1}$$

令 $C=P^{-1}$，故

$$A=C'C$$

【例 17】 设 A 为 n 阶实对称矩阵，且 $A^3-4A^2+5A-2E=0$，证明 A 是正定矩阵。

证明 设 λ 是 A 的任一特征值，即有非零列向量 X，使得 $AX=\lambda X$，令 $g(x)=x^3-4x^2+5x-2$，则

$$g(A)=A^3-4A^2+5A-2E$$

由特征值与特征向量的性质易知，$g(\lambda)$ 是 $g(A)$ 的特征值，且对应的特征向量仍为 X，即有

$$g(A)X=g(\lambda)X$$

因 $g(A)=0$ 且 $X\neq0$，所以 $g(\lambda)=\lambda^3-4\lambda^2+5\lambda-2=0$，得到 A 的特征值为 $\lambda_1=\lambda_2=1$，$\lambda_3=2$，即 A 的特征值全大于零，又 A 为实对称矩阵，故 A 是正定阵。

【例 18】 已知 A 为 $m\times n$ 阶实矩阵，$m<n$，证明 AA^T 正定的充要条件为 $R(A)=m$。

证明 **充分性** 设 $R(A)=m$。由 $R(A)=R(A^T)=m$ 可知，A^T 为列满秩，

所以 m 元齐次线性方程组 $\boldsymbol{A}^{\mathrm{T}}\boldsymbol{X}=\boldsymbol{0}$ 只有零解。从而对任意 $\boldsymbol{X}=(x_1,x_2,\cdots,x_m)^{\mathrm{T}}\neq\boldsymbol{0}$，有 $\boldsymbol{A}^{\mathrm{T}}\boldsymbol{X}\neq\boldsymbol{0}$，于是有 $(\boldsymbol{A}^{\mathrm{T}}\boldsymbol{X})^{\mathrm{T}}(\boldsymbol{A}^{\mathrm{T}}\boldsymbol{X})=\boldsymbol{X}^{\mathrm{T}}\boldsymbol{A}\boldsymbol{A}^{\mathrm{T}}\boldsymbol{X}>0$，即矩阵 $\boldsymbol{A}^{\mathrm{T}}\boldsymbol{A}$ 是正定的；

必要性 设 $\boldsymbol{A}\boldsymbol{A}^{\mathrm{T}}$ 正定。由二次型正定的定义，对任意的非零向量 $\boldsymbol{X}=(x_1,x_2,\cdots,x_m)^{\mathrm{T}}$，有 $\boldsymbol{X}^{\mathrm{T}}\boldsymbol{A}\boldsymbol{A}^{\mathrm{T}}\boldsymbol{X}>0$。又若设 $\boldsymbol{A}^{\mathrm{T}}\boldsymbol{X}=(b_1,b_2,\cdots,b_n)^{\mathrm{T}}$，则有

$$\begin{aligned}\boldsymbol{X}^{\mathrm{T}}\boldsymbol{A}\boldsymbol{A}^{\mathrm{T}}\boldsymbol{X}&=(\boldsymbol{A}^{\mathrm{T}}\boldsymbol{X})^{\mathrm{T}}(\boldsymbol{A}^{\mathrm{T}}\boldsymbol{X})=(b_1,b_2,\cdots,b_n)(b_1,b_2,\cdots,b_n)^{\mathrm{T}}\\&=b_1^2+b_2^2+\cdots+b_n^2>0\end{aligned}$$

由此可知，对任意的 $\boldsymbol{X}\neq\boldsymbol{0}$，有 $\boldsymbol{A}^{\mathrm{T}}\boldsymbol{X}\neq\boldsymbol{0}$（否则与 $\boldsymbol{A}\boldsymbol{A}^{\mathrm{T}}$ 正定矛盾），即 m 元齐次线性方程组 $\boldsymbol{A}^{\mathrm{T}}\boldsymbol{X}=0$ 只有零解。所以 $R(\boldsymbol{A}^{\mathrm{T}})=m$，即

$$R(\boldsymbol{A})=R(\boldsymbol{A}^{\mathrm{T}})=m$$

【例 19】 设 $\boldsymbol{A}$ 是 n 阶正定矩阵，试证明 $|\boldsymbol{A}+\boldsymbol{E}|>1$。

证明 因 $\boldsymbol{A}$ 是 n 阶正定矩阵，则 $\boldsymbol{A}$ 必是实对称矩阵，从而存在正交矩阵 $\boldsymbol{Q}$，使得

$$\boldsymbol{Q}^{-1}\boldsymbol{A}\boldsymbol{Q}=\boldsymbol{Q}'\boldsymbol{A}\boldsymbol{Q}=\begin{pmatrix}\lambda_1&&&\\&\lambda_2&&\\&&\ddots&\\&&&\lambda_n\end{pmatrix}$$

即

$$\boldsymbol{A}=\boldsymbol{Q}\begin{pmatrix}\lambda_1&&&\\&\lambda_2&&\\&&\ddots&\\&&&\lambda_n\end{pmatrix}\boldsymbol{Q}'$$

其中 $\lambda_1,\lambda_2,\cdots,\lambda_n$ 是 $\boldsymbol{A}$ 的 n 个特征值，且都大于 0，于是

$$\boldsymbol{A}+\boldsymbol{E}=\boldsymbol{Q}\begin{pmatrix}\lambda_1&&&\\&\lambda_2&&\\&&\ddots&\\&&&\lambda_n\end{pmatrix}\boldsymbol{Q}'+\boldsymbol{Q}\boldsymbol{E}\boldsymbol{Q}'=\boldsymbol{Q}\begin{pmatrix}\lambda_1+1&&&\\&\lambda_2+1&&\\&&\ddots&\\&&&\lambda_n+1\end{pmatrix}\boldsymbol{Q}'$$

故

$$\begin{aligned}|\boldsymbol{A}+\boldsymbol{E}|&=|\boldsymbol{Q}|(1+\lambda_1)(1+\lambda_2)\cdots(1+\lambda_n)|\boldsymbol{Q}'|\\&=(1+\lambda_1)(1+\lambda_2)\cdots(1+\lambda_n)|\boldsymbol{Q}||\boldsymbol{Q}'|\\&=(1+\lambda_1)(1+\lambda_2)\cdots(1+\lambda_n)>1\end{aligned}$$

【例 20】 设 $\boldsymbol{D}=\begin{pmatrix}\boldsymbol{A}&\boldsymbol{C}\\\boldsymbol{C}^{\mathrm{T}}&\boldsymbol{B}\end{pmatrix}$ 为正定矩阵，其中 $\boldsymbol{A}$，$\boldsymbol{B}$ 分别为 m 阶，n 阶对称矩阵，$\boldsymbol{C}$ 为 $\boldsymbol{m}\times\boldsymbol{n}$ 矩阵。

（1）计算 $\boldsymbol{P}^{\mathrm{T}}\boldsymbol{D}\boldsymbol{P}$，其中 $\boldsymbol{P}=\begin{pmatrix}\boldsymbol{E}_m&-\boldsymbol{A}^{-1}\boldsymbol{C}\\\boldsymbol{O}&\boldsymbol{E}_n\end{pmatrix}$；

（2）利用（1）的结果判断矩阵 $\boldsymbol{B}-\boldsymbol{C}^{\mathrm{T}}\boldsymbol{A}^{-1}\boldsymbol{C}$ 是否为正定矩阵，并证明你的结论。

解 (1) 因为 $\boldsymbol{P}^{\mathrm{T}}=\begin{pmatrix}\boldsymbol{E}_m & \boldsymbol{O}\\ -\boldsymbol{C}^{\mathrm{T}}\boldsymbol{A}^{-1} & \boldsymbol{E}_n\end{pmatrix}$，所以

$$\begin{aligned}\boldsymbol{P}^{\mathrm{T}}\boldsymbol{D}\boldsymbol{P}&=\begin{pmatrix}\boldsymbol{E}_m & \boldsymbol{O}\\ -\boldsymbol{C}^{\mathrm{T}}\boldsymbol{A}^{-1} & \boldsymbol{E}_n\end{pmatrix}\begin{pmatrix}\boldsymbol{A} & \boldsymbol{C}\\ \boldsymbol{C}^{\mathrm{T}} & \boldsymbol{B}\end{pmatrix}\begin{pmatrix}\boldsymbol{E}_m & -\boldsymbol{A}^{-1}\boldsymbol{C}\\ \boldsymbol{O} & \boldsymbol{E}_n\end{pmatrix}\\&=\begin{pmatrix}\boldsymbol{A} & \boldsymbol{C}\\ \boldsymbol{O} & \boldsymbol{B}-\boldsymbol{C}^{\mathrm{T}}\boldsymbol{A}^{-1}\boldsymbol{C}\end{pmatrix}\begin{pmatrix}\boldsymbol{E}_m & -\boldsymbol{A}^{-1}\boldsymbol{C}\\ \boldsymbol{O} & \boldsymbol{E}_n\end{pmatrix}\\&=\begin{pmatrix}\boldsymbol{A} & \boldsymbol{O}\\ \boldsymbol{O} & \boldsymbol{B}-\boldsymbol{C}^{\mathrm{T}}\boldsymbol{A}^{-1}\boldsymbol{C}\end{pmatrix}\end{aligned}$$

(2) 矩阵 $\boldsymbol{B}-\boldsymbol{C}^{\mathrm{T}}\boldsymbol{A}^{-1}\boldsymbol{C}$ 是正定矩阵。事实上，由 (1) 的结果可知，矩阵 $\boldsymbol{D}$ 合同于矩阵

$$\boldsymbol{M}=\begin{pmatrix}\boldsymbol{A} & \boldsymbol{O}\\ \boldsymbol{O} & \boldsymbol{B}-\boldsymbol{C}^{\mathrm{T}}\boldsymbol{A}^{-1}\boldsymbol{C}\end{pmatrix}$$

又 $\boldsymbol{D}$ 为正定矩阵，可知矩阵 $\boldsymbol{M}$ 为正定矩阵。

因为矩阵 $\boldsymbol{M}$ 为对称矩阵，所以 $\boldsymbol{B}-\boldsymbol{C}^{\mathrm{T}}\boldsymbol{A}^{-1}\boldsymbol{C}$ 为对称矩阵。且对 $\boldsymbol{X}=(\underbrace{0,0,\cdots,0}_{m})^{\mathrm{T}}$ 及任意 $\boldsymbol{Y}=(y_1,y_2,\cdots,y_n)^{\mathrm{T}}\neq\boldsymbol{0}$ 有

$$(\boldsymbol{X}^{\mathrm{T}},\ \boldsymbol{Y}^{\mathrm{T}})\begin{pmatrix}\boldsymbol{A} & \boldsymbol{O}\\ \boldsymbol{O} & \boldsymbol{B}-\boldsymbol{C}^{\mathrm{T}}\boldsymbol{A}^{-1}\boldsymbol{C}\end{pmatrix}\begin{pmatrix}\boldsymbol{X}\\ \boldsymbol{Y}\end{pmatrix}>0$$

即 $\boldsymbol{Y}^{\mathrm{T}}(\boldsymbol{B}-\boldsymbol{C}^{\mathrm{T}}\boldsymbol{A}^{-1}\boldsymbol{C})\boldsymbol{Y}>0$，从而 $\boldsymbol{B}-\boldsymbol{C}^{\mathrm{T}}\boldsymbol{A}^{-1}\boldsymbol{C}$ 也为正定矩阵。

第三节 编程应用

【例 21】 用手工计算与 MATLAB 编程方法判别二次型

$$f(x_1,x_2,x_3)=3x_1^2+2x_2^2+3x_3^2+4x_1x_3$$

的正定性。

解法一 顺序主子式法。因为二次型 f 的矩阵为

$$\boldsymbol{A}=\begin{pmatrix}3 & 0 & 2\\ 0 & 2 & 0\\ 2 & 0 & 3\end{pmatrix}$$

其各阶主子式

$$A_1=3>0$$

$$A_2=\begin{vmatrix}3 & 0\\ 0 & 2\end{vmatrix}=6>0$$

$$A_3=|\boldsymbol{A}|=\begin{vmatrix}3 & 0 & 2\\ 0 & 2 & 0\\ 2 & 0 & 3\end{vmatrix}=10>0$$

所以 $\boldsymbol{A}$ 正定，即二次型 f 是正定的。

解法二 特征值法。$\boldsymbol{A}$ 的特征多项式

$$f(\lambda)=|\boldsymbol{A}-\lambda\boldsymbol{E}|=\begin{vmatrix}3-\lambda & 0 & 2\\ 0 & 2-\lambda & 0\\ 2 & 0 & 3-\lambda\end{vmatrix}=-(\lambda-1)(\lambda-2)(\lambda-5)=0$$

得 A 的特征值 $\lambda_1=1$，$\lambda_2=2$，$\lambda_3=5$，$\boldsymbol{A}$ 的 3 个特征值全大于 0，故 $\boldsymbol{A}$ 正定，从而二次型 f 是正定的。

解法三 惯性指数法。先将 f 通过配方法化成标准形

$$\begin{aligned}f(x_1,x_2,x_3)&=3\left(x_1^2+\frac{4}{3}x_1x_3+\frac{4}{9}x_3^2\right)+2x_2^2+3x_3^2-\frac{4}{3}x_3^2\\&=3\left(x_1+\frac{2}{3}x_3\right)^2+2x_2^2+\frac{5}{3}x_3^2\end{aligned}$$

令可逆线性变换

$$\begin{cases}y_1=x_1+\dfrac{2}{3}x_3\\ y_2=x_2\\ y_3=x_3\end{cases}$$

则有
$$f=3y_1^2+2y_2^2+\frac{5}{3}y_3^2$$

由于 f 的正惯性指数为 3，等于变量的个数，所以 f 为正定二次型。

就用手工计算方法而言，顺序主子式方法往往比其他方法要简单。

解法四 正定性判定问题也可通过 MATLAB 编程实现。编程（prog21）如下：

```
% 用求特征值的方法判定二次型（或矩阵）的正定性
clear all
A=[3 0 2; 0 2 0; 2 0 3];                  % 输入 n 阶方阵
[m,n]=size(A);
if any(A-A') | m~=n                      % 如果 A≠A′或 m≠n
    disp('输入的矩阵不是对称方阵!')       % 输入检查
    return
else
    disp('输入的方阵为:')
        A
    disp('A 的特征值是:')
    D=eig(A);                             % 调用求特征值与特征向量的子函数
```

```
if D>=0          % 以下判定矩阵的正定性(正定、半正定、负定、半负定
                   或不定)
   if D>0
      disp('所给二次型(或矩阵)是正定的!')
   else
      disp('所给二次型(或矩阵)是半正定的!')
   end
else
   if D<=0
      if D<0
         disp('所给二次型(或矩阵)是负定的!')
      else
         disp('所给二次型(或矩阵)是半负定的!')
      end
   else
      disp('所给二次型(或矩阵)是不定的!')
   end
end
end
```

程序执行结果是：

```
输入的方阵为：
A=
  3    0    2
  0    2    0
  2    0    3
A 的特征值是：
D=
    1.0000    2.0000    5.0000
所给二次型（或矩阵）是正定的!
```

同样，用顺序主子式方法来编程判定方阵的正定性也是完全可以实现的。

【例 22】 求多项式方程

$$x^4-x^3-x^2-3x+4=0$$

的所有根。

解 求多项式方程的所有根是计算数学中一个较难的问题，现在我们把它与求方阵的特征值联系起来。将上述多项式方程的各项系数依次分别记为 a_i（$i=$

0,1,2,3,4)，并构造下列方阵

$$A=\begin{pmatrix}-\frac{a_1}{a_0} & -\frac{a_2}{a_0} & -\frac{a_3}{a_0} & -\frac{a_4}{a_0}\\ 1 & 0 & 0 & 0\\ 0 & 1 & 0 & 0\\ 0 & 0 & 1 & 0\end{pmatrix}=\begin{pmatrix}1 & 1 & 3 & -4\\ 1 & 0 & 0 & 0\\ 0 & 1 & 0 & 0\\ 0 & 0 & 1 & 0\end{pmatrix}$$

则其特征多项式为

$$|\lambda E-A|=\begin{vmatrix}\lambda-1 & -1 & -3 & 4\\ -1 & \lambda & 0 & 0\\ 0 & -1 & \lambda & 0\\ 0 & 0 & -1 & \lambda\end{vmatrix}$$

依照最后一列展开行列式，反复进行，不难得到

$$|\lambda E-A|=\lambda^4-\lambda^3-\lambda^2-3\lambda+4$$

从而特征多项式与所要求解的方程左端是一样的。于是要求原多项式方程的所有根，只要求出矩阵 A 的所有特征值即可。这可调用 MATLAB 中求特征值的函数命令 eig。

本题编程（prog22）如下：

```
% 求多项式方程的所有根
clear all
disp('多项式方程的系数为：')
p=[1 -1 -1 -3 4]                              % 输入多项式(的系数)
p = p(:).';                                   % 将 p 转为行向量
n = size(p,2);                                % 求向量 p 的维数
if any(p)                                     % 如果向量 p 不是零向量
    if n > 1 & p(1)~=0
        A = diag[ones(1,n-2),-1];             % 使矩阵A的对角线下一
                                                斜行的元素全为 1
        disp('构成下列方阵,并求其特征值')
        A(1,:) = -p(2:n) ./ p(1)
        disp('从而,多项式方程的所有根为：')
        r = eig(A)
    end
end
```

程序执行结果是：

多项式方程的系数为：

p=

1 −1 −1 −3 4

构成下列方阵，并求其特征值

A=

1	1	3	−4
1	0	0	0
0	1	0	0
0	0	1	0

从而，多项式方程的所有根为：

r=

−0.8982 + 1.1917i

−0.8982 − 1.1917i

1.7963

1.0000

值得注意的是，上述程序实际上适合更高次的、一般的多项式方程的求解(可参见第一章例 9)。在 MATLAB 中有一个专用于求多项式方程根的函数 roots，其实现方法与本例介绍的方法是完全相同的。

【例 23】 已知二元二次函数 $f(x_1,x_2)=x_1^2+x_2^2+x_1x_2-x_1-2x_2+1$。问：

(1) 二次方程 $f(x_1,x_2)=0$ 代表什么样的二次曲线；

(2) 该二次多项式函数在实数范围内可否因式分解。

解 由教材中第六章的第五节二次型理论应用举例一节内容，对二元二次多项式函数 $f(x_1,x_2)$ 首先构造一个对应的三元二次型

$$g(x_1,x_2,x_3)=x_1^2+x_2^2+x_1x_2-x_1x_3-2x_2x_3+x_3^2$$

则有
$$f(x_1,x_2)=g(x_1,x_2,1)$$

二次型 $g(x_1,x_2,x_3)$能够因式分解，其充要条件是：该二次型的秩等于 1，或者秩等于 2 且符号差等于 0。

实际上本题还可以更简单的求解。因为该二次函数的二次项

$$f(x_1,x_2)=x_1^2+x_2^2+x_1x_2$$

对应的二次型的矩阵 $\boldsymbol{A}=\begin{pmatrix}1 & \frac{1}{2}\\ \frac{1}{2} & 1\end{pmatrix}$ 的特征值为$\frac{1}{2}$，$\frac{3}{2}$，二次型的秩等于 2，符号差等于 2，所以 $f(x_1,x_2)=0$ 代表椭圆型曲线；该二次函数一定不能因式分解。

于是只要在MATLAB的命令窗口，调用特征值函数eig，求出上述二次型的矩阵$\boldsymbol{A}$的特征值，由此即可判断曲线类型与该二次函数能否因式分解问题。过程从略。

第四节 习　　题

1. 填充题

① 二次型$f(x_1,x_2,x_3)=5x_1^2+13x_2^2+x_3^2-2x_1x_2+4x_1x_3-4x_2x_3$的秩为________。

② 二次型$f(x_1,x_2,x_3)=(a_1x_1+a_2x_2+a_3x_3)^2$的矩阵为________。

③ 二次型$f(x_1,x_2,x_3)=x_1^2-3x_2^2+2x_1x_3$的负惯性指数$q=$________。

④ 设$\boldsymbol{A}$为三阶实对称矩阵，特征值是1，3，−2，则二次型的规范形是________。

⑤ 若二次型$f(x_1,x_2,x_3)=x_1^2+4x_2^2+4x_3^2+2\lambda x_1x_2+4x_2x_3-2x_1x_3$是正定的，则$\lambda$满足________。

2. 选择题

① 设

$$\boldsymbol{A}=\begin{pmatrix}1&1&1&1\\1&1&1&1\\1&1&1&1\\1&1&1&1\end{pmatrix},\quad \boldsymbol{B}=\begin{pmatrix}4&0&0&0\\0&0&0&0\\0&0&0&0\\0&0&0&0\end{pmatrix}$$

则$\boldsymbol{A}$与$\boldsymbol{B}$（　　）。

(A) 合同且相似　　(B) 合同但不相似

(C) 不合同但相似　　(D) 不合同且不相似

② 与矩阵$\begin{pmatrix}1&0&0\\0&-1&2\\0&2&2\end{pmatrix}$合同的矩阵是（　　）。

(A) $\begin{pmatrix}1&&\\&-1&\\&&0\end{pmatrix}$　　(B) $\begin{pmatrix}1&&\\&1&\\&&-1\end{pmatrix}$

(C) $\begin{pmatrix}1&&\\&-1&\\&&-1\end{pmatrix}$　　(D) $\begin{pmatrix}-1&&\\&-1&\\&&-1\end{pmatrix}$

③ 二次型$f(x_1,x_2,x_3)=2x_1^2+x_2^2-4x_3^2-4x_1x_2-2x_2x_3$的标准形是（　　）。

(A) $2y_1^2-y_2^2-3y_3^2$　　(B) $-2y_1^2$

(C) $2y_1^2-y_2^2$　　　(D) $2y_1^2+y_2^2+3y_3^2$

④ 若矩阵 $\boldsymbol{A}=\begin{pmatrix} a & b \\ b & c \end{pmatrix}$ 正定，k_1 与 k_2 都是正常数，则矩阵 $\boldsymbol{B}=\begin{pmatrix} k_1^2a & k_1k_2b \\ k_1k_2b & k_2^2c \end{pmatrix}$（　）。

(A) 不是对称矩阵　　　(B) 是正定矩阵

(C) 是正交矩阵　　　(D) 是奇异矩阵

⑤ 二次型 $f(x_1,x_2,\cdots,x_n)=\boldsymbol{X}'\boldsymbol{A}\boldsymbol{X}$ 正定的充要条件是（　）。

(A) 负惯性指数是零　　　(B) 存在可逆矩阵 $\boldsymbol{P}$，使 $\boldsymbol{P}^{-1}\boldsymbol{A}\boldsymbol{P}=\boldsymbol{E}$

(C) $\boldsymbol{A}$ 的特征值都大于零　　　(D) 存在 n 阶矩阵 $\boldsymbol{C}$，使 $\boldsymbol{A}=\boldsymbol{C}'\boldsymbol{C}$

3. 设二次型 $f(x_1,x_2,x_3)=x_1^2+x_2^2+x_3^2+4x_1x_2+4x_1x_3+4x_2x_3$，写出 f 的矩阵 $\boldsymbol{A}$，求出 $\boldsymbol{A}$ 的特征值，并指出曲面 $f(x_1,x_2,x_3)=1$ 的名称。

4. 设矩阵 $\boldsymbol{A}=\begin{pmatrix} a_1 & & \\ & a_2 & \\ & & a_3 \end{pmatrix}$，$\boldsymbol{B}=\begin{pmatrix} a_3 & & \\ & a_1 & \\ & & a_2 \end{pmatrix}$，证明 $\boldsymbol{A}$ 与 $\boldsymbol{B}$ 合同。

5. 已知二次型 $f(x_1,x_2,x_3)=5x_1^2+5x_2^2+cx_3^2-2x_1x_2+6x_1x_3-6x_2x_3$ 的秩为 2。

(1) 求参数 c 及此二次型对应矩阵的特征值；

(2) 指出方程 $f(x_1,x_2,x_3)=1$ 表示何种曲面。

6. 已知实二次型 $f(x_1,x_2,x_3)=a(x_1^2+x_2^2+x_3^2)+4x_1x_2+4x_1x_3+4x_2x_3$ 经正交变换 $x=\boldsymbol{P}y$ 可化成标准形 $f=6y_1^2$，求 a。

7. 已知二次曲面方程 $x^2+ay^2+z^2+2bxy+2xz+2yz=4$ 可以经过正交变换 $\begin{pmatrix} x \\ y \\ z \end{pmatrix}=\boldsymbol{P}\begin{pmatrix} \xi \\ \eta \\ \xi \end{pmatrix}$ 化为椭圆柱面方程 $\eta^2+4\xi^2=4$，求 a,b 的值和正交矩阵 $\boldsymbol{P}$。

8. 设 $\boldsymbol{A},\boldsymbol{B}$ 分别为 m,n 阶正定矩阵，试判定分块矩阵 $\boldsymbol{C}=\begin{pmatrix} \boldsymbol{A} & \boldsymbol{O} \\ \boldsymbol{O} & \boldsymbol{B} \end{pmatrix}$ 是否为正定矩阵。

9. 设 $\boldsymbol{A}$ 为 m 阶实对称阵且正定，$\boldsymbol{B}$ 为 $m\times n$ 实矩阵，$\boldsymbol{B}^{\mathrm{T}}$ 为 $\boldsymbol{B}$ 的转置矩阵。试证：$\boldsymbol{B}^{\mathrm{T}}\boldsymbol{A}\boldsymbol{B}$ 为正定矩阵的充分必要条件是 $\boldsymbol{B}$ 的秩 $r(\boldsymbol{B})=n$。

10. 设实对称矩阵 $\boldsymbol{A}$ 满足 $A^2-3A+2E=0$，证明：$\boldsymbol{A}$ 为正定矩阵。

11. 设 $\boldsymbol{A}$ 为 n 阶实对称矩阵，秩 $\boldsymbol{A}=n$，A_{ij} 是 $\boldsymbol{A}=(a_{ij})_{n\times n}$ 中元素 a_{ij} 的代数余子式（i，$j=1,2,\cdots,n$），二次型

$$f(x_1,x_2,\cdots,x_n)=\sum_{i=1}^{n}\frac{A_{ij}}{|\boldsymbol{A}|}x_ix_j$$

(1) 记 $\boldsymbol{X}=(x_1,x_2,\cdots,x_n)^{\mathrm{T}}$，把 $f(x_1,x_2,\cdots,x_n)$ 写成矩阵形式，并证明二次型 $f(\boldsymbol{X})$ 的矩阵为 $\boldsymbol{A}^{-1}$；

(2) 二次型 $g(\boldsymbol{X})=\boldsymbol{X}^{\mathrm{T}}\boldsymbol{A}\boldsymbol{X}$ 与 $f(\boldsymbol{X})$ 的规范形是否相同？说明理由。

12. 设 $\boldsymbol{A}$ 是 n 阶正定矩阵，证明：$|\boldsymbol{A}+2\boldsymbol{E}|>2^n$。

13. 用顺序主子式方法，通过编程的方法判定下列矩阵的正定性

$$\boldsymbol{A}=\begin{pmatrix}3&0&2\\0&-2&-1\\2&-1&3\end{pmatrix}$$

习题答案与解法提示

1. 填充题

① 2 ② $\begin{pmatrix}a_1^2&a_1a_2&a_1a_3\\a_1a_2&a_2^2&a_2a_3\\a_1a_3&a_2a_3&a_3^2\end{pmatrix}$ ③ $q=2$ ④ $y_1^2+y_2^2-y_3^2$ ⑤ $-2<\lambda<1$

2. 选择题

① (A) ② (B) ③ (A) ④ (B) ⑤ (C)

3. $A=\begin{pmatrix}1&2&2\\2&1&2\\2&2&1\end{pmatrix}$；$\lambda_1=\lambda_2=-1$，$\lambda_3=5$；双叶双曲面。

4. 把 $\boldsymbol{A}$ 的 1,3 两行、两列互换，再互换 2,3 两行、两列即得矩阵 $\boldsymbol{B}$。

5. $c=3$，特征值 $\lambda_1=0$，$\lambda_2=4$，$\lambda_3=9$；$f(x_1,x_2,x_3)=1$ 表示椭圆柱面。

6. $a=2$。提示：由 f 的标准形知 f 的矩阵 $\boldsymbol{A}$ 的特征值为 6,0,0。再由特征值的性质：$\boldsymbol{A}$ 的全部特征值之和等于 $\boldsymbol{A}$ 的主对角线元素之和，即 $6+0+0=a+a+a$，便得 $a=2$。

7. $a=3$，$b=1$，$\boldsymbol{P}=\begin{pmatrix}\frac{1}{\sqrt{2}}&\frac{1}{\sqrt{3}}&\frac{1}{\sqrt{6}}\\0&-\frac{1}{\sqrt{3}}&\frac{2}{\sqrt{6}}\\-\frac{1}{\sqrt{2}}&\frac{1}{\sqrt{3}}&\frac{1}{\sqrt{6}}\end{pmatrix}$。

8. 是正定矩阵。提示：取 $m+n$ 维非零列向量 $\boldsymbol{Z}=\begin{pmatrix}\boldsymbol{X}\\\boldsymbol{Y}\end{pmatrix}$，其中 $\boldsymbol{X}$，$\boldsymbol{Y}$ 分别为 m，n 维向量，故 $\boldsymbol{X}$，$\boldsymbol{Y}$ 不全为零，不妨假定 $\boldsymbol{X}\neq\boldsymbol{0}$，由条件有 $\boldsymbol{X}^{\mathrm{T}}\boldsymbol{A}\boldsymbol{X}>0$，$\boldsymbol{Y}^{\mathrm{T}}$

$\boldsymbol{BY}\geqslant 0$，故对 $\boldsymbol{Z}\neq\boldsymbol{0}$，有 $\boldsymbol{C}^{\mathrm{T}}\boldsymbol{C}\boldsymbol{Z}=(\boldsymbol{X}^{\mathrm{T}}\quad \boldsymbol{Y}^{\mathrm{T}})\begin{pmatrix}\boldsymbol{M} & \boldsymbol{O}\\ \boldsymbol{O} & \boldsymbol{B}\end{pmatrix}\begin{pmatrix}\boldsymbol{X}\\ \boldsymbol{Y}\end{pmatrix}=\boldsymbol{X}^{\mathrm{T}}\boldsymbol{A}\boldsymbol{X}+\boldsymbol{Y}^{\mathrm{T}}\boldsymbol{B}\boldsymbol{Y}>0$，又 $\boldsymbol{C}^{\mathrm{T}}=\boldsymbol{C}$，故 $\boldsymbol{C}$ 正定。

9. 提示：必要性　设 $\boldsymbol{B}^{\mathrm{T}}\boldsymbol{A}\boldsymbol{B}$ 为正定矩阵，则对任意的实 n 维列向量 $\boldsymbol{x}\neq\boldsymbol{0}$，有 $\boldsymbol{x}^{\mathrm{T}}(\boldsymbol{B}^{\mathrm{T}}\boldsymbol{A}\boldsymbol{B})\boldsymbol{x}>0$，即 $(\boldsymbol{B}\boldsymbol{x})^{\mathrm{T}}\boldsymbol{A}(\boldsymbol{B}\boldsymbol{x})>0$，于是 $\boldsymbol{B}\boldsymbol{x}\neq\boldsymbol{0}$，因此，$\boldsymbol{B}\boldsymbol{x}=\boldsymbol{0}$ 只有零解，从而有 $r(\boldsymbol{B})=n$。

充分性　因 $(\boldsymbol{B}^{\mathrm{T}}\boldsymbol{A}\boldsymbol{B})^{\mathrm{T}}=\boldsymbol{B}^{\mathrm{T}}\boldsymbol{A}^{\mathrm{T}}\boldsymbol{B}=\boldsymbol{B}^{\mathrm{T}}\boldsymbol{A}\boldsymbol{B}$，故 $\boldsymbol{B}^{\mathrm{T}}\boldsymbol{A}\boldsymbol{B}$ 为实对称矩阵。若 $r(\boldsymbol{B})=n$，则齐次线性方程组 $\boldsymbol{B}\boldsymbol{x}=\boldsymbol{0}$ 只有零解，从而对任意实 n 维列向量 $\boldsymbol{x}\neq\boldsymbol{0}$，有 $\boldsymbol{B}\boldsymbol{x}\neq\boldsymbol{0}$。又 $\boldsymbol{A}$ 为正定矩阵，所以对于 $\boldsymbol{B}\boldsymbol{x}\neq\boldsymbol{0}$，有 $(\boldsymbol{B}\boldsymbol{x})^{\mathrm{T}}\boldsymbol{A}(\boldsymbol{B}\boldsymbol{x})=\boldsymbol{x}^{\mathrm{T}}(\boldsymbol{B}^{\mathrm{T}}\boldsymbol{A}\boldsymbol{B})\boldsymbol{x}>0$。于是当 $\boldsymbol{x}\neq\boldsymbol{0}$ 时，$\boldsymbol{x}^{\mathrm{T}}(\boldsymbol{B}^{\mathrm{T}}\boldsymbol{A}\boldsymbol{B})\boldsymbol{x}>0$，故 $\boldsymbol{B}^{\mathrm{T}}\boldsymbol{A}\boldsymbol{B}$ 为正定矩阵。

10. 参看例 17。

11. 提示：(1) $f(\boldsymbol{X})=\boldsymbol{X}^{\mathrm{T}}\dfrac{\boldsymbol{A}^{*}}{|\boldsymbol{A}|}\boldsymbol{X}$，所以二次型 $f(\boldsymbol{X})$ 的矩阵是 $\boldsymbol{A}^{-1}$，$f(\boldsymbol{X})=\boldsymbol{X}^{\mathrm{T}}\boldsymbol{A}^{-1}\boldsymbol{X}$；

(2) 相同。因为 $(\boldsymbol{A}^{-1})^{\mathrm{T}}\boldsymbol{A}\boldsymbol{A}^{-1}=(\boldsymbol{A}^{\mathrm{T}})^{-1}\boldsymbol{E}=\boldsymbol{A}^{-1}$，所以 $\boldsymbol{A}$ 与 $\boldsymbol{A}^{-1}$ 合同，于是 $g(\boldsymbol{X})$ 与 $f(\boldsymbol{X})$ 有相同的规范形。

12. 参看例 19。

13. 用检查顺序主子式值的方法判定二次型（或矩阵）的正定性，编程（prog53）如下：

```
% 用检查顺序主子式值的方法判定二次型(或矩阵)的正定性
clear all
disp('所给(二次型的)矩阵是:')                % 输入二次型的矩阵,并输出
A=[3 0 2; 0 -2 -1; 2 -1 3]
[m,n]=size(A);
%计算顺序主子式的值,并求出其中最小值 min
for i=1:n
    M=A(1:i,1:i);     Mdet(i)=det(M); % 计算 A 的顺序主子式的值
end
disp(' A 的顺序主子式的值为:')
    Mdet
    Mmin=Mdet(1);                          % 求出顺序主子式的值中的最
                                             小值
for i=2:n    if Mdet(i)< Mmin    Mmin=Mdet(i);    end;    end
if Mmin>=0     % 由最小值 min 判定二次型(或矩阵)是否是(半)正定的
    if Mmin= =0
        disp(' 所给二次型(或矩阵)是半正定的!')
```

```
        else
            disp(' 所给二次型(或矩阵)是正定的!')
        end
else
    % 再考虑其是否为(半)负定或者是不定的
    for i=1:2:n Mdet(i)= (-1)^i * Mdet(i); end
                                        % 计算"-A"的顺序主子式的值
    disp('" -A "的顺序主子式的值为:')
        Mdet
    Mmin=Mdet(1);
    for i=2:n    if Mdet(i)<Mmin    Mmin=Mdet(i);    end;  end
    % 再判定其是否为(半)负定的
    if Mmin>=0
        if Mmin==0
            disp('所给二次型(或矩阵)是半负定的!')
        else
            disp('所给二次型(或矩阵)是负定的!')
        end
      else
          % 此外,只能是不定的
          disp('所给二次型(或矩阵)是不定的!')
    end
end
```

程序执行结果是:

```
所给(二次型的)矩阵是:
A=
    3     0     2
    0    -2    -1
    2    -1     3
A 的顺序主子式的值为:
Mdet=
    3    -6   -13
-A 的顺序主子式的值为:
Mdet=
   -3    -6    13
所给(二次型或)矩阵是不定的!
```

第七章　线性空间与线性变换

第一节　内 容 提 要

1. 数域

定义 1　设 $\boldsymbol{P}$ 是包含 0 和 1 的数集，如果 $\boldsymbol{P}$ 中任意两个数的和、差、积、商（除数不为零）均在 $\boldsymbol{P}$ 内，则称 $\boldsymbol{P}$ 为一个数域。

2. 线性空间

定义 2　设 $\boldsymbol{V}$ 是一个非空集合，$\boldsymbol{P}$ 是一个数域。在集合 $\boldsymbol{V}$ 的元素之间定义加法运算，即对于 $\boldsymbol{V}$ 中任意两个元素 $\boldsymbol{\alpha}$ 与 $\boldsymbol{\beta}$，在 $\boldsymbol{V}$ 中有唯一的元素 $\boldsymbol{\alpha}+\boldsymbol{\beta}$ 与它们对应，称为 $\boldsymbol{\alpha}$ 与 $\boldsymbol{\beta}$ 的和；且该加法运算满足：

（1）（交换律）$\boldsymbol{\alpha}+\boldsymbol{\beta}=\boldsymbol{\beta}+\boldsymbol{\alpha}$

（2）（结合律）$\boldsymbol{\alpha}+(\boldsymbol{\beta}+\boldsymbol{\gamma})=(\boldsymbol{\alpha}+\boldsymbol{\beta})+\boldsymbol{\gamma}$

（3）（零元素）存在元素 $\mathbf{0}$，对 $\boldsymbol{V}$ 中任一元素 $\boldsymbol{\alpha}$，都有 $\boldsymbol{\alpha}+\mathbf{0}=\boldsymbol{\alpha}$

（4）（负元素）对 $\boldsymbol{V}$ 中每一个元素 $\boldsymbol{\alpha}$，存在 $\boldsymbol{\alpha}$ 的负元素 $\boldsymbol{\beta}$，使 $\boldsymbol{\alpha}+\boldsymbol{\beta}=\mathbf{0}$

在集合 $\boldsymbol{V}$ 的元素与数域 $\boldsymbol{P}$ 的数之间定义数乘运算，即对于 $\boldsymbol{V}$ 中任一元素 $\boldsymbol{\alpha}$ 与 $\boldsymbol{P}$ 中任一数 k，在 $\boldsymbol{V}$ 中有唯一的元素 $k\boldsymbol{\alpha}$ 与它们对应，称为 k 与 $\boldsymbol{\alpha}$ 的**数乘**。该数乘运算满足：

（5）（向量加法分配律）$k(\boldsymbol{\alpha}+\boldsymbol{\beta})=k\boldsymbol{\alpha}+k\boldsymbol{\beta}$

（6）（数量加法分配律）$(k+l)\boldsymbol{\alpha}=k\boldsymbol{\alpha}+l\boldsymbol{\alpha}$

（7）（结合律）$k(l\boldsymbol{\alpha})=(kl)\boldsymbol{\alpha}$

（8）（单位元）$l\boldsymbol{\alpha}=\boldsymbol{\alpha}$

其中 $\boldsymbol{\alpha}$，$\boldsymbol{\beta}$，$\boldsymbol{\gamma}$ 是 $\boldsymbol{V}$ 中的任意元素，k，l 是 $\boldsymbol{P}$ 中的任意数。则称 $\boldsymbol{V}$ 为数域 $\boldsymbol{P}$ 上的**线性空间**；满足上述规律的加法和数乘运算统称为**线性运算**。线性空间 $\boldsymbol{V}$ 的元素也可以称为**向量**。

3. 线性空间的性质

（1）线性空间 $\boldsymbol{V}$ 的零元素是唯一的；

（2）线性空间 $\boldsymbol{V}$ 中任一元素的负元素是唯一的；

（3）$0\boldsymbol{\alpha}=\mathbf{0}$，$k\mathbf{0}=\mathbf{0}$，$(-1)\boldsymbol{\alpha}=-\boldsymbol{\alpha}$；

（4）若 $k\boldsymbol{\alpha}=\mathbf{0}$，则有 $k=0$ 或者 $\boldsymbol{\alpha}=\mathbf{0}$。

4. 线性空间的基和维数

定义 3 设线性空间 $\boldsymbol{V}$ 中的 n 个向量 $\boldsymbol{\alpha}_1,\boldsymbol{\alpha}_2,\cdots,\boldsymbol{\alpha}_n$ 满足：

(1) $\boldsymbol{\alpha}_1,\boldsymbol{\alpha}_2,\cdots,\boldsymbol{\alpha}_n$ 线性无关；

(2) 任意的 $\boldsymbol{\alpha}\in\boldsymbol{V}$ 都可由 $\boldsymbol{\alpha}_1,\boldsymbol{\alpha}_2,\cdots,\boldsymbol{\alpha}_n$ 线性表示，即存在一组有序数 $k_1,k_2,\cdots,k_n$，使

$$\boldsymbol{\alpha}=k_1\boldsymbol{\alpha}_1+k_2\boldsymbol{\alpha}_2+\cdots+k_n\boldsymbol{\alpha}_n$$

则将向量组 $\boldsymbol{\alpha}_1,\boldsymbol{\alpha}_2,\cdots,\boldsymbol{\alpha}_n$ 称为线性空间 $\boldsymbol{V}$ 的一组**基**；向量组所含向量数 n 称为线性空间 $\boldsymbol{V}$ 的**维数**，记为 $\dim(\boldsymbol{V})=n$。维数为 n 的线性空间称为 n 维线性空间，记为 $\boldsymbol{V}^n$。

5. 向量的坐标

定义 4 设 $\boldsymbol{\alpha}_1,\boldsymbol{\alpha}_2,\cdots,\boldsymbol{\alpha}_n$ 是线性空间 $\boldsymbol{V}^n$ 的一组基，对于任一向量 $\boldsymbol{\alpha}\in\boldsymbol{V}^n$，有且仅有一组有序数 $x_1,x_2,\cdots,x_n$，使

$$\boldsymbol{\alpha}=k_1\boldsymbol{\alpha}_1+k_2\boldsymbol{\alpha}_2+\cdots+k_n\boldsymbol{\alpha}_n$$

成立，则称该有序数组为向量 $\boldsymbol{\alpha}$ 在基 $\boldsymbol{\alpha}_1,\boldsymbol{\alpha}_2,\cdots,\boldsymbol{\alpha}_n$ 下的坐标，并记向量 $\boldsymbol{\alpha}$ 的坐标为

$$(x_1,x_2,\cdots,x_n)'$$

6. 基变换与坐标变换

定义 5 设 $\boldsymbol{\alpha}_1,\boldsymbol{\alpha}_2,\cdots,\boldsymbol{\alpha}_n$ 和 $\boldsymbol{\beta}_1,\boldsymbol{\beta}_2,\cdots,\boldsymbol{\beta}_n$ 是线性空间 $\boldsymbol{V}^n$ 的两组不同的基，并且满足

$$\boldsymbol{\beta}_j=\boldsymbol{p}_{1j}\boldsymbol{\alpha}_1+\boldsymbol{p}_{2j}\boldsymbol{\alpha}_2+\cdots+\boldsymbol{p}_{nj}\boldsymbol{\alpha}_n,\ j=1,2,\cdots,n$$

或者写成

$$(\boldsymbol{\beta}_1,\boldsymbol{\beta}_2,\cdots,\boldsymbol{\beta}_n)=(\boldsymbol{\alpha}_1,\boldsymbol{\alpha}_2,\cdots,\boldsymbol{\alpha}_n)\boldsymbol{P} \tag{7.1}$$

其中矩阵

$$\boldsymbol{P}=\begin{pmatrix} \boldsymbol{p}_{11} & \boldsymbol{p}_{12} & \cdots & \boldsymbol{p}_{1n} \\ \boldsymbol{p}_{21} & \boldsymbol{p}_{22} & \cdots & \boldsymbol{p}_{2n} \\ \cdots & \cdots & \cdots & \cdots \\ \boldsymbol{p}_{n1} & \boldsymbol{p}_{n2} & \cdots & \boldsymbol{p}_{nn} \end{pmatrix}$$

称为从基 $\boldsymbol{\alpha}_1,\boldsymbol{\alpha}_2,\cdots,\boldsymbol{\alpha}_n$ 到基 $\boldsymbol{\beta}_1,\boldsymbol{\beta}_2,\cdots,\boldsymbol{\beta}_n$ 的**过渡矩阵**。$(\boldsymbol{\beta}_1,\boldsymbol{\beta}_2,\cdots,\boldsymbol{\beta}_n)=(\boldsymbol{\alpha}_1,\boldsymbol{\alpha}_2,\cdots,\boldsymbol{\alpha}_n)\boldsymbol{P}$ 称为**基变换公式**。

定理 1 设 $\boldsymbol{V}^n$ 中元素 $\boldsymbol{\xi}$，在基 $\boldsymbol{\alpha}_1,\boldsymbol{\alpha}_2,\cdots,\boldsymbol{\alpha}_n$ 下的坐标为 $(a_1,a_2,\cdots,a_n)'$；在基 $\boldsymbol{\beta}_1,\boldsymbol{\beta}_2,\cdots,\boldsymbol{\beta}_n$ 下的坐标为 $(b_1,b_2,\cdots,b_n)'$；且基之间满足关系式 (7.1)，则有**坐标变换公式**

$$\begin{pmatrix} a_1 \\ a_2 \\ \vdots \\ a_n \end{pmatrix}=\boldsymbol{P}\begin{pmatrix} b_1 \\ b_2 \\ \vdots \\ b_n \end{pmatrix},\quad \text{或者}\begin{pmatrix} b_1 \\ b_2 \\ \vdots \\ b_n \end{pmatrix}=\boldsymbol{P}^{-1}\begin{pmatrix} a_1 \\ a_2 \\ \vdots \\ a_n \end{pmatrix}$$

7. 线性子空间

设 $\boldsymbol{V}$ 是数域 $\boldsymbol{P}$ 上的线性空间，$\boldsymbol{W}$ 是 $\boldsymbol{V}$ 的一个非空子集，若 $\boldsymbol{W}$ 对于 $\boldsymbol{V}$ 上的加法和数乘运算，也构成一个线性空间，则称 $\boldsymbol{W}$ 为 $\boldsymbol{V}$ 的一个**线性子空间**（简称**子空间**）。

定理 2 线性空间 $\boldsymbol{V}$ 的非空子集 $\boldsymbol{W}$ 构成 $\boldsymbol{V}$ 的一个子空间的充分必要条件是：$\boldsymbol{W}$ 对于 $\boldsymbol{V}$ 上的线性运算封闭。

8. 线性变换的定义

定义 6 设 $\boldsymbol{V}$ 是数域 $\boldsymbol{P}$ 上的线性空间，$\boldsymbol{T}$ 是 $\boldsymbol{V}$ 上映射到自身的一个映射，如果对 $\forall \boldsymbol{\alpha},\boldsymbol{\beta}\in \boldsymbol{V}$，$k\in \boldsymbol{P}$，该映射均保持线性运算的对应，即

（1）$\boldsymbol{T}(\boldsymbol{\alpha}+\boldsymbol{\beta})=\boldsymbol{T}(\boldsymbol{\alpha})+\boldsymbol{T}(\boldsymbol{\beta})$

（2）$\boldsymbol{T}(k\boldsymbol{\alpha})=k\boldsymbol{T}(\boldsymbol{\alpha})$

则称映射 $\boldsymbol{T}$ 为线性空间 $\boldsymbol{V}$ 上的**线性变换**。

9. 线性变换的性质

（1）$\boldsymbol{T}(\boldsymbol{0})=\boldsymbol{0}$，$\boldsymbol{T}(-\boldsymbol{\alpha})=-\boldsymbol{T}(\boldsymbol{\alpha})$；

（2）$\boldsymbol{T}(k_1\boldsymbol{\alpha}_1+k_2\boldsymbol{\alpha}_2+\cdots+k_s\boldsymbol{\alpha}_s)=k_1\boldsymbol{T}(\boldsymbol{\alpha}_1)+k_2\boldsymbol{T}(\boldsymbol{\alpha}_2)+\cdots+k_s\boldsymbol{T}(\boldsymbol{\alpha}_s)$。

定义 7 线性变换 $\boldsymbol{T}$ 的象集合 $\boldsymbol{T}(\boldsymbol{V})$ 是线性空间 $\boldsymbol{V}$ 的一个线性子空间，称为线性变换 $\boldsymbol{T}$ 的**值域**；使 $\boldsymbol{T}(\boldsymbol{\alpha})=\boldsymbol{0}$ 的 $\boldsymbol{\alpha}$ 全体

$$\boldsymbol{S}_T=\{\boldsymbol{\alpha}\,|\,\boldsymbol{T}(\boldsymbol{\alpha})=\boldsymbol{0},\forall \boldsymbol{\alpha}\in \boldsymbol{V}\}$$

也是 $\boldsymbol{V}$ 的一个子空间，$\boldsymbol{S}_T$ 称为线性变换 $\boldsymbol{T}$ 的**核**。

10. 线性变换的矩阵表示

定义 8 设 n 维线性空间 $\boldsymbol{V}$ 的一组基 $\boldsymbol{\alpha}_1,\boldsymbol{\alpha}_2,\cdots,\boldsymbol{\alpha}_n$ 在线性变换 $\boldsymbol{T}$ 下的象为

$$\boldsymbol{T}(\boldsymbol{\alpha})=a_{1j}\boldsymbol{\alpha}_1+a_{2j}\boldsymbol{\alpha}_2+\cdots+a_{nj}\boldsymbol{\alpha}_n,\quad j=1,2,\cdots,n$$

记矩阵

$$\boldsymbol{A}=\begin{pmatrix} a_{11} & a_{12} & \cdots & a_{1n} \\ a_{21} & a_{22} & \cdots & a_{2n} \\ \cdots & \cdots & \cdots & \cdots \\ a_{n1} & a_{n2} & \cdots & a_{nn} \end{pmatrix}$$

并引入形式

$$\boldsymbol{T}(\boldsymbol{\alpha}_1,\boldsymbol{\alpha}_2,\cdots,\boldsymbol{\alpha}_n)=(\boldsymbol{T}(\boldsymbol{\alpha}_1),\boldsymbol{T}(\boldsymbol{\alpha}_2),\cdots,\boldsymbol{T}(\boldsymbol{\alpha}_n))$$

则基向量的象可以写成

$$\boldsymbol{T}(\boldsymbol{\alpha}_1,\boldsymbol{\alpha}_2,\cdots,\boldsymbol{\alpha}_n)=(\boldsymbol{\alpha}_1,\boldsymbol{\alpha}_2,\cdots,\boldsymbol{\alpha}_n)\boldsymbol{A}$$

矩阵 $\boldsymbol{A}$ 称为线性变换在基 $\boldsymbol{\alpha}_1,\boldsymbol{\alpha}_2,\cdots,\boldsymbol{\alpha}_n$ 下的**矩阵表示**。

定理 3 设 $\boldsymbol{\alpha}_1,\boldsymbol{\alpha}_2,\cdots,\boldsymbol{\alpha}_n$ 是 n 维线性空间 $\boldsymbol{V}$ 的一组基，$\boldsymbol{V}$ 中线性变换 $\boldsymbol{T}$ 在该组基下的矩阵表示为 $\boldsymbol{A}$，记向量 $\boldsymbol{\alpha}$ 和它的象 $\boldsymbol{T}(\boldsymbol{\alpha})$ 在 $\boldsymbol{\alpha}_1,\boldsymbol{\alpha}_2,\cdots,\boldsymbol{\alpha}_n$ 下的坐标分别为

$$\boldsymbol{x}=(x_1,x_2,\cdots,x_n)',\quad \boldsymbol{y}=(y_1,y_2,\cdots,y_n)'$$

则 $\boldsymbol{y}=\boldsymbol{A}\boldsymbol{x}$。

定理 4 设 $\boldsymbol{\alpha}_1,\boldsymbol{\alpha}_2,\cdots,\boldsymbol{\alpha}_n$ 和 $\boldsymbol{\beta}_1,\boldsymbol{\beta}_2,\cdots,\boldsymbol{\beta}_n$ 是 n 维线性空间 $\mathbf{V}$ 的两组基，$\mathbf{V}$ 中线性变换 $\boldsymbol{T}$ 在这两组基下的矩阵表示分别为 $\boldsymbol{A}$ 和 $\boldsymbol{B}$，且从基 $\boldsymbol{\alpha}_1,\boldsymbol{\alpha}_2,\cdots,\boldsymbol{\alpha}_n$ 到基 $\boldsymbol{\beta}_1,\boldsymbol{\beta}_2,\cdots,\boldsymbol{\beta}_n$ 的过渡矩阵为 $\boldsymbol{P}$，则矩阵 $\boldsymbol{A}$ 和 $\boldsymbol{B}$ 相似，即 $\boldsymbol{B}=\boldsymbol{P}^{-1}\boldsymbol{A}\boldsymbol{P}$。

11. 内积与欧氏空间

定义 9 设 $\mathbf{V}$ 是实数域 $\mathbf{R}$ 上的线性空间，$\boldsymbol{\alpha},\boldsymbol{\beta},\boldsymbol{\gamma}\in\mathbf{V}$，$k\in\mathbf{R}$。对 $\mathbf{V}$ 中任意两向量 $\boldsymbol{\alpha}$ 和 $\boldsymbol{\beta}$，定义一个满足下列条件的实值函数 $(\boldsymbol{\alpha},\boldsymbol{\beta})$：

（1）（对称性）$(\boldsymbol{\alpha},\boldsymbol{\beta})=(\boldsymbol{\beta},\boldsymbol{\alpha})$

（2）（齐次性）$(k\boldsymbol{\alpha},\boldsymbol{\beta})=k(\boldsymbol{\beta},\boldsymbol{\alpha})$

（3）（分配律）$(\boldsymbol{\alpha}+\boldsymbol{\beta},\boldsymbol{\gamma})=(\boldsymbol{\alpha},\boldsymbol{\gamma})+(\boldsymbol{\beta},\boldsymbol{\gamma})$

（4）（非负性）$(\boldsymbol{\alpha},\boldsymbol{\alpha})\geqslant 0$，当且仅当 $\boldsymbol{\alpha}=\mathbf{0}$ 时 $(\boldsymbol{\alpha},\boldsymbol{\alpha})=0$

称函数 $(\boldsymbol{\alpha},\boldsymbol{\beta})$ 为向量 $\boldsymbol{\alpha}$ 与 $\boldsymbol{\beta}$ 的**内积**；称上述定义了内积的线性空间 $\mathbf{V}$ 为**欧几里得空间**，简称**欧氏空间**。

12. 向量的长度

定义 10 设 $\mathbf{V}$ 是欧氏空间，对于 $\forall\boldsymbol{\alpha}\in\mathbf{V}$，将非负实数 $\sqrt{(\boldsymbol{\alpha},\boldsymbol{\alpha})}$ 称为**向量 $\boldsymbol{\alpha}$ 的长度**，记为 $|\boldsymbol{\alpha}|$。

定理 5 柯西-许瓦兹（Cauchy-Schwartz）**不等式**：对于欧氏空间中任意两向量 $\boldsymbol{\alpha}$ 和 $\boldsymbol{\beta}$，有

$$|(\boldsymbol{\alpha},\boldsymbol{\beta})|\leqslant|\boldsymbol{\alpha}|\cdot|\boldsymbol{\beta}|$$

其中等号仅在 $\boldsymbol{\alpha}$ 与 $\boldsymbol{\beta}$ 线性相关时成立。

13. 夹角

定义 11 设 $\mathbf{V}$ 是欧氏空间，对非零的 $\boldsymbol{\alpha},\boldsymbol{\beta}\in\mathbf{V}$，定义 $\boldsymbol{\alpha}$ 与 $\boldsymbol{\beta}$ 的夹角 $<\boldsymbol{\alpha},\boldsymbol{\beta}>$ 为

$$<\boldsymbol{\alpha},\boldsymbol{\beta}>=\arccos\frac{(\boldsymbol{\alpha},\boldsymbol{\beta})}{|\boldsymbol{\alpha}||\boldsymbol{\beta}|}$$

特别地，当 $(\boldsymbol{\alpha},\boldsymbol{\beta})=0$ 时，称向量 $\boldsymbol{\alpha}$ 与 $\boldsymbol{\beta}$ 是正交的，记为 $\boldsymbol{\alpha}\perp\boldsymbol{\beta}$。

14. 正交基与标准正交基

在 n 维欧氏空间中，我们将由 n 个正交向量构成的一组基称为**正交基**；进一步将由 n 个正交的单位向量构成的基称为**标准正交基**。

类似于第四章中向量空间的正交化方法，从 n 维欧氏空间 $\mathbf{V}$ 的任意一组基出发，也可以利用施密特（Schmit）正交化方法，构造出欧氏空间的一组标准正交基。

15. 度量矩阵

定义 12 设 $\boldsymbol{\alpha}_1,\boldsymbol{\alpha}_2,\cdots,\boldsymbol{\alpha}_n$ 是 n 维欧氏空间 $\mathbf{V}$ 的一组基，记

$$(\boldsymbol{\alpha}_i,\boldsymbol{\alpha}_j)=g_{ij},\quad i,j=1,2,\cdots,n$$

则称 n 阶矩阵 $\boldsymbol{G}=(g_{ij})_{n\times n}$ 为基 $\boldsymbol{\alpha}_1,\boldsymbol{\alpha}_2,\cdots,\boldsymbol{\alpha}_n$ 的**度量矩阵**。

定理 6 设 $\boldsymbol{\alpha}_1,\boldsymbol{\alpha}_2,\cdots,\boldsymbol{\alpha}_n$ 是 n 维欧氏空间 $\boldsymbol{V}$ 的一组基，将其度量矩阵记为 $\boldsymbol{G}$，任意给定 $\boldsymbol{V}$ 中两向量 $\boldsymbol{\alpha}=x_1\boldsymbol{\alpha}_1+x_2\boldsymbol{\alpha}_2+\cdots+x_n\boldsymbol{\alpha}_n$ 和 $\boldsymbol{\beta}=y_1\boldsymbol{\alpha}_1+y_2\boldsymbol{\alpha}_2+\cdots+y_n\boldsymbol{\alpha}_n$，则它们的内积为

$$(\boldsymbol{\alpha},\boldsymbol{\beta})=\boldsymbol{y}'\boldsymbol{G}\boldsymbol{x}$$

其中 $\boldsymbol{x}=(x_1,x_2,\cdots,x_n)'$，$\boldsymbol{y}=(y_1,y_2,\cdots,y_n)'$。

特别地，当 $\boldsymbol{\alpha}_1,\boldsymbol{\alpha}_2,\cdots,\boldsymbol{\alpha}_n$ 为 n 维欧氏空间 $\boldsymbol{V}$ 的一组标准正交基时，因为度量矩阵是 n 阶单位矩阵，所以 $(\boldsymbol{\alpha},\boldsymbol{\beta})=\boldsymbol{y}'\boldsymbol{x}$，即向量的内积可以用坐标来表示。

第二节 典型例题

本章主要题型可以归纳为以下几类：

· 线性空间（基、坐标与维数；子空间；过渡矩阵、基变换与坐标变换公式）的相关问题；

· 线性变换（矩阵表示；值域与核）的相关问题；

· 欧氏空间（（基的）度量矩阵；向量的夹角；标准正交基、Schmit 正交化）的相关问题。

1. 线性空间（基、坐标与维数；子空间；过渡矩阵、基变换与坐标变换公式）

【例 1】 从 $\mathbf{R}^2$ 的基 $\boldsymbol{\alpha}_1=\begin{pmatrix}1\\0\end{pmatrix}$，$\boldsymbol{\alpha}_2=\begin{pmatrix}1\\-1\end{pmatrix}$ 到基 $\boldsymbol{\beta}_1=\begin{pmatrix}1\\1\end{pmatrix}$，$\boldsymbol{\beta}_2=\begin{pmatrix}1\\2\end{pmatrix}$ 的过渡矩阵为______。

分析 n 维向量空间中，从基 $\boldsymbol{\alpha}_1,\boldsymbol{\alpha}_2,\cdots,\boldsymbol{\alpha}_n$ 到基 $\boldsymbol{\beta}_1,\boldsymbol{\beta}_2,\cdots,\boldsymbol{\beta}_n$ 的过渡矩阵 $\boldsymbol{P}$ 满足

$$(\boldsymbol{\beta}_1,\boldsymbol{\beta}_2,\cdots,\boldsymbol{\beta}_n)=(\boldsymbol{\alpha}_1,\boldsymbol{\alpha}_2,\cdots,\boldsymbol{\alpha}_n)\boldsymbol{P}$$

因此过渡矩阵 $\boldsymbol{P}$ 为

$$\boldsymbol{P}=(\boldsymbol{\alpha}_1,\boldsymbol{\alpha}_2,\cdots,\boldsymbol{\alpha}_n)^{-1}(\boldsymbol{\beta}_1,\boldsymbol{\beta}_2,\cdots,\boldsymbol{\beta}_n)$$

解 根据定义，从 $\mathbf{R}^2$ 的基 $\boldsymbol{\alpha}_1=\begin{pmatrix}1\\0\end{pmatrix}$，$\boldsymbol{\alpha}_2=\begin{pmatrix}1\\-1\end{pmatrix}$ 到基 $\boldsymbol{\beta}_1=\begin{pmatrix}1\\1\end{pmatrix}$，$\boldsymbol{\beta}_2=\begin{pmatrix}1\\2\end{pmatrix}$ 的过渡矩阵为

$$\boldsymbol{P}=(\boldsymbol{\alpha}_1,\boldsymbol{\alpha}_2)^{-1}(\boldsymbol{\beta}_1,\boldsymbol{\beta}_2)=\begin{pmatrix}1&1\\0&-1\end{pmatrix}^{-1}\begin{pmatrix}1&1\\1&2\end{pmatrix}$$

$$=\begin{pmatrix}1&1\\0&-1\end{pmatrix}\begin{pmatrix}1&1\\1&2\end{pmatrix}=\begin{pmatrix}2&3\\-1&-2\end{pmatrix}$$

【例 2】 检验以下集合对于所指定的加法和数乘运算是否构成实数域 $\mathbf{R}$ 上的线性空间：

(1) 集合 $\mathbf{V}$ 是全体正实数，运算：$a \oplus b = ab$；$k \circ a = a^k$；

(2) 集合 $\mathbf{V}$ 是 n 次实系数多项式全体，运算为多项式的加法与数量乘法。

解 要检验一个集合是线性空间，根据定义必须验证二种运算封闭，且满足八条规律；若要否定一个集合是线性空间，只要有一条不满足就可以了。

(1) $\forall a, b \in \mathbf{V}$，$k \in \mathbf{R}$，则 $a>0$，$b>0$，从而

$$a \oplus b = ab > 0;\ k \circ a = a^k > 0$$

即
$$a \oplus b \in V,\ k \circ a \in V$$

所以 $\mathbf{V}$ 对于二种运算是封闭的，且满足八条规律：

① $a \oplus b = ab = b \oplus a$；

② $(a \oplus b) \oplus c = (ab) \oplus c = abc = a \oplus (b \oplus c)$；

③ 零元素是 1：$a \oplus 1 = a$；

④ a 的负元素是 a^{-1}：$a \oplus a^{-1} = a \cdot a^{-1} = 1$；

⑤ $1 \circ a = a^1 = a$；

⑥ $k \circ (l \circ a) = k \circ a^l = (a^l)^k = a^{lk} = kl \circ a$；

⑦ $(k+l) \circ a = a^{k+l} = a^k a^l = a^k \oplus a^l = k \circ a \oplus l \circ a$；

⑧ $k \circ (a \oplus b) = k \circ (ab) = (ab)^k = a^k b^k = a^k \oplus b^k = k \circ a \oplus k \circ b$。

所以 $\mathbf{V}$ 是 $\mathbf{R}$ 上的线性空间。

(2) $\mathbf{V}$ 不是线性空间。因为没有零元素，或者说加法运算不封闭。

【例 3】 求实线性空间 $\mathbf{R}^{2\times2} = \{\mathbf{A} = (a_{ij})_{2\times2} \mid a_{ij} \in \mathbf{R}, i, j = 1, 2\}$ 的一个基、维数及任意矩阵 $\mathbf{A} = (a_{ij})_{2\times2}$ 在这个基下的坐标。

分析 由定义要找 $\mathbf{R}^{2\times2}$ 中的一组基，应满足二个条件：(1) 线性无关；(2) $\mathbf{R}^{2\times2}$ 中任一元素可被它线性表示。容易想到 $\mathbf{R}^{2\times2}$ 中的任一元素 $\mathbf{A} = \begin{pmatrix} a_{11} & a_{12} \\ a_{21} & a_{22} \end{pmatrix}$ 可表示为

$$\begin{aligned} \mathbf{A} &= a_{11}\begin{pmatrix} 1 & 0 \\ 0 & 0 \end{pmatrix} + a_{12}\begin{pmatrix} 0 & 1 \\ 0 & 0 \end{pmatrix} + a_{21}\begin{pmatrix} 0 & 0 \\ 1 & 0 \end{pmatrix} + a_{22}\begin{pmatrix} 0 & 0 \\ 0 & 1 \end{pmatrix} \\ &= a_{11}\mathbf{E}_{11} + a_{12}\mathbf{E}_{12} + a_{21}\mathbf{E}_{21} + a_{22}\mathbf{E}_{22} \end{aligned}$$

因此，若能证明 $\mathbf{E}_{11}, \mathbf{E}_{12}, \mathbf{E}_{21}, \mathbf{E}_{22}$ 线性无关，则它必是 $\mathbf{R}^{2\times2}$ 中的一组基。

解 设

$$\mathbf{E}_{11} = \begin{pmatrix} 1 & 0 \\ 0 & 0 \end{pmatrix},\ \mathbf{E}_{12} = \begin{pmatrix} 0 & 1 \\ 0 & 0 \end{pmatrix}$$

$$\mathbf{E}_{21} = \begin{pmatrix} 0 & 0 \\ 1 & 0 \end{pmatrix},\ \mathbf{E}_{22} = \begin{pmatrix} 0 & 0 \\ 0 & 1 \end{pmatrix}$$

若有实数 k_1,k_2,k_3,k_4，使得

$$k_1\boldsymbol{E}_{11}+k_2\boldsymbol{E}_{12}+k_3\boldsymbol{E}_{21}+k_4\boldsymbol{E}_{22}=0$$

则容易推得 $k_1=k_2=k_3=k_4=0$，故 $\boldsymbol{E}_{11},\boldsymbol{E}_{12},\boldsymbol{E}_{21},\boldsymbol{E}_{22}$ 是 $\mathbf{R}^{2\times 2}$ 中线性无关组，又对任意 $\boldsymbol{A}=(a_{ij})_{2\times 2}\in\mathbf{R}^{2\times 2}$，有

$$\boldsymbol{A}=a_{11}\boldsymbol{E}_{11}+a_{12}\boldsymbol{E}_{12}+a_{21}\boldsymbol{E}_{21}+a_{22}\boldsymbol{E}_{22}$$

故 $\boldsymbol{E}_{11},\boldsymbol{E}_{12},\boldsymbol{E}_{21},\boldsymbol{E}_{22}$ 是 $\mathbf{R}^{2\times 2}$ 的一个基，$\dim\mathbf{R}^{2\times 2}=4$，且任意矩阵 $\boldsymbol{A}=(a_{ij})_{2\times 2}$ 在这个基下的坐标为 $(a_{11},a_{12},a_{21},a_{22})'$。

【例 4】 求复数集 C 分别作为实线性空间和复线性空间（对于通常的加法与数乘）的一组基、维数及任一复数 $\alpha=a+bi$ 在对应基下的一坐标。

解 (1) C 看成实线性空间，则可验证 1，i 是 $\boldsymbol{V}$ 的一组基，其维数 $\dim\mathbf{C}=2$，复数 $\alpha=a+bi$ 在基 1，i 下的坐标为 (a,b)。

(2) C 看成复线性空间，则可验证 1 是 $\boldsymbol{V}$ 的一组基，其维数 $\dim\mathbf{C}=1$，复数 $\alpha=a+bi$ 在基 1 下的坐标为 $a+bi$。

【例 5】 设 $\mathbf{R}^{2\times 2}$ 中向量组

$$\boldsymbol{\alpha}_1=\begin{pmatrix}1&0\\0&0\end{pmatrix},\quad \boldsymbol{\alpha}_2=\begin{pmatrix}1&1\\0&0\end{pmatrix},\quad \boldsymbol{\alpha}_3=\begin{pmatrix}1&1\\1&0\end{pmatrix},\quad \boldsymbol{\alpha}_4=\begin{pmatrix}1&1\\1&1\end{pmatrix}$$

(1) 证明 $\boldsymbol{\alpha}_1,\boldsymbol{\alpha}_2,\boldsymbol{\alpha}_3,\boldsymbol{\alpha}_4$ 是 $\mathbf{R}^{2\times 2}$ 的一组基；

(2) 求从基 $\boldsymbol{E}_{11},\boldsymbol{E}_{12},\boldsymbol{E}_{21},\boldsymbol{E}_{22}$（见例 2）到基 $\boldsymbol{\alpha}_1,\boldsymbol{\alpha}_2,\boldsymbol{\alpha}_3,\boldsymbol{\alpha}_4$ 的过渡矩阵；

(3) 求矩阵 $\boldsymbol{P}=\begin{pmatrix}1&-1\\0&2\end{pmatrix}$ 在基 $\boldsymbol{\alpha}_1,\boldsymbol{\alpha}_2,\boldsymbol{\alpha}_3,\boldsymbol{\alpha}_4$ 下的坐标。

解 (1) 因为 $\dim\mathbf{R}^{2\times 2}=4$，所以只要证明 $\boldsymbol{\alpha}_1,\boldsymbol{\alpha}_2,\boldsymbol{\alpha}_3,\boldsymbol{\alpha}_4$ 线性无关即可。设

$$k_1\boldsymbol{\alpha}_1+k_2\boldsymbol{\alpha}_2+k_3\boldsymbol{\alpha}_3+k_4\boldsymbol{\alpha}_4=\mathbf{0}$$

则

$$k_1\begin{pmatrix}1&0\\0&0\end{pmatrix}+k_2\begin{pmatrix}1&1\\0&0\end{pmatrix}+k_3\begin{pmatrix}1&1\\1&0\end{pmatrix}+k_4\begin{pmatrix}1&1\\1&1\end{pmatrix}=\begin{pmatrix}0&0\\0&0\end{pmatrix}$$

故

$$\begin{cases}k_1+k_2+k_3+k_4=0\\ \qquad k_2+k_3+k_4=0\\ \qquad\qquad k_3+k_4=0\\ \qquad\qquad\qquad k_4=0\end{cases}$$

得 $k_1=k_2=k_3=k_4=0$，因此 $\boldsymbol{\alpha}_1,\boldsymbol{\alpha}_2,\boldsymbol{\alpha}_3,\boldsymbol{\alpha}_4$ 线性无关，从而它是 $\mathbf{R}^{2\times 2}$ 的一个基。

(2) 因为

$$\boldsymbol{\alpha}_1=\boldsymbol{E}_{11};\quad \boldsymbol{\alpha}_2=\boldsymbol{E}_{11}+\boldsymbol{E}_{12}$$
$$\boldsymbol{\alpha}_3=\boldsymbol{E}_{11}+\boldsymbol{E}_{12}+\boldsymbol{E}_{21};\quad \boldsymbol{\alpha}_4=\boldsymbol{E}_{11}+\boldsymbol{E}_{12}+\boldsymbol{E}_{21}+\boldsymbol{E}_{22}$$

从基 $\boldsymbol{E}_{11},\boldsymbol{E}_{12},\boldsymbol{E}_{21},\boldsymbol{E}_{22}$ 到基 $\boldsymbol{\alpha}_1,\boldsymbol{\alpha}_2,\boldsymbol{\alpha}_3,\boldsymbol{\alpha}_4$ 的过渡矩阵为

$$\boldsymbol{A}=\begin{pmatrix}1&1&1&1\\0&1&1&1\\0&0&1&1\\0&0&0&1\end{pmatrix}$$

(3) 显然，矩阵 $\boldsymbol{P}$ 在 $\boldsymbol{E}_{11},\boldsymbol{E}_{12},\boldsymbol{E}_{21},\boldsymbol{E}_{22}$ 下的坐标是 $(1,-1,0,2)$，由定理，$\boldsymbol{P}$ 在基 $\boldsymbol{\alpha}_1,\boldsymbol{\alpha}_2,\boldsymbol{\alpha}_3,\boldsymbol{\alpha}_4$ 下的坐标为

$$\boldsymbol{A}^{-1}\begin{pmatrix}1\\-1\\0\\2\end{pmatrix}=\begin{pmatrix}1&1&1&1\\0&1&1&1\\0&0&1&1\\0&0&0&1\end{pmatrix}^{-1}\begin{pmatrix}1\\-1\\0\\2\end{pmatrix}=\begin{pmatrix}1&-1&0&0\\0&1&-1&0\\0&0&1&-1\\0&0&0&1\end{pmatrix}\begin{pmatrix}1\\-1\\0\\2\end{pmatrix}=\begin{pmatrix}2\\-1\\-2\\2\end{pmatrix}$$

【例 6】 设 $\boldsymbol{\varepsilon}_1,\boldsymbol{\varepsilon}_2,\boldsymbol{\varepsilon}_3$ 是线性空间 $\boldsymbol{V}$ 的一组基，且

$$\begin{cases}\boldsymbol{\alpha}_1=\boldsymbol{\varepsilon}_1+\boldsymbol{\varepsilon}_3\\ \boldsymbol{\alpha}_2=\boldsymbol{\varepsilon}_2\\ \boldsymbol{\alpha}_3=\boldsymbol{\varepsilon}_1+2\boldsymbol{\varepsilon}_2+2\boldsymbol{\varepsilon}_3\end{cases},\quad \begin{cases}\boldsymbol{\beta}_1=\boldsymbol{\varepsilon}_1\\ \boldsymbol{\beta}_2=\boldsymbol{\varepsilon}_1+\boldsymbol{\varepsilon}_2\\ \boldsymbol{\beta}_3=\boldsymbol{\varepsilon}_1+\boldsymbol{\varepsilon}_2+\boldsymbol{\varepsilon}_3\end{cases}$$

(1) 证明 $\boldsymbol{\alpha}_1,\boldsymbol{\alpha}_2,\boldsymbol{\alpha}_3$ 及 $\boldsymbol{\beta}_1,\boldsymbol{\beta}_2,\boldsymbol{\beta}_3$ 都是 $\boldsymbol{V}$ 的一组基；

(2) 求由基 $\boldsymbol{\alpha}_1,\boldsymbol{\alpha}_2,\boldsymbol{\alpha}_3$ 到基 $\boldsymbol{\beta}_1,\boldsymbol{\beta}_2,\boldsymbol{\beta}_3$ 的过渡矩阵；

(3) 求由基 $\boldsymbol{\alpha}_1,\boldsymbol{\alpha}_2,\boldsymbol{\alpha}_3$ 到基 $\boldsymbol{\beta}_1,\boldsymbol{\beta}_2,\boldsymbol{\beta}_3$ 的坐标变换公式。

解 (1) 因为

$$(\boldsymbol{\alpha}_1,\boldsymbol{\alpha}_2,\boldsymbol{\alpha}_3)=(\boldsymbol{\varepsilon}_1,\boldsymbol{\varepsilon}_2,\boldsymbol{\varepsilon}_3)\begin{pmatrix}1&0&1\\0&1&2\\1&0&2\end{pmatrix}=(\boldsymbol{\varepsilon}_1,\boldsymbol{\varepsilon}_2,\boldsymbol{\varepsilon}_3)\boldsymbol{A}$$

和

$$(\boldsymbol{\beta}_1,\boldsymbol{\beta}_2,\boldsymbol{\beta}_3)=(\boldsymbol{\varepsilon}_1,\boldsymbol{\varepsilon}_2,\boldsymbol{\varepsilon}_3)\begin{pmatrix}1&1&1\\0&1&1\\0&0&1\end{pmatrix}=(\boldsymbol{\varepsilon}_1,\boldsymbol{\varepsilon}_2,\boldsymbol{\varepsilon}_3)\boldsymbol{B}$$

且 $|\boldsymbol{A}|=\begin{vmatrix}1&0&1\\0&1&2\\1&0&2\end{vmatrix}=1\neq0$，$|\boldsymbol{B}|=\begin{vmatrix}1&1&1\\0&1&1\\0&0&1\end{vmatrix}=1\neq0$，故 $\boldsymbol{\alpha}_1,\boldsymbol{\alpha}_2,\boldsymbol{\alpha}_3$ 及 $\boldsymbol{\beta}_1,\boldsymbol{\beta}_2,\boldsymbol{\beta}_3$ 都是 $\boldsymbol{V}$ 的一组基。

(2) 由 (1) 知

$$(\boldsymbol{\alpha}_1,\boldsymbol{\alpha}_2,\boldsymbol{\alpha}_3)=(\boldsymbol{\varepsilon}_1,\boldsymbol{\varepsilon}_2,\boldsymbol{\varepsilon}_3)\boldsymbol{A}$$

即

$$(\boldsymbol{\varepsilon}_1,\boldsymbol{\varepsilon}_2,\boldsymbol{\varepsilon}_3)=(\boldsymbol{\alpha}_1,\boldsymbol{\alpha}_2,\boldsymbol{\alpha}_3)\boldsymbol{A}^{-1}$$

及 $$(\boldsymbol{\beta}_1,\boldsymbol{\beta}_2,\boldsymbol{\beta}_3)=(\boldsymbol{\varepsilon}_1,\boldsymbol{\varepsilon}_2,\boldsymbol{\varepsilon}_3)\boldsymbol{B}$$

得 $$(\boldsymbol{\beta}_1,\boldsymbol{\beta}_2,\boldsymbol{\beta}_3)=(\boldsymbol{\alpha}_1,\boldsymbol{\alpha}_2,\boldsymbol{\alpha}_3)\boldsymbol{A}^{-1}\boldsymbol{B}\overset{\text{记}}{=}(\boldsymbol{\alpha}_1,\boldsymbol{\alpha}_2,\boldsymbol{\alpha}_3)\boldsymbol{P}$$

从而过渡矩阵

$$\boldsymbol{P}=\boldsymbol{A}^{-1}\boldsymbol{B}=\begin{pmatrix}1&0&1\\0&1&2\\1&0&2\end{pmatrix}^{-1}\begin{pmatrix}1&1&1\\0&1&1\\0&0&1\end{pmatrix}=\begin{pmatrix}2&0&-1\\2&1&-2\\-1&0&1\end{pmatrix}\begin{pmatrix}1&1&1\\0&1&1\\0&0&1\end{pmatrix}=\begin{pmatrix}2&2&1\\2&3&1\\-1&-1&0\end{pmatrix}$$

（3）设 $\boldsymbol{\alpha}$ 是 $\mathbf{V}$ 中任一元素，它在两组基下坐标分别为 $(x_1,x_2,x_3)'$，$(y_1,y_2,y_3)'$，即

$$\boldsymbol{\alpha}=(\boldsymbol{\alpha}_1,\boldsymbol{\alpha}_2,\boldsymbol{\alpha}_3)\begin{pmatrix}x_1\\x_2\\x_3\end{pmatrix}=(\boldsymbol{\beta}_1,\boldsymbol{\beta}_2,\boldsymbol{\beta}_3)\begin{pmatrix}y_1\\y_2\\y_3\end{pmatrix}$$

得坐标变换公式为

$$\begin{pmatrix}x_1\\x_2\\x_3\end{pmatrix}=\boldsymbol{P}\begin{pmatrix}y_1\\y_2\\y_3\end{pmatrix}=\begin{pmatrix}2&2&1\\2&3&1\\-1&-1&0\end{pmatrix}\begin{pmatrix}y_1\\y_2\\y_3\end{pmatrix}$$

或

$$\begin{pmatrix}y_1\\y_2\\y_3\end{pmatrix}=\boldsymbol{P}^{-1}\begin{pmatrix}x_1\\x_2\\x_3\end{pmatrix}=\begin{pmatrix}1&-1&-1\\-1&1&0\\1&0&2\end{pmatrix}\begin{pmatrix}x_1\\x_2\\x_3\end{pmatrix}$$

【例 7】 设

（1）主对角线上的元素之和等于 0 的 2 阶方阵的全体为 $\boldsymbol{S}_1$；

（2）行列式是 0 的 2 阶方阵的全体为 $\boldsymbol{S}_2$；

验证对于矩阵的加法和数乘运算 $\boldsymbol{S}_1,\boldsymbol{S}_2$ 是否构成 $\mathbf{R}^{2\times 2}$ 的子空间，若是写出一组基和维数。

解 由子空间的判定定理知，只要验证子集 $\boldsymbol{S}$ 对于 $\mathbf{R}^{2\times 2}$ 中定义的两种运算是否封闭。

（1）因为$\begin{pmatrix}0&0\\0&0\end{pmatrix}\in\boldsymbol{S}_1$，故 $\boldsymbol{S}_1$ 非空。又 $\forall\boldsymbol{A}=(a_{ij})_{2\times 2}\in\boldsymbol{S}_1$，$\boldsymbol{B}=(b_{ij})_{2\times 2}\in\boldsymbol{S}_1$，$\forall k\in\mathbf{R}$，$\boldsymbol{A}+\boldsymbol{B}=(a_{ij}+b_{ij})_{2\times 2}\in\boldsymbol{S}_1$，$k\boldsymbol{A}\in\boldsymbol{S}_1$。故 $\boldsymbol{S}_1$ 为 $\mathbf{R}^{2\times 2}$ 的子空间。再设

$$\boldsymbol{A}_1=\begin{pmatrix}1&0\\0&-1\end{pmatrix},\ \boldsymbol{A}_2=\begin{pmatrix}0&1\\0&0\end{pmatrix},\ \boldsymbol{A}_3=\begin{pmatrix}0&0\\1&0\end{pmatrix}\in\boldsymbol{S}_1$$

则易证

① $\boldsymbol{A}_1,\boldsymbol{A}_2,\boldsymbol{A}_3$ 线性无关；

② $\forall \boldsymbol{A}=\begin{pmatrix} a & a_{12} \\ a_{21} & -a \end{pmatrix} \in \boldsymbol{S}_1$，$\boldsymbol{A}=a\boldsymbol{A}_1+a_{12}\boldsymbol{A}_2+a_{21}\boldsymbol{A}_3$。

所以 $\boldsymbol{A}_1,\boldsymbol{A}_2,\boldsymbol{A}_3$ 为 $\boldsymbol{S}_1$ 的一个基，且 $\boldsymbol{S}_1$ 的维数 $\dim\boldsymbol{S}_1=3$。

（2）设 $\boldsymbol{A}=\begin{pmatrix} 1 & 0 \\ 0 & 0 \end{pmatrix}$，$\boldsymbol{B}=\begin{pmatrix} 0 & 0 \\ 0 & 1 \end{pmatrix}$，则 $|\boldsymbol{A}|=|\boldsymbol{B}|=0$，从而 $\boldsymbol{A},\boldsymbol{B}\in\boldsymbol{S}_2$，

而 $\boldsymbol{A}+\boldsymbol{B}=\begin{pmatrix} 1 & 0 \\ 0 & 1 \end{pmatrix}$，$|\boldsymbol{A}+\boldsymbol{B}|=1\neq 0$，故 $\boldsymbol{A}+\boldsymbol{B}\notin\boldsymbol{S}_2$，$\boldsymbol{S}_2$ 对于加法不封闭，故 $\boldsymbol{S}_2$ 不是 $\mathbf{R}^{2\times 2}$ 的线性子空间。

2. 线性变换（矩阵表示；值域与核）

【例 8】 设 $\boldsymbol{\alpha}=(x_1,x_2,x_3)'$ 是 $\mathbf{R}^3$ 中任一向量，满足下列条件的变换 $\boldsymbol{T}$ 是否为线性变换；若是，求 $\boldsymbol{T}$ 在标准正交基 $\boldsymbol{\varepsilon}_1=(1,0,0)'$，$\boldsymbol{\varepsilon}_2=(0,1,0)'$，$\boldsymbol{\varepsilon}_3=(0,0,1)'$下的矩阵表示。

（1）$\boldsymbol{T}(\boldsymbol{\alpha})=(2x_1-x_2,x_2+x_3,x_1)$；

（2）$\boldsymbol{T}(\boldsymbol{\alpha})=(x_1^2,x_2+x_3,x_3^2)$。

分析 验证变换 $\boldsymbol{T}$ 是否是线性变换，只要验证是否满足：

$$\boldsymbol{T}(\boldsymbol{\alpha}+\boldsymbol{\beta})=\boldsymbol{T}(\boldsymbol{\alpha})+\boldsymbol{T}(\boldsymbol{\beta})；\boldsymbol{T}(k\boldsymbol{\alpha})=k(\boldsymbol{T}\boldsymbol{\alpha})；\forall \alpha,\beta\in\mathbf{R}^3,k\in\mathbf{R}$$

解 （1）对任意二个向量 $\boldsymbol{\alpha}=(x_1,x_2,x_3)$，$\boldsymbol{\beta}=(y_1,y_2,y_3)\in\mathbf{R}^3$，有

$$\begin{aligned}\boldsymbol{T}(\boldsymbol{\alpha}+\boldsymbol{\beta})&=\boldsymbol{T}(x_1+y_1,x_2+y_2,x_3+y_3)\\&=(2(x_1+y_1)-(x_2+y_2),(x_2+y_2)+(x_3+y_3),x_1+y_1)\\&=(2x_1-x_2,x_2+x_3,x_1)+(2y_1-y_2,y_2+y_3,y_1)\\&=\boldsymbol{T}(\boldsymbol{\alpha})+\boldsymbol{T}(\boldsymbol{\beta})\end{aligned}$$

$$\boldsymbol{T}(k\boldsymbol{\alpha})=(2kx_1-kx_2,kx_2+kx_3,kx_1)=k\boldsymbol{T}(\boldsymbol{\alpha})$$

所以 $\boldsymbol{T}$ 是线性变换。由线性变换 $\boldsymbol{T}$ 的定义可得

$$\boldsymbol{T}\boldsymbol{\varepsilon}_1=\boldsymbol{T}(1,0,0)=(2,0,1)=2\boldsymbol{\varepsilon}_1+\boldsymbol{\varepsilon}_3$$

$$\boldsymbol{T}\boldsymbol{\varepsilon}_2=\boldsymbol{T}(0,1,0)=(-1,1,0)=-\boldsymbol{\varepsilon}_1+\boldsymbol{\varepsilon}_2$$

$$\boldsymbol{T}\boldsymbol{\varepsilon}_3=\boldsymbol{T}(0,0,1)=(0,1,0)=\boldsymbol{\varepsilon}_2$$

$\boldsymbol{T}$ 在基 $\boldsymbol{\varepsilon}_1,\boldsymbol{\varepsilon}_2,\boldsymbol{\varepsilon}_3$ 下的矩阵为

$$\boldsymbol{A}=\begin{pmatrix} 2 & -1 & 0 \\ 0 & 1 & 1 \\ 1 & 0 & 0 \end{pmatrix}$$

（2）$\boldsymbol{T}$ 不是线性变换，因为取 $\boldsymbol{\alpha}=(1,0,0)$，有

$$\boldsymbol{T}(2\boldsymbol{\alpha})=\boldsymbol{T}(2,0,0)=(4,0,0)$$

$$2\boldsymbol{T}(\boldsymbol{\alpha})=2(1,0,0)=(2,0,0)$$

$$\boldsymbol{T}(2\boldsymbol{\alpha})\neq 2\boldsymbol{T}(\boldsymbol{\alpha})$$

因此 $\boldsymbol{T}$ 不是线性变换。

【例 9】 已知在 $\mathbf{R}^{2\times 2}$ 中定义线性变换为

$$\boldsymbol{T}(\boldsymbol{X})=\begin{pmatrix}a & b\\ c & d\end{pmatrix}\boldsymbol{X}$$

求 $\boldsymbol{T}$ 在基 $\boldsymbol{E}_{11},\boldsymbol{E}_{12},\boldsymbol{E}_{21},\boldsymbol{E}_{22}$ 下的矩阵。

解 因为

$$\boldsymbol{T}(\boldsymbol{E}_{11})=\begin{pmatrix}a & b\\ c & d\end{pmatrix}\begin{pmatrix}1 & 0\\ 0 & 0\end{pmatrix}=\begin{pmatrix}a & 0\\ c & 0\end{pmatrix}=a\boldsymbol{E}_{11}+c\boldsymbol{E}_{21}$$

$$\boldsymbol{T}(\boldsymbol{E}_{12})=\begin{pmatrix}a & b\\ c & d\end{pmatrix}\begin{pmatrix}0 & 1\\ 0 & 0\end{pmatrix}=\begin{pmatrix}0 & a\\ 0 & c\end{pmatrix}=a\boldsymbol{E}_{12}+c\boldsymbol{E}_{22}$$

$$\boldsymbol{T}(\boldsymbol{E}_{21})=\begin{pmatrix}a & b\\ c & d\end{pmatrix}\begin{pmatrix}0 & 0\\ 1 & 0\end{pmatrix}=\begin{pmatrix}b & 0\\ d & 0\end{pmatrix}=b\boldsymbol{E}_{11}+d\boldsymbol{E}_{21}$$

$$\boldsymbol{T}(\boldsymbol{E}_{22})=\begin{pmatrix}a & b\\ c & d\end{pmatrix}\begin{pmatrix}0 & 0\\ 0 & 1\end{pmatrix}=\begin{pmatrix}0 & b\\ 0 & d\end{pmatrix}=b\boldsymbol{E}_{12}+d\boldsymbol{E}_{22}$$

所以线性变换 $\boldsymbol{T}$ 在基 $\boldsymbol{E}_{11},\boldsymbol{E}_{12},\boldsymbol{E}_{21},\boldsymbol{E}_{22}$ 下的矩阵为

$$\boldsymbol{A}=\begin{pmatrix}a & 0 & b & 0\\ 0 & a & 0 & b\\ c & 0 & d & 0\\ 0 & c & 0 & d\end{pmatrix}$$

【例 10】 设 $\mathbf{R}^3$ 的两组基为 $\boldsymbol{\alpha}_1=(1,0,1)'$，$\boldsymbol{\alpha}_2=(2,1,0)'$，$\boldsymbol{\alpha}_3=(1,1,1)'$；$\boldsymbol{\beta}_1=(1,2,-1)'$，$\boldsymbol{\beta}_2=(2,2,-1)'$，$\boldsymbol{\beta}_3=(2,-1,-1)'$。线性变换 $\boldsymbol{T}$ 由下式确定

$$\boldsymbol{T}(\boldsymbol{\alpha}_i)=\boldsymbol{\beta}_i,\ i=1,2,3$$

(1) 求由基 $\boldsymbol{\alpha}_1,\boldsymbol{\alpha}_2,\boldsymbol{\alpha}_3$ 到基 $\boldsymbol{\beta}_1,\boldsymbol{\beta}_2,\boldsymbol{\beta}_3$ 的过渡矩阵；

(2) 写出 $\boldsymbol{T}$ 在基 $\boldsymbol{\alpha}_1,\boldsymbol{\alpha}_2,\boldsymbol{\alpha}_3$ 下的矩阵表示；

(3) 写出 $\boldsymbol{T}$ 在基 $\boldsymbol{\beta}_1,\boldsymbol{\beta}_2,\boldsymbol{\beta}_3$ 下的矩阵表示；

(4) 若向量 $\boldsymbol{\alpha}$ 在基 $\boldsymbol{\alpha}_1,\boldsymbol{\alpha}_2,\boldsymbol{\alpha}_3$ 下的坐标为 (2,1,3)，求向量 $\boldsymbol{T}(\boldsymbol{\alpha})$ 在基 $\boldsymbol{\alpha}_1,\boldsymbol{\alpha}_2,\boldsymbol{\alpha}_3$ 下的坐标。

解 (1) 设基 $\boldsymbol{\alpha}_1,\boldsymbol{\alpha}_2,\boldsymbol{\alpha}_3$ 到基 $\boldsymbol{\beta}_1,\boldsymbol{\beta}_2,\boldsymbol{\beta}_3$ 的过渡矩阵为 $\boldsymbol{P}$，则

$$(\boldsymbol{\beta}_1,\boldsymbol{\beta}_2,\cdots,\boldsymbol{\beta}_n)=(\boldsymbol{\alpha}_1,\boldsymbol{\alpha}_2,\cdots,\boldsymbol{\alpha}_n)\boldsymbol{P}$$

即

$$\begin{pmatrix}1 & 2 & 2\\ 2 & 2 & -1\\ -1 & -1 & -1\end{pmatrix}=\begin{pmatrix}1 & 2 & 1\\ 0 & 1 & 1\\ 1 & 0 & 1\end{pmatrix}\boldsymbol{P}$$

故

$$\boldsymbol{P}=\begin{pmatrix}1 & 2 & 1\\ 0 & 1 & 1\\ 1 & 0 & 1\end{pmatrix}^{-1}\begin{pmatrix}1 & 2 & 2\\ 2 & 2 & -1\\ -1 & -1 & -1\end{pmatrix}=\frac{1}{2}\begin{pmatrix}-4 & -3 & 3\\ 2 & 3 & 3\\ 2 & 1 & -5\end{pmatrix}$$

(2) 设 $\boldsymbol{T}$ 在基 $\boldsymbol{\alpha}_1,\boldsymbol{\alpha}_2,\boldsymbol{\alpha}_3$ 下的矩阵为 $\boldsymbol{A}$，则

$$\boldsymbol{T}(\boldsymbol{\alpha}_1,\boldsymbol{\alpha}_2,\cdots,\boldsymbol{\alpha}_n)=(\boldsymbol{\alpha}_1,\boldsymbol{\alpha}_2,\cdots,\boldsymbol{\alpha}_n)\boldsymbol{A}$$

又 $$\boldsymbol{T}(\boldsymbol{\alpha}_1,\boldsymbol{\alpha}_2,\cdots,\boldsymbol{\alpha}_n)=(\boldsymbol{T}(\boldsymbol{\alpha}_1),\boldsymbol{T}(\boldsymbol{\alpha}_2),\cdots,\boldsymbol{T}(\boldsymbol{\alpha}_n))=(\boldsymbol{\beta}_1,\boldsymbol{\beta}_2,\boldsymbol{\beta}_3)$$

故 $(\boldsymbol{\beta}_1,\boldsymbol{\beta}_2,\boldsymbol{\beta}_3)=(\boldsymbol{\alpha}_1,\boldsymbol{\alpha}_2,\cdots,\boldsymbol{\alpha}_n)\boldsymbol{A}$，从而 $\boldsymbol{T}$ 在基 $(\boldsymbol{\alpha}_1,\boldsymbol{\alpha}_2,\boldsymbol{\alpha}_3)$ 下的矩阵是

$$\boldsymbol{A}=(\boldsymbol{\alpha}_1,\boldsymbol{\alpha}_2,\cdots,\boldsymbol{\alpha}_n)^{-1}(\boldsymbol{\beta}_1,\boldsymbol{\beta}_2,\boldsymbol{\beta}_3)=\boldsymbol{P}=\frac{1}{2}\begin{pmatrix}-4 & -3 & 3\\ 2 & 3 & 3\\ 2 & 1 & -5\end{pmatrix}$$

(3) $\boldsymbol{T}$ 在基 $\boldsymbol{\beta}_1,\boldsymbol{\beta}_2,\boldsymbol{\beta}_3$ 下的矩阵

$$\boldsymbol{B}=\boldsymbol{P}^{-1}\boldsymbol{AP}=\boldsymbol{P}^{-1}\boldsymbol{PP}=\boldsymbol{P}=\frac{1}{2}\begin{pmatrix}-4 & -3 & 3\\ 2 & 3 & 3\\ 2 & 1 & -5\end{pmatrix}$$

(4) 向量 $T(\boldsymbol{\alpha})$ 在基 $\boldsymbol{\alpha}_1,\boldsymbol{\alpha}_2,\boldsymbol{\alpha}_3$ 下的坐标为

$$\boldsymbol{A}\begin{pmatrix}2\\1\\3\end{pmatrix}=\frac{1}{2}\begin{pmatrix}-4 & -3 & 3\\ 2 & 3 & 3\\ 2 & 1 & -5\end{pmatrix}\begin{pmatrix}2\\1\\3\end{pmatrix}=\begin{pmatrix}-1\\8\\-5\end{pmatrix}$$

3. 欧氏空间（(基的) 度量矩阵；向量的夹角；标准正交基、Schmit 正交化）

【例 11】 在欧氏空间 $\mathbf{R}^4$ 中（内积按通常定义），求下列向量 $\boldsymbol{\alpha}$ 与 $\boldsymbol{\beta}$ 之间的夹角 $\langle\boldsymbol{\alpha},\boldsymbol{\beta}\rangle$

(1) $\boldsymbol{\alpha}=(2,1,3,2)$，$\boldsymbol{\beta}=(1,2,-2,1)$；

(2) $\boldsymbol{\alpha}=(1,2,2,3)$，$\boldsymbol{\beta}=(3,1,5,1)$。

解 (1) 因为 $$(\alpha,\beta)=2+2-6+2=0$$

所以 $$\langle\boldsymbol{\alpha},\boldsymbol{\beta}\rangle=\arccos 0=\frac{\pi}{2}$$

(2)因为 $$(\boldsymbol{\alpha},\boldsymbol{\beta})=3+2+10+3=18$$

$$|\boldsymbol{\alpha}|=\sqrt{(\boldsymbol{\alpha},\boldsymbol{\alpha})}=3\sqrt{2}，|\boldsymbol{\beta}|=\sqrt{(\boldsymbol{\beta},\boldsymbol{\beta})}=6$$

所以 $$\cos\langle\boldsymbol{\alpha},\boldsymbol{\beta}\rangle=\frac{18}{3\sqrt{2}\cdot 6}=\frac{\sqrt{2}}{2}$$

$$\langle\boldsymbol{\alpha},\boldsymbol{\beta}\rangle=\arccos\frac{\sqrt{2}}{2}=\frac{\pi}{4}$$

【例 12】 在 $\mathbf{R}[x]_3=\{a_0+a_1x+a_2x^2\mid a_0,a_1,a_2\in\mathbf{R}\}$ 中定义内积为

$$(f,g)=\int_{-1}^{1}f(x)g(x)\mathrm{d}x$$

试求：(1) 基 $1,x,x^2$ 的度量矩阵，并通过度量矩阵计算 $f_1(x)=1-x+x^2$ 与 $g_1(x)=1-4x-5x^2$ 的内积；

(2) $\mathbf{R}[x]_3$ 在区间 $[-1,1]$ 上关于该内积的一组标准正交基。

解　(1) 令 $\boldsymbol{\alpha}_1=1$，$\boldsymbol{\alpha}_2=x$，$\boldsymbol{\alpha}_3=x^2$，则

$$(\boldsymbol{\alpha}_1,\boldsymbol{\alpha}_1)=\int_{-1}^{1}1^2\,\mathrm{d}x=2$$

$$(\boldsymbol{\alpha}_2,\boldsymbol{\alpha}_2)=\int_{-1}^{1}x^2\mathrm{d}x=\frac{2}{3}$$

$$(\boldsymbol{\alpha}_3,\boldsymbol{\alpha}_3)=\int_{-1}^{1}x^4\mathrm{d}x=\frac{2}{5}$$

$$(\boldsymbol{\alpha}_1,\boldsymbol{\alpha}_2)=\int_{-1}^{1}1\cdot x\mathrm{d}x=0$$

$$(\boldsymbol{\alpha}_1,\boldsymbol{\alpha}_3)=\int_{-1}^{1}1\cdot x^2\mathrm{d}x=\frac{2}{3}$$

$$(\boldsymbol{\alpha}_2,\boldsymbol{\alpha}_3)=\int_{-1}^{1}x^3\mathrm{d}x=0$$

且由内积的对称性知，$(\boldsymbol{\alpha}_2,\boldsymbol{\alpha}_1)=(\boldsymbol{\alpha}_2,\boldsymbol{\alpha}_1)$，$(\boldsymbol{\alpha}_1,\boldsymbol{\alpha}_3)=(\boldsymbol{\alpha}_3,\boldsymbol{\alpha}_1)$，$(\boldsymbol{\alpha}_2,\boldsymbol{\alpha}_3)=(\boldsymbol{\alpha}_3,\boldsymbol{\alpha}_2)$，所以基 $1,x,x^2$ 的度量矩阵是

$$\boldsymbol{A}=\begin{pmatrix}2&0&2/3\\0&2/3&0\\2/3&0&2/5\end{pmatrix}$$

又

$$f_1(x)=1-x+x^2=(1,x,x^2)\begin{pmatrix}1\\-1\\1\end{pmatrix}$$

$$g_1(x)=1-4x-5x^2=(1,x,x^2)\begin{pmatrix}1\\-4\\-5\end{pmatrix}$$

所以

$$(f_1(x),g_1(x))=\boldsymbol{X}'\boldsymbol{A}\boldsymbol{Y}=(1,-1,1)\begin{pmatrix}2&0&2/3\\0&2/3&0\\2/3&0&2/5\end{pmatrix}\begin{pmatrix}1\\-4\\-5\end{pmatrix}=0$$

注意：$(f_1(x),g_1(x))=0$ 说明 $f_1(x)$ 和 $g_1(x)$ 是相互正交的，读者可自己用定义计算 $(f_1,g_1)=\int_{-1}^{1}f_1g_1\mathrm{d}x$ 是否为 0 来进行验证。

(2)下面用 Schmit 正交化方法将基 $1,x,x^2$ 化为标准正交基。

① 先正交化

$$\boldsymbol{\beta}_1=\boldsymbol{\alpha}_1=1$$

$$\boldsymbol{\beta}_2=\boldsymbol{\alpha}_2-\frac{(\boldsymbol{\beta}_1,\boldsymbol{\alpha}_2)}{(\boldsymbol{\beta}_1,\boldsymbol{\beta}_1)}\boldsymbol{\beta}_1=x$$

$$\boldsymbol{\beta}_3=\boldsymbol{\alpha}_3-\frac{(\boldsymbol{\beta}_1,\boldsymbol{\alpha}_3)}{(\boldsymbol{\beta}_1,\boldsymbol{\beta}_1)}\boldsymbol{\beta}_1-\frac{(\boldsymbol{\beta}_2,\boldsymbol{\alpha}_3)}{(\boldsymbol{\beta}_2,\boldsymbol{\beta}_2)}\boldsymbol{\beta}_2=x^2-\frac{1}{3}$$

② 再单位化

$$\boldsymbol{\gamma}_1=\frac{\boldsymbol{\beta}_1}{|\boldsymbol{\beta}_1|}=\frac{1}{\sqrt{2}},\ \boldsymbol{\gamma}_2=\frac{\boldsymbol{\beta}_2}{|\boldsymbol{\beta}_2|}=\frac{\sqrt{6}}{2}x,\ \boldsymbol{\gamma}_3=\frac{\boldsymbol{\beta}_3}{|\boldsymbol{\beta}_3|}=\frac{3\sqrt{10}}{4}\left(x^2-\frac{1}{3}\right)$$

第三节 习 题

1. 检验以下集合对于所指定的加法和数乘运算是否构成实数域 **R** 上的线性空间：

(1) 平面上全体向量的集合，对于向量的加法和如下定义的数量乘法 $k\circ\boldsymbol{\alpha}=0$；

(2) $\mathbf{R}^3$ 中与向量 $\boldsymbol{\alpha}$ 平行（或不平行）的全体向量构成的集合，对于向量的加法和数量乘法；

(3) 定义在区间 $[a,b]$ 上的实连续函数全体构成的集合，对于通常函数的加法和数量乘法运算。

2. 求下列实数域上的线性空间的一组基及维数：

(1) $\mathbf{V}=\{\mathbf{X}\,|\,\mathbf{AX}=\mathbf{0}\}$，$\mathbf{A}$ 为实数域上秩为 r 的 $m\times n$ 阶矩阵；

(2) 实数域上全体形如 $\begin{pmatrix}0 & a\\ -a & b\end{pmatrix}$ 的二阶方阵，对矩阵加法和数与矩阵的乘法所组成的线性空间。

3. 在 $\mathbf{R}[x]_4$ 中有 2 组基：①1，x，x^2，x^3；②1，$1+x$，$(1+x)^2$，$(1+x)^3$。

(1) 求①到②的过渡矩阵；

(2) 求 $f(x)=3+2x+x^3$ 在基②下的坐标。

4. 在 $\mathbf{R}^4$ 中，设 $\boldsymbol{\alpha}_1=(2,1,0,1)'$，$\boldsymbol{\alpha}_2=(0,1,2,2)'$，$\boldsymbol{\alpha}_3=(-2,1,2,1)'$，$\boldsymbol{\alpha}_4=(1,3,1,2)'$。

(1) 证明 $\boldsymbol{\alpha}_1,\boldsymbol{\alpha}_2,\boldsymbol{\alpha}_3,\boldsymbol{\alpha}_4$ 线性无关，从而是 $\mathbf{R}^4$ 的一组基；

(2) 求由 $\boldsymbol{e}_1=(1,0,0,0)'$，$\boldsymbol{e}_2=(0,1,0,0)'$，$\boldsymbol{e}_3=(0,0,1,0)'$，$\boldsymbol{e}_4=(0,0,0,1)'$ 到新基 $\boldsymbol{\alpha}_1,\boldsymbol{\alpha}_2,\boldsymbol{\alpha}_3,\boldsymbol{\alpha}_4$ 的过渡矩阵；

(3) 求 $\boldsymbol{\alpha}=(1,1,1,1)'$ 在基 $\boldsymbol{\alpha}_1,\boldsymbol{\alpha}_2,\boldsymbol{\alpha}_3,\boldsymbol{\alpha}_4$ 下的坐标。

5. 判别下列子集合是否是 $\mathbf{R}^n$ 的子空间：

(1) $\boldsymbol{w}=\{(x_1,x_2,\cdots,x_n)\,|\,x_1+x_2+\cdots+x_n=0\}$；

(2) $\boldsymbol{w}=\{(x_1,x_2,\cdots,x_n)\,|\,x_1+x_2+\cdots+x_n=1\}$；

(3) $\boldsymbol{w}=\{(x_1,x_2,\cdots,x_n)\,|\,x_1=0\}$。

6. 在 $\mathbf{R}^4$ 中由向量组 $\boldsymbol{\alpha}_1,\boldsymbol{\alpha}_2,\boldsymbol{\alpha}_3,\boldsymbol{\alpha}_4$ 生成的子空间的维数及其一组基，设：

（1）$\boldsymbol{\alpha}_1=(2,1,3,1)'$，$\boldsymbol{\alpha}_2=(1,2,0,1)'$，$\boldsymbol{\alpha}_3=(-1,1,-3,0)'$，$\boldsymbol{\alpha}_4=(1,1,1,1)'$；

（2）$\boldsymbol{\alpha}_1=(2,1,3,-1)'$，$\boldsymbol{\alpha}_2=(-1,1,-3,1)'$，$\boldsymbol{\alpha}_3=(4,5,3,-1)'$，$\boldsymbol{\alpha}_4=(1,5,-3,1)'$。

7. 设一元实系数多项式全体关于多项式的加法及多项式与实数的乘法构成实数域上的线性空间为 $\mathbf{R}[x]$，定义线性变换 $\boldsymbol{B},\boldsymbol{D}$ 如下

$$\boldsymbol{B}(f(x))=xf(x),\quad \forall f(x)\in\mathbf{R}[x];$$
$$\boldsymbol{D}(f(x))=f'(x),\quad \forall f(x)\in\mathbf{R}[x]。$$

试证：$\boldsymbol{B},\boldsymbol{D}$ 都是 $\mathbf{R}[x]$ 上的线性变换，且 $\boldsymbol{DB}-\boldsymbol{BD}$ 是恒等变换。

8. 设线性空间 $\mathbf{V}$ 的线性变换 $\boldsymbol{T}$ 在基 $\boldsymbol{\alpha}_1,\boldsymbol{\alpha}_2,\boldsymbol{\alpha}_3$ 下的矩阵为

$$\mathbf{A}=\begin{pmatrix}4 & 9 & -1\\ -3 & 2 & 7\\ 8 & -11 & 5\end{pmatrix}$$

（1）求 $\boldsymbol{T}(\boldsymbol{\alpha}_2)$；

（2）若 $\boldsymbol{\alpha}=5\boldsymbol{\alpha}_1-\boldsymbol{\alpha}_2+\boldsymbol{\alpha}_3$，求 $\boldsymbol{T}(\boldsymbol{\alpha})$。

9. 设三维空间 $\mathbf{V}$ 的线性变换 $\boldsymbol{T}$ 在基 $\boldsymbol{\varepsilon}_1,\boldsymbol{\varepsilon}_2,\boldsymbol{\varepsilon}_3$ 下的矩阵为

$$\mathbf{A}=\begin{pmatrix}a_{11} & a_{12} & a_{13}\\ a_{21} & a_{22} & a_{23}\\ a_{31} & a_{32} & a_{33}\end{pmatrix}$$

（1）求 $\boldsymbol{T}$ 在基 $\boldsymbol{\varepsilon}_3,\boldsymbol{\varepsilon}_2,\boldsymbol{\varepsilon}_1$ 下的矩阵；

（2）求 $\boldsymbol{T}$ 在基 $\boldsymbol{\varepsilon}_1,k\boldsymbol{\varepsilon}_2,\boldsymbol{\varepsilon}_3$ 下的矩阵，其中 $k\in\mathbf{R}$，且 $k\neq0$；

（3）求 $\boldsymbol{T}$ 在基 $\boldsymbol{\varepsilon}_1+\boldsymbol{\varepsilon}_2,\boldsymbol{\varepsilon}_2,\boldsymbol{\varepsilon}_3$ 下的矩阵。

10. 设 $\mathbf{A}=(a_{ij})$ 是一个 n 阶正定矩阵，而

$$\boldsymbol{\alpha}=(x_1,x_2,\cdots,x_n)',\quad \boldsymbol{\beta}=(y_1,y_2,\cdots,y_n)'$$

在 $\mathbf{R}^n$ 中定义内积 $(\boldsymbol{\alpha},\boldsymbol{\beta})$ 为

$$(\boldsymbol{\alpha},\boldsymbol{\beta})=\boldsymbol{\alpha}'\mathbf{A}\boldsymbol{\beta}$$

（1）证明在这个定义之下，$\mathbf{R}^n$ 成一欧氏空间；

（2）求单位向量 $\boldsymbol{\varepsilon}_1=(1,0,\cdots,0)'$，$\boldsymbol{\varepsilon}_2=(0,1,\cdots,0)'$，$\cdots,\boldsymbol{\varepsilon}_n=(0,0,\cdots,1)'$ 的度量矩阵。

11. 在 $\mathbf{R}[x]_3=\{a_0+a_1x+a_2x^2\,|\,a_0,a_1,a_2\in\mathbf{R}\}$ 中定义内积

$$(f,g)=\int_{-1}^{1}f(x)g(x)\mathrm{d}x$$

证明多项式 $f(x)=x$，$g(x)=\frac{1}{2}(3x^2-1)$ 是正交的，并求它们的长度。

12. 已知三维欧氏空间 $\mathbf{V}$ 中基 $\boldsymbol{\alpha}_1,\boldsymbol{\alpha}_2,\boldsymbol{\alpha}_3$ 的度量矩阵是

$$A=\begin{pmatrix}1&-1&1\\-1&2&0\\1&0&4\end{pmatrix}$$

求 $\boldsymbol{V}$ 的一组标准正交基。

习题答案与解法提示

1. (1) 是;(2) 是(不是);(3) 是。

2. (1) $\boldsymbol{AX}=\boldsymbol{0}$ 的任一基础解系是一组基,维数为 $n-r$;

(2) 一组基为 $\begin{pmatrix}0&1\\-1&0\end{pmatrix}$,$\begin{pmatrix}0&0\\0&1\end{pmatrix}$,维数为 2。

3. (1) $\begin{pmatrix}1&1&1&1\\0&1&2&3\\0&0&1&3\\0&0&0&1\end{pmatrix}$;(2) $\begin{pmatrix}0\\5\\-3\\1\end{pmatrix}$。

4. (2) $\begin{pmatrix}2&0&-2&1\\1&1&1&3\\0&2&2&1\\1&2&1&2\end{pmatrix}$;(3) $\begin{pmatrix}3\\-1\\2\\-1\end{pmatrix}$。

5. (1) 是;(2) 不是;(3) 是。

6. (1) 3;$\boldsymbol{\alpha}_1$,$\boldsymbol{\alpha}_2$,$\boldsymbol{\alpha}_4$ 是一组基。 (2) 2;$\boldsymbol{\alpha}_1$,$\boldsymbol{\alpha}_2$ 是一组基。

8. (1) $\boldsymbol{T}(\boldsymbol{\alpha}_2)=9\boldsymbol{\alpha}_1+2\boldsymbol{\alpha}_2-11\boldsymbol{\alpha}_3$;(2) $\boldsymbol{T}(\boldsymbol{\alpha})=10\boldsymbol{\alpha}_1-10\boldsymbol{\alpha}_2+56\boldsymbol{\alpha}_3$。

9. (1) $\begin{pmatrix}\alpha_{33}&\alpha_{32}&\alpha_{31}\\\alpha_{23}&\alpha_{22}&\alpha_{21}\\\alpha_{13}&\alpha_{12}&\alpha_{11}\end{pmatrix}$;(2) $\begin{pmatrix}a_{11}&ka_{12}&a_{13}\\k^{-1}a_{21}&a_{22}&k^{-1}a_{23}\\a_{31}&ka_{32}&a_{33}\end{pmatrix}$;

(3) $\begin{pmatrix}a_{11}+a_{12}&a_{12}&a_{13}\\a_{21}+a_{22}-a_{11}-a_{12}&a_{22}-a_{12}&a_{23}-a_{13}\\a_{31}+a_{32}&a_{32}&a_{33}\end{pmatrix}$。

10. (2) $\boldsymbol{A}$。

11. $\dfrac{\sqrt{6}}{3},\dfrac{\sqrt{10}}{5}$。

12. $\boldsymbol{\gamma}_1=\boldsymbol{\alpha}_1,\boldsymbol{\gamma}_2=\boldsymbol{\alpha}_1+\boldsymbol{\alpha}_2,\boldsymbol{\gamma}_3=-\sqrt{2}\boldsymbol{\alpha}_1-\dfrac{\sqrt{2}}{2}\boldsymbol{\alpha}_2+\dfrac{\sqrt{2}}{2}\boldsymbol{\alpha}_3$。

附录　线性代数练习与测试试题及详解

线性代数练习与测试试题（一）

一、填空题（每题3分，共15分）

1. 设三阶方阵 $\boldsymbol{A}$ 满足 $|\boldsymbol{A}|=5$，$\boldsymbol{A}^*$ 表示 $\boldsymbol{A}$ 的伴随矩阵，则 $\boldsymbol{A}\boldsymbol{A}^*=$__________，$|\boldsymbol{A}^*|=$__________。

2. 设 n 阶方阵 $\boldsymbol{A}$ 满足 $\boldsymbol{A}^2-\boldsymbol{A}=\boldsymbol{E}$，则 $\boldsymbol{A}^{-1}=$__________。

3. 设 n 元线性方程组 $\boldsymbol{AX}=\boldsymbol{b}$ 有解，且其系数矩阵的秩为 r，则当________时方程组有唯一解；当__________时，方程组有无穷多解。

4. 设 $\boldsymbol{A}$ 为实对称矩阵，$\boldsymbol{\alpha}_1=(1,1,3)$ 与 $\boldsymbol{\alpha}_2=(4,5,a)$ 分别属于 $\boldsymbol{A}$ 的不同特征值的特征向量，则 $a=$__________。

5. 设 $\boldsymbol{B}=(b_1\quad b_2\quad b_3\quad b_4)$，且矩阵 $\boldsymbol{X}$ 使 $\boldsymbol{XB}=\begin{pmatrix} b_1 \\ b_1+b_2 \\ b_1+b_2+b_3 \\ b_1+b_2+b_3+b_4 \end{pmatrix}$，则 $\boldsymbol{X}=$__________。

二、单项选择题（每题3分，共15分）

1. 设 $\boldsymbol{A}$ 为4阶矩阵，则 $|-3\boldsymbol{A}|$ 为(　　)。

(A) $4^3\boldsymbol{A}$　　(B) $3|\boldsymbol{A}|$　　(C) $3^{12}|\boldsymbol{A}|$　　(D) $3^4|\boldsymbol{A}|$

2. 已知 $\boldsymbol{AB}=\boldsymbol{AC}$，则（　　）。

(A) 若 $\boldsymbol{A}=\boldsymbol{O}$ 时，则 $\boldsymbol{B}=\boldsymbol{C}$　　(B) 若 $\boldsymbol{A}\neq\boldsymbol{O}$ 时，则 $\boldsymbol{B}=\boldsymbol{C}$

(C) 无论 $\boldsymbol{A}$ 是否为 $\boldsymbol{O}$，均有 $\boldsymbol{B}=\boldsymbol{C}$　　(D) $\boldsymbol{B}$ 可能不等于 $\boldsymbol{C}$

3. 若向量组 $\boldsymbol{\alpha}_1,\boldsymbol{\alpha}_2,\boldsymbol{\alpha}_3,\boldsymbol{\alpha}_4$ 无关，则向量组（　　）。

(A) $\boldsymbol{\alpha}_1+\boldsymbol{\alpha}_2$，$\boldsymbol{\alpha}_2+\boldsymbol{\alpha}_3$，$\boldsymbol{\alpha}_3+\boldsymbol{\alpha}_4$，$\boldsymbol{\alpha}_4+\boldsymbol{\alpha}_1$ 线性无关

(B) $\boldsymbol{\alpha}_1-\boldsymbol{\alpha}_2$，$\boldsymbol{\alpha}_2-\boldsymbol{\alpha}_3$，$\boldsymbol{\alpha}_3-\boldsymbol{\alpha}_4$，$\boldsymbol{\alpha}_4-\boldsymbol{\alpha}_1$ 线性无关

(C) $\boldsymbol{\alpha}_1+\boldsymbol{\alpha}_2$，$\boldsymbol{\alpha}_2+\boldsymbol{\alpha}_3$，$\boldsymbol{\alpha}_3+\boldsymbol{\alpha}_4$，$\boldsymbol{\alpha}_4-\boldsymbol{\alpha}_1$ 线性无关

(D) $\boldsymbol{\alpha}_1+\boldsymbol{\alpha}_2$，$\boldsymbol{\alpha}_2+\boldsymbol{\alpha}_3$，$\boldsymbol{\alpha}_3-\boldsymbol{\alpha}_4$，$\boldsymbol{\alpha}_4-\boldsymbol{\alpha}_1$ 线性无关

4. 设 $\boldsymbol{A},\boldsymbol{B}$ 都是 n 阶方阵，$|\boldsymbol{A}|\neq 0$，则（　　）。

(A) $\boldsymbol{A}$ 与 $\boldsymbol{A}^2$ 相似　　(B) $\boldsymbol{AB}$ 与 $\boldsymbol{B}$ 相似

(C) $\boldsymbol{AB}$ 与 $\boldsymbol{BA}$ 相似　　(D) $\boldsymbol{AB}$ 与 $\boldsymbol{A}^{-1}\boldsymbol{BA}$ 相似

5. 设 $\boldsymbol{A}$，$\boldsymbol{B}$ 为满足 $\boldsymbol{AB}=\boldsymbol{O}$ 的任意两个非零矩阵，则必有（　　）。

(A) $\boldsymbol{A}$ 的列向量组线性相关，$\boldsymbol{B}$ 的行向量组线性相关

(B) $\boldsymbol{A}$ 的列向量组线性相关，$\boldsymbol{B}$ 的列向量组线性相关

(C) $\boldsymbol{A}$ 的行向量组线性相关，$\boldsymbol{B}$ 的行向量组线性相关

(D) $\boldsymbol{A}$ 的行向量组线性相关，$\boldsymbol{B}$ 的列向量组线性相关

三、(10 分) 设三阶矩阵 $\boldsymbol{A}$ 和 $\boldsymbol{X}$ 满足关系式 $\boldsymbol{AX}+\boldsymbol{E}=\boldsymbol{A}^2+\boldsymbol{X}$，试求矩阵 $\boldsymbol{X}$，其中

$$\boldsymbol{A}=\begin{pmatrix} 1 & 0 & 1 \\ 0 & 2 & 0 \\ -1 & 0 & 3 \end{pmatrix}$$

四、(10 分) 试证：如果向量组 $\boldsymbol{\alpha}_1,\boldsymbol{\alpha}_2,\boldsymbol{\alpha}_3$ 线性无关，则向量组 $2\boldsymbol{\alpha}_1+\boldsymbol{\alpha}_2$，$\boldsymbol{\alpha}_2+5\boldsymbol{\alpha}_3$，$4\boldsymbol{\alpha}_3+3\boldsymbol{\alpha}_1$ 也线性无关。

五、(10 分) 设

$$\boldsymbol{A}=\begin{pmatrix} a & -b & -c & -d \\ b & a & -d & c \\ c & d & a & -b \\ d & -c & b & a \end{pmatrix}$$

试计算 $|\boldsymbol{A}|^2$。

六、(12 分) 问 a,b 为何值时，线性方程组

$$\begin{cases} x_1+x_2+x_3+x_4=1 \\ 3x_1+2x_2+x_3+x_4=a \\ x_2+2x_3+2x_4=3 \\ 5x_1+4x_2+3x_3+3x_4=b \end{cases}$$

无解，有解？有解时求其通解。

七、(12 分) 已知二次型 $f(x_1,x_2,x_3)=2x_1^2+4x_2^2+5x_3^2-4x_1x_3$。

(1) 写出二次型 f 的矩阵 $\boldsymbol{A}$；

(2) 用正交变换把二次型 f 化为标准形，并写出相应的正交矩阵；

(3) 判别二次型的正定性。

八、(10 分) 设矩阵

$$\boldsymbol{A}=\begin{pmatrix} 4 & -1 & a \\ -1 & 4 & 1 \\ 1 & -1 & 2 \end{pmatrix}$$

的特征方程有一个二重根，求 a 的值，并讨论 $\boldsymbol{A}$ 是否可对角化。

九、(6 分) 设 $\boldsymbol{A}$ 为 n 阶方阵且满足 $\boldsymbol{A}^2=\boldsymbol{E}$（单位阵）。证明

$$R(\boldsymbol{A}+\boldsymbol{E})+R(\boldsymbol{A}-\boldsymbol{E})=n$$

线性代数练习与测试试题（一）解答

一、1. $5\boldsymbol{E}$，25　2. $\boldsymbol{A}-\boldsymbol{E}$　3. $r=n$；$r<n$　4. $a=-3$　5. $\begin{pmatrix}1&&&\\1&1&&\\1&1&1&\\1&1&1&1\end{pmatrix}$

二、1.(D)　2.(D)　3.(C)　4.(C)　5.(A)

三、解　已知的矩阵方程变形为 $\boldsymbol{AX}-\boldsymbol{X}=\boldsymbol{A}^2-\boldsymbol{E}$，即

$$(\boldsymbol{A}-\boldsymbol{E})X=(\boldsymbol{A}-\boldsymbol{E})(\boldsymbol{A}+\boldsymbol{E})$$

因为

$$\boldsymbol{A}-\boldsymbol{E}=\begin{pmatrix}0&0&1\\0&1&0\\-1&0&2\end{pmatrix}$$

是非奇异矩阵（$|\boldsymbol{A}-\boldsymbol{E}|=1$），从而两边同乘以（$\boldsymbol{A}-\boldsymbol{E}$）$^{-1}$，即得

$$\boldsymbol{B}=\boldsymbol{A}+\boldsymbol{E}=\begin{pmatrix}2&0&1\\0&3&0\\-1&0&4\end{pmatrix}$$

四、证明　设有一组数 k_1,k_2,k_3，使

$$k_1(2\boldsymbol{\alpha}_1+\boldsymbol{\alpha}_2)+k_2(\boldsymbol{\alpha}_2+5\boldsymbol{\alpha}_3)+k_3(3\boldsymbol{\alpha}_1+4\boldsymbol{\alpha}_3)=\boldsymbol{0}$$

即

$$(2k_1+3k_3)\boldsymbol{\alpha}_1+(k_1+k_2)\boldsymbol{\alpha}_2+(5k_2+4k_3)\boldsymbol{\alpha}_3=\boldsymbol{0}$$

因为 $\boldsymbol{\alpha}_1,\boldsymbol{\alpha}_2,\boldsymbol{\alpha}_3$ 线性无关，所以

$$\begin{cases}2k_1\qquad\quad+3k_3=0\\k_1+k_2\qquad\quad=0\\\qquad 5k_2+4k_3=0\end{cases}$$

所以 $k_1=k_2=k_3=0$，故 $2\boldsymbol{\alpha}_1+\boldsymbol{\alpha}_2$，$\boldsymbol{\alpha}_2+5\boldsymbol{\alpha}_3$，$4\boldsymbol{\alpha}_3+3\boldsymbol{\alpha}_1$ 也线性无关。

五、解　因为

$$\boldsymbol{A}=\begin{pmatrix}a&-b&-c&-d\\b&a&-d&c\\c&d&a&-b\\d&-c&b&a\end{pmatrix}$$

所以有

$$|\boldsymbol{A}|^2=|\boldsymbol{A}|\cdot|\boldsymbol{A}^{\mathrm{T}}|=\det(\begin{pmatrix} a & -b & -c & -d \\ b & a & -d & c \\ c & d & a & -b \\ d & -c & b & a \end{pmatrix}\cdot\begin{pmatrix} a & b & c & d \\ -b & a & d & -c \\ -c & -d & a & b \\ -d & c & -b & a \end{pmatrix})$$

$$=\det(\begin{pmatrix} a^2+b^2+c^2+d^2 & 0 & 0 & 0 \\ 0 & a^2+b^2+c^2+d^2 & 0 & 0 \\ 0 & 0 & a^2+b^2+c^2+d^2 & 0 \\ 0 & 0 & 0 & a^2+b^2+c^2+d^2 \end{pmatrix})$$

$$=(a^2+b^2+c^2+d^2)^4$$

六、解

$$(\boldsymbol{A},\boldsymbol{b})=\begin{pmatrix} 1 & 1 & 1 & 1 & 1 \\ 3 & 2 & 1 & 1 & a \\ 0 & 1 & 2 & 2 & 3 \\ 5 & 4 & 3 & 3 & b \end{pmatrix}\to\begin{pmatrix} 1 & 1 & 1 & 1 & 1 \\ 0 & 1 & 2 & 2 & 3 \\ 0 & 0 & 0 & 0 & a \\ 0 & 0 & 0 & 0 & b-2 \end{pmatrix}$$

（1）当 $a\neq0$ 或 $b\neq2$ 时，方程组无解；

（2）当 $a=0$ 且 $b=2$ 时，有无穷多组解，通解为

$$\boldsymbol{X}=k_1\begin{pmatrix} 1 \\ -2 \\ 1 \\ 0 \end{pmatrix}+k_2\begin{pmatrix} 1 \\ -2 \\ 0 \\ 1 \end{pmatrix}+\begin{pmatrix} -2 \\ 3 \\ 0 \\ 0 \end{pmatrix}$$

七、解

（1）$\boldsymbol{A}=\begin{pmatrix} 2 & 0 & -2 \\ 0 & 4 & 0 \\ -2 & 0 & 5 \end{pmatrix}$。

（2）由 $|\boldsymbol{A}-\lambda\boldsymbol{E}|=(4-\lambda)(\lambda-1)(\lambda-6)$，得特征值 1,4,6。则

① 对于 $\lambda=1$，得单位特征向量：$\boldsymbol{\eta}_1=\left(\frac{2}{\sqrt{5}},0,\frac{1}{\sqrt{5}},\right)'$；

② 对于 $\lambda=4$，得单位特征向量：$\boldsymbol{\eta}_2=(0,1,0)'$；

③ 对于 $\lambda=6$，得单位特征向量：$\boldsymbol{\eta}_3=\left(\frac{1}{\sqrt{5}},0,-\frac{2}{\sqrt{5}},\right)'$

取正交变换 $\boldsymbol{X}=\boldsymbol{PY}=\begin{pmatrix} \frac{2}{\sqrt{5}} & 0 & \frac{1}{\sqrt{5}} \\ 0 & 1 & 0 \\ \frac{1}{\sqrt{5}} & 0 & -\frac{2}{\sqrt{5}} \end{pmatrix}\begin{pmatrix} y_1 \\ y_2 \\ y_3 \end{pmatrix}$，则 $f=y_1^2+4y_2^2+6y_3^2$。

(3) 因为特征值都大于 0，所以二次型是正定二次型。

八、解　因为 $\boldsymbol{A}$ 的特征多项式

$$|\lambda\boldsymbol{E}-\boldsymbol{A}|=\begin{vmatrix}\lambda-4 & 1 & -a\\ 1 & \lambda-4 & -1\\ -1 & 1 & \lambda-2\end{vmatrix}=\begin{vmatrix}\lambda-4 & 1 & -a\\ 1 & \lambda-4 & -1\\ 0 & \lambda-3 & \lambda-3\end{vmatrix}$$

$$=(\lambda-3)\begin{vmatrix}\lambda-4 & 1 & -a\\ 1 & \lambda-4 & -1\\ 0 & 1 & 1\end{vmatrix}=(\lambda-3)(\lambda^2-7\lambda+11-a)$$

(1) 当 $\lambda=3$ 是特征方程的二重根，则有 $3^2-21+11-a=0$，解得 $a=-1$。此时，$\boldsymbol{A}$ 的特征值为 3,3,4，而矩阵

$$3\boldsymbol{E}-\boldsymbol{A}=\begin{pmatrix}1 & -2 & 3\\ 1 & -2 & 3\\ -1 & 2 & -3\end{pmatrix}$$

的秩为 1，故 $\lambda=3$ 对应的线性无关的特征向量有两个，从而 $\boldsymbol{A}$ 可相似对角化；

(2) 若 $\lambda=3$ 不是特征方程的二重根，则 $(\lambda^2-7\lambda+11-a)$ 为完全平方，从而 $18+3a=16$，解得 $a=-\dfrac{5}{4}$。这时，$\boldsymbol{A}$ 的特征值为 3，3.5，3.5，又矩阵

$$3.5\boldsymbol{E}-\boldsymbol{A}=\begin{pmatrix}-1 & 1 & 1.25\\ 1 & -1 & -1\\ -1 & 1 & 1\end{pmatrix}$$

的秩为 2，故 $\lambda=3.5$ 对应的线性无关的特征向量只有一个，从而 $\boldsymbol{A}$ 不可相似对角化。

九、证明　由 $\boldsymbol{A}^2=\boldsymbol{E}$ 可得 $(\boldsymbol{A}+\boldsymbol{E})(\boldsymbol{A}-\boldsymbol{E})=\boldsymbol{O}$，从而

$$R(\boldsymbol{A}+\boldsymbol{E})+R(\boldsymbol{A}-\boldsymbol{E})\leqslant n$$

另一方面

$$R(\boldsymbol{A}+\boldsymbol{E})+R(\boldsymbol{A}-\boldsymbol{E})=R(\boldsymbol{A}+\boldsymbol{E})+R(\boldsymbol{E}-\boldsymbol{A})\geqslant R[(\boldsymbol{A}+\boldsymbol{E})+(\boldsymbol{E}-\boldsymbol{A})]=R(2\boldsymbol{E})=n$$

所以

$$R(\boldsymbol{A}+\boldsymbol{E})+R(\boldsymbol{A}-\boldsymbol{E})=n$$

线性代数练习与测试试题（二）

一、填空题（每小题 3 分，共 15 分）

1. 已知 $\begin{vmatrix}x & y & z\\ 0 & 2 & 3\\ 1 & 1 & 1\end{vmatrix}=1$，则 $\begin{vmatrix}x & y & z\\ 3x & 3y+4 & 3z+6\\ x+2 & y+2 & z+2\end{vmatrix}=$________。

2. 设行向量组 $(2,1,1,1)$，$(2,1,a,a)$，$(3,2,1,a)$，$(4,3,2,1)$ 线性相关，且 $a\neq1$，则 $a=$______。

3. 设矩阵 $\boldsymbol{A}=(a_{ij})_{3\times3}$ 满足 $\boldsymbol{A}^*=\boldsymbol{A}^{\mathrm{T}}$，其中 $\boldsymbol{A}^*$ 为 $\boldsymbol{A}$ 的伴随矩阵，$\boldsymbol{A}^{\mathrm{T}}$ 为 $\boldsymbol{A}$ 的转置矩阵。若 a_{11},a_{12},a_{13} 为三个相等的正数，则 $a_{11}=$______。

4. 设 n 元线性方程组 $\boldsymbol{AX}=\boldsymbol{b}$，且 $R(\boldsymbol{A})=r$，$R(\boldsymbol{A},\boldsymbol{b})=s$，则 $\boldsymbol{AX}=\boldsymbol{b}$ 有解的充要条件是______，有唯一解的充要条件______。

5. 从 $\mathbf{R}^2$ 的基 $\boldsymbol{\alpha}_1=(1,0)$，$\boldsymbol{\alpha}_2=(1,1)$ 到基 $\boldsymbol{\beta}_1=(1,1)$，$\boldsymbol{\beta}_2=(1,2)$ 的过渡矩阵是______。

二、单项选择题（每小题 3 分，共 15 分）

1. 向量组 $\boldsymbol{\alpha}_1,\boldsymbol{\alpha}_2,\cdots,\boldsymbol{\alpha}_s$ 线性无关的充分必要条件是（　　）。

(A) $\boldsymbol{\alpha}_1,\boldsymbol{\alpha}_2,\cdots,\boldsymbol{\alpha}_s$ 均不为零向量

(B) $\boldsymbol{\alpha}_1,\boldsymbol{\alpha}_2,\cdots,\boldsymbol{\alpha}_s$ 中任意两个向量的分量不成比例

(C) $\boldsymbol{\alpha}_1,\boldsymbol{\alpha}_2,\cdots,\boldsymbol{\alpha}_s$ 中任意一个向量均不能由其余 $s-1$ 个向量线性表示

(D) $\boldsymbol{\alpha}_1,\boldsymbol{\alpha}_2,\cdots,\boldsymbol{\alpha}_s$ 中有一部分向量线性无关

2. 设 $\boldsymbol{A}=\begin{pmatrix}1&1&0\\1&0&1\\0&1&1\end{pmatrix}$，则 $\boldsymbol{A}$ 的特征值是（　　）。

(A) 1,0,1　　(B) 1,1,2

(C) −1,1,2　　(D) −1,1,1

3. 设 $\boldsymbol{A}$，$\boldsymbol{B}$ 均为 n 阶可逆矩阵，则下列式子正确的是（　　）。

(A) $(\boldsymbol{AB})^{-1}=\boldsymbol{A}^{-1}\boldsymbol{B}^{-1}$　　(B) $(\boldsymbol{A}+\boldsymbol{B})^{-1}=\boldsymbol{A}^{-1}+\boldsymbol{B}^{-1}$。

(C) $(\boldsymbol{AB})'=\boldsymbol{A}'\boldsymbol{B}'$　　(D) $(\boldsymbol{A}+\boldsymbol{B})'=\boldsymbol{A}'+\boldsymbol{B}'$

4. 已知 $\boldsymbol{Q}=\begin{pmatrix}1&2&3\\2&4&t\\3&6&9\end{pmatrix}$，$\boldsymbol{P}$ 为 3 阶非零阵，且满足 $\boldsymbol{PQ}=0$，则（　　）。

(A) $t=6$ 时，$\boldsymbol{P}$ 的秩为 1　　(B) $t=6$ 时，$\boldsymbol{P}$ 的秩为 2

(C) $t\neq6$ 时，$\boldsymbol{P}$ 的秩为 1　　(D) $t\neq6$ 时，$\boldsymbol{P}$ 的秩为 2

5. 设

$$\boldsymbol{A}=\begin{pmatrix}1&1&1&1\\1&1&1&1\\1&1&1&1\\1&1&1&1\end{pmatrix},\quad \boldsymbol{B}=\begin{pmatrix}4&0&0&0\\0&0&0&0\\0&0&0&0\\0&0&0&0\end{pmatrix}$$

则 $\boldsymbol{A}$ 与 $\boldsymbol{B}$（　　）。

(A) 合同且相似　　(B) 合同但不相似

(C) 不合同但相似　　(D) 不合同且不相似

三、(8 分) 计算行列式

$$D=\begin{vmatrix} 1 & 2 & 3 & \cdots & n-1 & n \\ 1 & -1 & 0 & \cdots & 0 & 0 \\ 0 & 2 & -2 & \cdots & 0 & 0 \\ \cdots & \cdots & \cdots & \cdots & \cdots & \cdots \\ 0 & 0 & 0 & \cdots & n-1 & -(n-1) \end{vmatrix}$$

四、(8 分) 设矩阵 $\boldsymbol{A}$ 和 $\boldsymbol{B}$ 满足关系式 $\boldsymbol{AB}=\boldsymbol{A}+2\boldsymbol{B}$，其中

$$\boldsymbol{A}=\begin{pmatrix} 4 & 2 & 3 \\ 1 & 1 & 0 \\ -1 & 2 & 3 \end{pmatrix}$$

试求矩阵 $\boldsymbol{B}$。

五、(10 分) 求向量组 $\boldsymbol{\alpha}_1=(1,-1,2,4)$，$\boldsymbol{\alpha}_2=(0,3,1,2)$，$\boldsymbol{\alpha}_3=(3,0,7,14)$，$\boldsymbol{\alpha}_4=(2,1,5,6)$，$\boldsymbol{\alpha}_5=(1,-1,2,0)$ 的秩及其一个极大线性无关组，并将其余向量用这个极大线性无关组线性表示。

六、(10 分) 问 a,b 为何值时，线性方程组

$$\begin{cases} x_1+2x_2+3x_3=4 \\ 2x_1+3x_2+2x_3=-1 \\ x_1+x_2+ax_3=-5 \\ 3x_1+5x_2+5x_3=b \end{cases}$$

有唯一解，无解，有无穷多组解？并求出有无穷多组解时的通解。

七、(10 分) 已知二次型

$$f(x_1,x_2,x_3)=x_1^2+x_2^2+x_3^2+2x_1x_2+2x_1x_3+2x_2x_3$$

(1) 写出二次型 f 的矩阵 $\boldsymbol{A}$；

(2) 用正交变换把二次型 f 化为标准形，并写出相应的正交矩阵。

八、(12 分) 设矩阵

$$\boldsymbol{A}=\begin{pmatrix} 1 & 0 & 1 \\ 0 & 2 & 0 \\ 1 & 0 & 1 \end{pmatrix}，\boldsymbol{B}=(k\boldsymbol{E}+\boldsymbol{A})^2$$

其中 k 为实数，$\boldsymbol{E}$ 为单位矩阵。

(1) 求对角矩阵 $\boldsymbol{\Lambda}$，使 $\boldsymbol{B}$ 与 $\boldsymbol{\Lambda}$ 相似；

(2) 问 k 为何值时，$\boldsymbol{B}$ 为正定矩阵。

九、(12 分) 设线性方程组

$$\begin{cases} x_1 + \lambda x_2 + \mu x_3 + x_4 = 0 \\ 2x_1 + x_2 + x_3 + 2x_4 = 0 \\ 3x_1 + (2+\lambda)x_2 + (4+\mu)x_3 + 4x_4 = 1 \end{cases}$$

已知 $(1,-1,1,-1)^T$ 是该方程组的一个解，试求

(1) 方程组的全部解，并用对应的齐次线性方程组的基础解系表示全部解；

(2) 该方程组满足 $x_2=x_3$ 的全部解。

线性代数练习与测试试题（二）解答

一、1. 4　2. $\frac{1}{2}$　3. $\frac{\sqrt{3}}{3}$，4　4. $r=s$；$r=s<n$　5. $\begin{pmatrix} 0 & -1 \\ 0 & 2 \end{pmatrix}$

二、1. (C)　2. (C)　3. (D)　4. (C)　5. (A)

三、解　第 $2,3,\cdots,n$ 列加到第 1 列，

$$\boldsymbol{D}=\begin{vmatrix} \frac{n(n+1)}{2} & 2 & 3 & \cdots & n-1 & n \\ 0 & -1 & 0 & \cdots & 0 & 0 \\ 0 & 2 & -2 & \cdots & 0 & 0 \\ \cdots & \cdots & \cdots & \cdots & \cdots & \cdots \\ 0 & 0 & 0 & \cdots & n-1 & -(n-1) \end{vmatrix}=(-1)^{n-1}\frac{(n+1)!}{2}$$

四、解　由 $\boldsymbol{AB}=\boldsymbol{A}+2\boldsymbol{B}$，可见 $(\boldsymbol{A}-2\boldsymbol{E})\boldsymbol{B}=\boldsymbol{A}$，其中 $\boldsymbol{E}$ 是三阶单位矩阵，因此 $\boldsymbol{B}=(\boldsymbol{A}-2\boldsymbol{E})^{-1}\boldsymbol{A}$，又

$$(\boldsymbol{A}-2\boldsymbol{E})=\begin{pmatrix} 2 & 2 & 3 \\ 1 & -1 & 0 \\ -1 & 2 & 1 \end{pmatrix}$$

其逆矩阵

$$(\boldsymbol{A}-2\boldsymbol{E})^{-1}=\begin{pmatrix} 1 & -4 & -3 \\ 1 & -5 & -3 \\ -1 & 6 & 4 \end{pmatrix}$$

因此

$$\boldsymbol{B}=(\boldsymbol{A}-2\boldsymbol{E})^{-1}\boldsymbol{A}=\begin{pmatrix} 1 & -4 & -3 \\ 1 & -5 & -3 \\ -1 & 6 & 4 \end{pmatrix}\begin{pmatrix} 4 & 2 & 3 \\ 1 & 1 & 0 \\ -1 & 2 & 3 \end{pmatrix}=\begin{pmatrix} 3 & -8 & -6 \\ 2 & -9 & -6 \\ -2 & 12 & 9 \end{pmatrix}$$

五、解

$$(\boldsymbol{\alpha}_1',\boldsymbol{\alpha}_2',\boldsymbol{\alpha}_3',\boldsymbol{\alpha}_4',\boldsymbol{\alpha}_5')\rightarrow\begin{pmatrix}1&0&3&2&1\\-1&3&0&1&-1\\2&1&7&5&2\\4&2&14&6&0\end{pmatrix}\rightarrow\begin{pmatrix}1&0&3&0&-1\\0&1&1&0&-1\\0&0&0&1&1\\0&0&0&0&0\end{pmatrix}$$

秩为 3；极大线性无关组为 $\boldsymbol{\alpha}_1$，$\boldsymbol{\alpha}_2$，$\boldsymbol{\alpha}_4$；$\boldsymbol{\alpha}_3=3\boldsymbol{\alpha}_1+\boldsymbol{\alpha}_2$，$\boldsymbol{\alpha}_5=\boldsymbol{\alpha}_4-\boldsymbol{\alpha}_1-\boldsymbol{\alpha}_2$。

六、解 $(\boldsymbol{A},\boldsymbol{b})=\begin{pmatrix}1&2&3&4\\2&3&2&-1\\1&1&a&-5\\3&5&5&b\end{pmatrix}\rightarrow\begin{pmatrix}1&2&3&4\\0&1&4&9\\0&0&a+1&0\\0&0&0&b-3\end{pmatrix}$

（1）当 $b\neq3$ 时，方程组无解；

（2）当 $b=3$，$a\neq-1$ 时，有唯一解；

（3）当 $b=3$，$a=-1$ 时，有无穷多组解。因为

$$(\boldsymbol{A},\boldsymbol{b})\rightarrow\begin{pmatrix}1&2&3&4\\0&1&4&9\\0&0&0&0\\0&0&0&0\end{pmatrix}\rightarrow\begin{pmatrix}1&0&-5&-14\\0&1&4&9\\0&0&0&0\\0&0&0&0\end{pmatrix}$$

与原方程组同解的方程组为

$$\begin{cases}x_1=5x_3-14\\x_2=-4x_3+9\end{cases}$$

从而通解为

$$\boldsymbol{X}=k\begin{pmatrix}5\\-4\\1\end{pmatrix}+\begin{pmatrix}-14\\9\\0\end{pmatrix}$$

七、解

（1）$\boldsymbol{A}=\begin{pmatrix}1&1&1\\1&1&1\\1&1&1\end{pmatrix}$；

（2）因为

$$|\boldsymbol{A}-\lambda\boldsymbol{E}|=\begin{vmatrix}1-\lambda&1&1\\1&1-\lambda&1\\1&1&1-\lambda\end{vmatrix}=\lambda^2(3-\lambda)$$

① 对于 $\lambda=0$ 得特征向量：$\boldsymbol{p}_2=(-1,1,0)'$，$\boldsymbol{p}_3=(-1,0,1)'$；正交单位化得

$$\boldsymbol{\eta}_1=\left(-\frac{1}{\sqrt{2}},\frac{1}{\sqrt{2}},0\right)',\ \boldsymbol{\eta}_2=\left(-\frac{1}{\sqrt{6}},-\frac{1}{\sqrt{6}},\frac{2}{\sqrt{6}}\right)'$$

② 对于 $\lambda=3$ 得特征向量：$\boldsymbol{p}_3=(1,1,1)'$，单位化得 $\boldsymbol{\eta}_3=\left(\frac{1}{\sqrt{3}},\frac{1}{\sqrt{3}},\frac{1}{\sqrt{3}}\right)'$；取正交变换

$$\boldsymbol{X}=\boldsymbol{PY}=\begin{pmatrix}-\frac{1}{\sqrt{2}} & -\frac{1}{\sqrt{6}} & \frac{1}{\sqrt{3}}\\ \frac{1}{\sqrt{2}} & -\frac{1}{\sqrt{6}} & \frac{1}{\sqrt{3}}\\ 0 & \frac{2}{\sqrt{6}} & \frac{1}{\sqrt{3}}\end{pmatrix}\begin{pmatrix}y_1\\ y_2\\ y_3\end{pmatrix}$$

则得二次型的标准形为

$$f=3y_3^2$$

八、解　(1) 先求 $\boldsymbol{A}$ 的特征值

$$|\boldsymbol{A}-\lambda\boldsymbol{E}|=\begin{vmatrix}1-\lambda & 0 & 1\\ 0 & 2-\lambda & 0\\ 1 & 0 & 1-\lambda\end{vmatrix}=-\lambda(\lambda-2)^2=0$$

$\boldsymbol{A}$ 的特征值：$\lambda_1=0$，$\lambda_2=\lambda_3=2$。

因为 $\boldsymbol{B}=(k\boldsymbol{E}+\boldsymbol{A})^2$，所以 $\boldsymbol{B}$ 的特征值：$\mu_1=(k+\lambda_1)^2$，$\mu_2=\mu_3=(k+\lambda_2)^2=(k+2)^2$。令

$$\boldsymbol{\Lambda}=\begin{pmatrix}k^2 & 0 & 0\\ 0 & (k+2)^2 & 0\\ 0 & 0 & (k+2)^2\end{pmatrix}$$

因为 $\boldsymbol{A}^{\mathrm{T}}=\boldsymbol{A}$，所以 $\boldsymbol{B}=(k\boldsymbol{E}+\boldsymbol{A})^2$ 也是实对称矩阵，故必存在一正交矩阵 $\boldsymbol{P}$，使 $\boldsymbol{P}^{-1}\boldsymbol{BP}=\boldsymbol{\Lambda}$，即 $\boldsymbol{B}$ 相似于对角阵 $\boldsymbol{\Lambda}$。

(2) 因为 $\boldsymbol{B}$ 正定，所以 $\boldsymbol{B}$ 的所有特征值均大于零，即有

$$\begin{cases}k^2>0\\ (k+2)^2>0\end{cases}$$

从而 $k\neq0$ 且 $k\neq-2$ 时 $\boldsymbol{B}$ 为正定阵。

九、解　将 $(1,-1,1,-1)^{\mathrm{T}}$ 代入方程组，得 $\lambda=\mu$。对方程组的增广矩阵 $\overline{\boldsymbol{A}}$ 施以初等行变换，得

$$\overline{\boldsymbol{A}}=\begin{pmatrix}1 & \lambda & \lambda & 1 & 0\\ 2 & 1 & 1 & 2 & 0\\ 3 & 2+\lambda & 2+\lambda & 4 & 1\end{pmatrix}\rightarrow\begin{pmatrix}1 & 0 & -2\lambda & 1-\lambda & -\lambda\\ 0 & 1 & 3 & 1 & 1\\ 0 & 0 & 2(2\lambda-1) & 2\lambda-1 & 2\lambda-1\end{pmatrix}$$

(1) 当 $\lambda\neq\frac{1}{2}$ 时，因为

$$\overline{\boldsymbol{A}}\to\begin{pmatrix}1&0&0&1&0\\0&1&0&-\frac{1}{2}&-\frac{1}{2}\\0&0&1&\frac{1}{2}&\frac{1}{2}\end{pmatrix}$$

$r(\boldsymbol{A})=r(\overline{\boldsymbol{A}})=3<4$，故方程组有无穷多解，且 $\boldsymbol{\xi}_0=(0,-\frac{1}{2},\frac{1}{2},0)^{\mathrm{T}}$ 为其一个特解，而对应的齐次线性方程组的基础解系为 $\boldsymbol{\eta}=(-2,1,-1,2)^{\mathrm{T}}$，故方程组的全部解为

$$\boldsymbol{\xi}=\boldsymbol{\xi}_0+k\boldsymbol{\eta}=(0,-\frac{1}{2},\frac{1}{2},0)^{\mathrm{T}}+k(-2,1,-1,2)^{\mathrm{T}}，k\text{ 为任意常数}$$

又当 $\lambda=\frac{1}{2}$时，因为

$$\overline{\boldsymbol{A}}\to\begin{pmatrix}1&0&-1&\frac{1}{2}&-\frac{1}{2}\\0&1&3&1&1\\0&0&0&0&0\end{pmatrix}$$

$r(\boldsymbol{A})=r(\overline{\boldsymbol{A}})=2<4$，故方程组有无穷多解，且 $\boldsymbol{\xi}_0=\left(-\frac{1}{2},1,0,0\right)^{\mathrm{T}}$ 为其一个特解，而对应的齐次线性方程组的基础解系为 $\boldsymbol{\eta}_1=(1,-3,1,0)^{\mathrm{T}}$，$\boldsymbol{\eta}_2=(-1,-2,0,2)^{\mathrm{T}}$，故方程组的全部解为

$$\begin{aligned}\boldsymbol{\xi}&=\boldsymbol{\xi}_0+k_1\boldsymbol{\eta}_1+k_2\boldsymbol{\eta}_2\\&=(-\frac{1}{2},1,0,0)^{\mathrm{T}}+k_1(1,-3,1,0)^{\mathrm{T}}+k_2(-1,-2,0,2)^{\mathrm{T}}，k_1k_2\text{ 为任意常数}\end{aligned}$$

(2) 当 $\lambda\neq\frac{1}{2}$时，由于 $x_2=x_3$，即 $-\frac{1}{2}+k=\frac{1}{2}-k$，解得 $k=\frac{1}{2}$，故方程组的解为

$$\boldsymbol{\xi}=(1,-\frac{1}{2},\frac{1}{2},0)^{\mathrm{T}}+\frac{1}{2}(-2,1,-1,2)^{\mathrm{T}}=(-1,0,0,1)^{\mathrm{T}}$$

而当 $\lambda=\frac{1}{2}$时，由于 $x_2=x_3$，即

$$1-3k_1-2k_2=k_1$$

解得 $k_1=\frac{1}{4}-\frac{1}{2}k_2$，故此时方程组满足 $x_2=x_3$ 的全部解为

$$\begin{aligned}\boldsymbol{\xi}&=\left(-\frac{1}{2},1,0,0\right)^{\mathrm{T}}+\left(\frac{1}{4}-\frac{1}{2}k_2\right)(1,-3,1,0)^{\mathrm{T}}+k_2(-1,-2,0,2)^{\mathrm{T}}\\&=\left(-\frac{1}{4},\frac{1}{4},\frac{1}{4},0\right)^{\mathrm{T}}+k_2(-\frac{3}{2},-\frac{1}{2},-\frac{1}{2},2)^{\mathrm{T}}，k_2\text{ 为任意常数}\end{aligned}$$